学术引领系列

国家科学思想库

中国学科发展战略

工程地质学

中国科学院

科学出版社

北 京

内 容 简 介

工程地质学运用地质学的原理与方法，融合资源环境与工程学科等领域的理论知识和相关高新技术，以动力耦合与地质安全、圈层互馈与生态安全、人地协调与人居安全为核心，解决人类工程活动与地质环境相互作用中产生的地质和环境问题，实现人类工程活动的社会效益、经济效益和环境效益的和谐统一，促进人类社会经济的可持续发展。本书系统呈现了工程地质学科发展战略研究成果，集诸前沿领域的中国工程地质科学家思考之大成，厘清了学科发展内涵，系统地分析了学科发展现状，明确了学科发展需求和趋势，探索了学科交叉领域和前沿方向。

本书可为工程地质和灾害地质相关领域的科研院所、高校和企事业单位的科技工作者提供借鉴与参考。

图书在版编目（CIP）数据

工程地质学 / 中国科学院编. -- 北京：科学出版社，2025.7. --（中国学科发展战略）. --ISBN 978-7-03-082622-0

Ⅰ. P642

中国国家版本馆CIP数据核字第2025LZ8525号

丛书策划：侯俊琳　牛　玲
责任编辑：朱萍萍　高雅琪 / 责任校对：韩　杨
责任印制：吴兆东 / 封面设计：黄华斌　陈　敬

科学出版社 出版
北京东黄城根北街16号
邮政编码：100717
http://www.sciencep.com

北京中科印刷有限公司印刷
科学出版社发行　各地新华书店经销

*

2025年7月第 一 版　开本：720×1000　1/16
2025年12月第二次印刷　印张：16 1/4
字数：243 700

定价：168.00元
（如有印装质量问题，我社负责调换）

中国学科发展战略

指 导 组

组　　长：侯建国
副 组 长：吴朝晖　包信和
成　　员：高鸿钧　张　涛　裴　钢
　　　　　朱日祥　郭　雷　杨　卫

工 作 组

组　　长：王笃金
副 组 长：周德进　石　兵
成　　员：马　强　王　勇　魏　秀
　　　　　缪　航　徐丽娟

中国学科发展战略·工程地质学

顾 问 组
（以姓名拼音为序）

陈湘生　崔　鹏　丁　林　冯夏庭　傅伯杰　郭正堂
何满潮　侯增谦　金振民　李术才　王成善　杨树锋
张建民　张培震　周成虎　朱合华　朱日祥

专 家 组
（以姓名拼音为序）

陈剑平　程谦恭　化建新　贾永刚　彭建兵　施　斌
王　清　许　强　殷跃平　张永双　周翠英

主　编：彭建兵　唐辉明

编写组主要成员（以姓名拼音为序）：

陈建峰　陈永贵　段　钊　范宣梅　龚文平
胡　伟　胡新丽　黄　雨　黄强兵　焦玉勇
金　钊　兰恒星　李长冬　李文平　李彦荣
李振洪　刘　春　刘　镇　刘晓磊　欧阳朝军
裴向军　祁生文　唐朝生　王玉峰　夏开文
徐能雄　许　领　晏长根　叶剑红　查甫生
张　文　张帆宇　张永权　赵晓彦　庄建琦
朱鸿鹄　朱兴华　邹宗兴

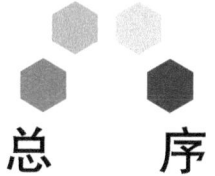

总　　序

九层之台，起于累土①

白春礼

近代科学诞生以来，科学的光辉引领和促进了人类文明的进步，在人类不断深化对自然和社会认识的过程中，形成了以学科为重要标志的、丰富的科学知识体系。学科不但是科学知识的基本的单元，同时也是科学活动的基本单元：每一学科都有其特定的问题域、研究方法、学术传统乃至学术共同体，都有其独特的历史发展轨迹；学科内和学科间的思想互动，为科学创新提供了原动力。因此，发展科技，必须研究并把握学科内部运作及其与社会相互作用的机制及规律。

中国科学院学部作为我国自然科学的最高学术机构和国家在科学技术方面的最高咨询机构，历来十分重视研究学科发展战略。2009年4月与国家自然科学基金委员会联合启动了"2011~2020年我国学科发展战略研究"19个专题咨询研究，并组建了总体报告研究组。在此工作基础上，为持续深入开展有关研究，学部于2010年底，在一些特定的领域和方向上重点部署了学科发展战略研究项目，研究成果现以"中国学科发展战略"丛书形式系列出版，供大家交流讨论，希望起到引导之效。

根据学科发展战略研究总体研究工作成果，我们特别注意到学

---

① 题注：李耳《老子》第64章："合抱之木，生于毫末；九层之台，起于累土；千里之行，始于足下。"

科发展的以下几方面的特征和趋势。

一是学科发展已越出单一学科的范围，呈现出集群化发展的态势，呈现出多学科互动共同导致学科分化整合的机制。学科间交叉和融合、重点突破和"整体统一"，成为许多相关学科得以实现集群式发展的重要方式，一些学科的边界更加模糊。

二是学科发展体现了一定的周期性，一般要经历源头创新期、创新密集区、完善与扩散期，并在科学革命性突破的基础上螺旋上升式发展，进入新一轮发展周期。根据不同阶段的学科发展特点，实现学科均衡与协调发展成为了学科整体发展的必然要求。

三是学科发展的驱动因素、研究方式和表征方式发生了相应的变化。学科的发展以好奇心牵引下的问题驱动为主，逐渐向社会需求牵引下的问题驱动转变；计算成为了理论、实验之外的第三种研究方式；基于动态模拟和图像显示等信息技术，为各学科纯粹的抽象数学语言提供了更加生动、直观的辅助表征手段。

四是科学方法和工具的突破与学科发展互相促进作用更加显著。技术科学的进步为激发新现象并揭示物质多尺度、极端条件下的本质和规律提供了积极有效手段。同时，学科的进步也为技术科学的发展和催生战略新兴产业奠定了重要基础。

五是文化、制度成为了促进学科发展的重要前提。崇尚科学精神的文化环境、避免过多行政干预和利益博弈的制度建设、追求可持续发展的目标和思想，将不仅极大促进传统学科和当代新兴学科的快速发展，而且也为人才成长并进而促进学科创新提供了必要条件。

我国学科体系由西方移植而来，学科制度的跨文化移植及其在中国文化中的本土化进程，延续已达百年之久，至今仍未结束。

鸦片战争之后，代数学、微积分、三角学、概率论、解析几何、力学、声学、光学、电学、化学、生物学和工程科学等的近代科学知识被介绍到中国，其中有些知识成为一些学堂和书院的教学内容。1904年清政府颁布"癸卯学制"，该学制将科学技术分为格致科（自然科学）、农业科、工艺科和医术科，各科又分为诸多学科。1905年清朝废除科举，此后中国传统学科体系逐步被来自西方的新学科体系取代。

民国时期现代教育发展较快，科学社团与科研机构纷纷创建，现代学科体系的框架基础成型，一些重要学科实现了制度化。大学引进欧美的通才教育模式，培育各学科的人才。1912年詹天佑发起成立中华工程师会，该会后来与类似团体合为中国工程师学会。1914年留学美国的学者创办中国科学社。1922年中国地质学会成立，此后，生理、地理、气象、天文、植物、动物、物理、化学、机械、水利、统计、航空、药学、医学、农学、数学等学科的学会相继创建。这些学会及其创办的《科学》《工程》等期刊加速了现代学科体系在中国的构建和本土化。1928年国民政府创建中央研究院，这标志着现代科学技术研究在中国的制度化。中央研究院主要开展数学、天文学与气象学、物理学、化学、地质与地理学、生物科学、人类学与考古学、社会科学、工程科学、农林学、医学等学科的研究，将现代学科在中国的建设提升到了研究层次。

中华人民共和国成立之后，学科建设进入了一个新阶段，逐步形成了比较完整的体系。1949年11月中华人民共和国组建了中国科学院，建设以学科为基础的各类研究所。1952年，教育部对全国高等学校进行院系调整，推行苏联式的专业教育模式，学科体系不断细化。1956年，国家制定出《十二年科学技术发展远景规划纲要》，该规划包括57项任务和12个重点项目。规划制定过程中形成的"以任务带学科"的理念主导了以后全国科技发展的模式。1978年召开全国科学大会之后，科学技术事业从国防动力向经济动力的转变，推进了科学技术转化为生产力的进程。

科技规划和"任务带学科"模式都加速了我国科研的尖端研究，有力带动了核技术、航天技术、电子学、半导体、计算技术、自动化等前沿学科建设与新方向的开辟，填补了学科和领域的空白，不断奠定工业化建设与国防建设的科学技术基础。不过，这种模式在某些时期或多或少地弱化了学科的基础建设、前瞻发展与创新活力。比如，发展尖端技术的任务直接带动了计算机技术的兴起与计算机的研制，但科研力量长期跟着任务走，而对学科建设着力不够，已成为制约我国计算机科学技术发展的"短板"。面对建设创新型国家的历史使命，我国亟待夯实学科基础，为科学技术的持续发展与创新能力的提升而开辟知识源泉。

反思现代科学学科制度在我国移植与本土化的进程，应该看到，20世纪上半叶，由于西方列强和日本入侵，再加上频繁的内战，科学与救亡结下了不解之缘，中华人民共和国成立以来，更是长期面临着经济建设和国家安全的紧迫任务。中国科学家、政治家、思想家乃至一般民众均不得不以实用的心态考虑科学及学科发展问题，我国科学体制缺乏应有的学科独立发展空间和学术自主意识。改革开放以来，中国取得了卓越的经济建设成就，今天我们可以也应该静下心来思考"任务"与学科的相互关系，重审学科发展战略。

现代科学不仅表现为其最终成果的科学知识，还包括这些知识背后的科学方法、科学思想和科学精神，以及让科学得以运行的科学体制，科学家的行为规范和科学价值观。相对于我国的传统文化，现代科学是一个"陌生的""移植的"东西。尽管西方科学传入我国已有一百多年的历史，但我们更多地还是关注器物层面，强调科学之实用价值，而较少触及科学的文化层面，未能有效而普遍地触及到整个科学文化的移植和本土化问题。中国传统文化及当今的社会文化仍在深刻地影响着中国科学的灵魂。可以说，迄20世纪结束，我国移植了现代科学及其学科体制，却在很大程度上拒斥与之相关的科学文化及相应制度安排。

科学是一项探索真理的事业，学科发展也有其内在的目标，探求真理的目标。在科技政策制定过程中，以外在的目标替代学科发展的内在目标，或是只看到外在目标而未能看到内在目标，均是不适当的。现代科学制度化进程的含义就在于：探索真理对于人类发展来说是必要的和有至上价值的，因而现代社会和国家须为探索真理的事业和人们提供制度性的支持和保护，须为之提供稳定的经费支持，更须为之提供基本的学术自由。

20世纪以来，科学与国家的目的不可分割地联系在一起，科学事业的发展不可避免地要接受来自政府的直接或间接的支持、监督或干预，但这并不意味着，从此便不再谈科学自主和自由。事实上，在现当代条件下，在制定国家科技政策时充分考虑"任务"和学科的平衡，不但是最大限度实现学术自由、提升科学创造活力的有效路径，同时也是让科学服务于国家和社会需要的最有效的做法。这里存在着这样一种辩证法：科学技术系统只有在具有高度创造活力的情形下，才能在创新型国家建设过程中发挥最大作用。

在全社会范围内创造一种允许失败、自由探讨的科研氛围；尊重学科发展的内在规律，让科研人员充分发挥自己的创造潜能；充分尊重科学家的个人自由，不以"任务"作为学科发展的目标，让科学共同体自主地来决定学科的发展方向。这样做的结果往往比事先规划要更加激动人心。比如，19世纪末德国化学学科的发展史就充分说明了这一点。从内部条件上讲，首先是由于洪堡兄弟所创办的新型大学模式，主张教与学的自由、教学与研究相结合，使得自由创新成为德国的主流学术生态。从外部环境来看，德国是一个后发国家，不像英、法等国拥有大量的海外殖民地，只有依赖技术创新弥补资源的稀缺。在强大爱国热情的感召下，德国化学家的创新激情迸发，与市场开发相结合，在染料工业、化学制药工业方面进步神速，十余年间便领先于世界。

中国科学院作为国家科技事业"火车头"，有责任提升我国原始创新能力，有责任解决关系国家全局和长远发展的基础性、前瞻性、战略性重大科技问题，有责任引领中国科学走自主创新之路。中国科学院学部汇聚了我国优秀科学家的代表，更要责无旁贷地承担起引领中国科技进步和创新的重任，系统、深入地对自然科学各学科进行前瞻性战略研究。这一研究工作，旨在系统梳理世界自然科学各学科的发展历程，总结各学科的发展规律和内在逻辑，前瞻各学科中长期发展趋势，从而提炼出学科前沿的重大科学问题，提出学科发展的新概念和新思路。开展学科发展战略研究，也要面向我国现代化建设的长远战略需求，系统分析科技创新对人类社会发展和我国现代化进程的影响，注重新技术、新方法和新手段研究，提炼出符合中国发展需求的新问题和重大战略方向。开展学科发展战略研究，还要从支撑学科发展的软、硬件环境和建设国家创新体系的整体要求出发，重点关注学科政策、重点领域、人才培养、经费投入、基础平台、管理体制等核心要素，为学科的均衡、持续、健康发展出谋划策。

2010 年，在中国科学院各学部常委会的领导下，各学部依托国内高水平科研教育等单位，积极酝酿和组建了以院士为主体、众多专家参与的学科发展战略研究组。经过各研究组的深入调查和广泛研讨，形成了"中国学科发展战略"丛书，纳入"国家科学思想库—学术引领系列"陆续出版。学部诚挚感谢为学科发展战略研究付出心血的院士、专家们！

按照学部"十二五"工作规划部署，学科发展战略研究将持续开展，希望学科发展战略系列研究报告持续关注前沿，不断推陈出新，引导广大科学家与中国科学院学部一起，把握世界科学发展动态，夯实中国科学发展的基础，共同推动中国科学早日实现创新跨越！

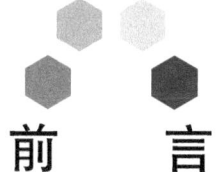

前 言

　　工程地质学研究与人类工程活动相关的工程地质问题，是地质学、环境科学与土木工程等学科相互渗透的一门交叉学科。从地质成因-演化、圈层相互作用角度充分认识工程地质条件，是地球科学和地球系统科学关注的核心科学问题之一。随着人类活动的持续开展，人类活动与岩石圈、水圈、大气圈、生物圈的关系愈加密切，工程地质环境的变化、灾害预测和防控灾害问题具有整体相关性，地表圈层相互作用与包括人类工程活动在内的内外动力共同作用的框架体系决定着工程地质学的内涵。地球系统科学的提出为工程地质学的发展带来了新的挑战，亟须厘清学科发展方向，为学科可持续健康发展和国家重大战略实施发挥更大的作用。

　　改革开放 40 余年来，工程地质学以超级工程为基础，对实现民生福祉、保障社会和国民经济可持续发展起到了举足轻重的推进作用，对实施国家科技发展规划及实现其他科技政策目标发挥了关键支撑作用。近年来，我国经济发展进入高质量发展阶段。为了确保国民经济平稳健康发展，以及实现中华民族伟大复兴，我国实施了一系列国家重大战略。国家各项重大战略的实施，把对工程地质学科的要求也提到了一个新的高度。工程地质学科迎来了前所未有的重大发展机遇，学科的外延不断拓展，促进了学科的蓬勃发展。同时，人类将持续进行四大科学探索工程——"上天、入地、下海、登极"。这些工程均与工程地质学有着深厚的联系。这同样为工程地质学科发展带来了绝佳机遇。广大工程地质科技工作者勇于担当，攻坚克难，团结一心，强化协同创新，积极投身国家重大战略实施和重大工程建设，为提高我国国际竞争力提供了有力支撑。

在这种背景下，中国科学院地学部委托彭建兵院士领衔开展面向 2030 年的工程地质学科发展战略研究。任务下达后，工程地质界的专家学者们高度重视学科发展战略的研究工作和报告的编写工作。2021 年 7 月成立了以彭建兵院士为专家组组长、唐辉明教授为工作组组长的编写组，先后在北京、青岛、长春、西安、南京、四川泸定等地组织了十次相关编写工作讨论会议，书稿逐步臻于完善。为了适应新环境、新需求、新发展，编写组系统开展了工程地质学科发展战略研究，厘清了学科发展内涵，系统梳理了学科发展现状，明确了学科发展需求和趋势，探索了学科交叉领域和前沿方向。本书呈现的主要研究成果包括：①厘清了工程地质学的内涵与外延，提出了工程地质学在地球科学、资源环境和工程学科体系中的地位，阐明了工程地质学科对实施国家科技发展规划和推动国家经济发展的科学意义及战略价值。②回顾梳理了工程地质学科国内外发展简史、重要学科点与重要人物小传，从地域特色、发展需求和重要成就等方面阐明了工程地质学科的发展现状与优势。③从国家战略重大需求、国际学科前沿、高新技术推动、学科交叉融合等方面阐明了工程地质学科的五大发展规律和五大研究特点，指出了学科未来发展态势。④结合国际科学发展前沿和国家发展战略，从学科前沿、需求牵引、综合交叉和技术引领四个维度系统前瞻了工程地质学未来 10 年的发展方向。在学科前沿方面，聚焦特殊岩土体灾变理论、岩土体界面灾变理论、滑坡成因与预报理论等基础理论，破解多圈层互馈与地质安全难题，构建人类世与工程地质协调宜居理论；在需求牵引方面，围绕青藏高原和长江、黄河等流域的生态环境保护与高质量发展，超大城市群建设，深地工程，海洋与极地工程，交通工程和"双碳"目标等国家重大需求，着力解决国家重大战略发展背后的科学问题；在综合交叉方面，揭示极端气候、人类活动和军事条件下地质体的灾变机制，建立风险管理模型，研发行星原位勘探技术，实现地质工程的智能感知、智能分析、智能模拟、智能建造和智能防灾，形成一套完整的符合中国国情的灾害社会学理论框架体系；在技术引领方面，立足国际科学前沿，以地球系统科学理论为指导，提出了大地感知、灾害识别、灾害监测、风险阻断、生态修复、防护技术、原型试验及软硬件研发等技术领域的关键科学和技术问题，以服务建设宜居地球为目标，为韧性社会建设提供地质安全保障。⑤以科学问题为导向，面向国家战略需求，提出了优化学科布局、完善教育体系、引领技术研发、强化国际合作和深入科普宣传等富有针对性的政策建议。

我们殷切地期望本书的出版，对推动我国工程地质学科的长足和快速发展起到积极促进作用，明晰未来工程地质学科的发展方向，为学科可持续健康发展和人才梯队培养等方面提供重要支撑，为国家发展战略实施和重大工程建设作出更大的贡献，并提升我国工程地质学科的国际影响力和话语权，引领国际工程地质学科发展。本书是在中国科学院学部工作局的资助下完成的，书中所涉及的内容是编写组科学家团队的观点。本书在编写过程中得到了相关部门和各相关学科专家的支持和帮助，在此一并致谢。

彭建兵

2024 年 12 月

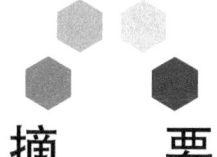

摘　　要

工程地质学研究与人类工程活动相关的工程地质问题，是地质学、环境科学与土木工程等学科相互渗透的一门交叉学科，兼具基础性和应用性的双重特点。随着人类活动的持续开展，人类活动与岩石圈、水圈、大气圈、生物圈的关系愈加密切，地表圈层相互作用与包括人类工程活动在内的内外动力共同作用的框架体系决定着工程地质学的内涵。改革开放40余年来，工程地质学对实现民生福祉、保障社会和国民经济可持续发展起到了举足轻重的推进作用。在国家一系列重大战略推进的背景条件下，亟须厘清学科发展方向，支撑学科可持续发展和国家重大战略的顺利实施。

一、科学意义与战略价值

本书对工程地质学的发展历史进行了回顾梳理，深入探讨了其科学意义和战略价值。首先，从学科定义、内涵及外延的角度明确了工程地质学的基本概念。工程地质学以地球系统科学理论为指导，以圈层互馈与区域稳定、动力耦合与灾害机理、人地协调与风险防控为核心，旨在解决人类社会生存发展面临的重大地质环境和灾害问题；工程地质学的分支学科主要包括区域工程地质、岩土体工程地质、环境工程地质、灾害工程地质、智慧工程地质等。进一步阐述了工程地质学在地球科学、资源环境和工程学科体系中的地位。同时，分析了工程地质学在国家总体学科发展布局中的地位，以及其在推动相关学科和技术发展方面的作用。此外，还重点评估了工程地质学对实施国家科技发展规划及其他科技政策目标的支撑作用，以及其对国家经济发展的支撑作用。

二、工程地质学科发展现状

在发展历史与现状方面，书中详细回顾了国际工程地质学科的发展简史和中国工程地质学科的发展历史，以及重要学科点小传与重要人物；同时，梳理了国际工程地质学科在区域工程地质学、岩土体工程地质学、环境工程地质学、灾害工程地质学、智慧工程地质学等方面的发展现状；最后，对我国工程地质学科的发展优势进行了总结，包括地域特色、发展需求、重要成就、人才队伍、资助现状和获奖情况，以及我国工程地质学科在国际上的地位等方面。以上内容充分展示了工程地质学在科学研究和国家战略发展中的重要价值。

三、学科发展规律与态势

书中通过对重大工程建设与国家需求引领学科发展、学科理论前沿研究驱动学科发展、现代信息与高新技术推动学科发展、学科交叉融合促进学科可持续发展及地球科学与工程科学协同发展的纽带作用等方面的探讨，客观地分析了现阶段工程地质学的关键科学问题及学科增长点。同时，对学科研究特点进行了梳理，包括学科研究服务国家重大战略与重大工程建设需求，理论创造、技术创新与实践应用三位一体的学科研究体系，高度学科交叉、技术依赖与实践检验综合融合的研究范式，长时序、多尺度、多因素与多场耦合的学科总体思维，以及岩土体灾变与地质灾害预警、预测、预报全过程和系统化等方面。此外，还关注了学科发展态势，如地球系统科学理论与应用、人地协调的工程地质学理论、学科深度融合与交叉、技术先导和技术创新引领学科理论创新与实践，以及地质工程伦理教育强化行业高质量人才培养等方面。

（一）学科发展的五大规律

1. 重大工程建设与国家需求引领学科发展

一大批重大水利工程、交通工程和地下工程等的建设，面临诸多难题，工程地质学在其中发挥了举足轻重的作用，目前我国在建与拟建工程的规模和建设难度均居世界前列。

2. 学科理论前沿研究驱动学科发展

工程地质新理论是工程地质学的灵魂，理论前沿研究是驱动工程地质学持久发展的原动力。学者针对地质灾害形成机理、岩土体结构控制及地质体与工程建设相互作用等前沿领域开展了卓有成效的研究，取得了大量科研成果。

3. 现代信息与高新技术推动学科发展

近年来我国工程建设规模空前，大量的世界性工程地质难题凸显，工程地质学科逐步向保障生态地质环境、协调安全性与经济性转变，大大推动了工程地质技术方法的深化发展。

4. 学科交叉融合促进学科可持续发展

重大工程问题的解决涉及多学科理论与方法，具有典型的学科交叉特征且综合性强，传统的工程地质学科的理论和方法已难以满足解决该类问题的需求，需要学科内部和跨学科的联合研究。

5. 地球科学与工程科学协同发展的纽带作用

工程地质学是地球科学与工程技术学科交叉融合的学科，逐步形成了一个包括数个分支学科的完整学科体系，成为地球科学与工程科学的关键纽带，在国家重大工程中发挥了举足轻重的作用。

（二）学科研究的五大特点

1. 学科研究服务国家重大战略与重大工程建设需求

工程地质学具有学科的地质和工程应用属性，它是运用地质学原理与方法，结合土木工程知识，分析解决人类工程活动与地质环境相互作用过程中的一系列地质问题的学科。

2. 理论创造、技术创新与实践应用三位一体的学科研究体系

工程地质学在发展过程中不断吸收相关学科的理论方法与技术，不断完善和丰富学科内涵，扩展学科外延，为人类工程建设、能源与资源开发利用、环境保护及生存空间拓展保驾护航。

3. 高度学科交叉、技术依赖与实践检验综合融合的研究范式

经过70余年的发展，我国现代工程地质学已表现出高度综合、融合的学科研究范式，即高度学科交叉、高度技术依赖和高度实践检验综合与融合范式。

4. 长时序、多尺度、多因素与多场耦合的学科总体思维

工程建设与地质环境的相互作用、人地协调问题已逐渐成为现代工程地质学科的核心科学问题，具有长时序、多尺度、多因素与多场耦合的学科总体思维。

5. 岩土体灾变与地质灾害预警、预测、预报全过程和系统化

工程地质学的研究领域从陆地不断向海洋延伸，从地面不断向地下拓展，从山区不断向城市汇聚，推动了人类在不同地质环境中的工程技术实践。

（三）学科发展的五大态势

1. 地球系统科学的理论与应用

基于地球系统科学视角，融合物理学、化学和生物学过程，考虑人地协调的岩石圈－水圈－大气圈－生物圈等多圈层相互作用下重大灾害效应与生态安全问题。

2. 人地协调的工程地质学理论

以人地协调的工程地质学理论视角分析工程地质问题，构建基于人地协调的宜居地球构想，是构筑宜居地球、缓和人地关系、实现社会可持续发展的必由之路。

3. 学科深度融合与交叉

涉及高温、高压、高寒、高地应力及极端气候等复杂条件下重大工程建设工程地质问题，这些重大工程的设计、论证、实施和评价等工作必须综合运用交叉科学，必须从地球系统科学的角度出发，加强多学科交叉融通。

4. 技术先导和技术创新引领学科理论创新与实践

工程地质新理论是工程地质学科发展的灵魂，而新技术则是工程地质学科发展的助推器。因此，高新技术及装备研发是未来工程地质学科研究的重要方向之一。

5. 地质工程伦理教育强化行业高质量人才培养

工程伦理是应用于工程学的道德原则，是工程技术的应用伦理，它既包含了工程活动的技术伦理准则，又包含了工程师的职业伦理准则。

四、未来 10 年发展方向

进入 21 世纪以来，受构造运动、环境污染、生态退化、气候变化等因素的影响，以及大规模人类工程活动的强烈干扰，地球表层地质环境演化更加复杂、多变、异常，致使地质灾害风险陡增，人地矛盾日益突出，严重影响着人居安全和区域经济社会的可持续发展。就我国而言，长江经济带、黄河流域生态保护和高质量发展、京津冀协同发展、交通强国建设及"双碳"目标等一系列国家重大战略的实施，一方面为扎实推进人与自然和谐共生的宏伟目标提出了新要求，另一方面也为新时代工程地质学科的发展带来了新的机遇和挑战。

面向新时代经济社会发展需求，进一步明确工程地质学发展方向与发展目标，凝练工程地质学前沿关键科学与技术问题，探索多元化的研究路径，创新工程地质理论和技术，拓展工程地质服务领域，从学科前沿、需求牵引、综合交叉与技术引领 4 个方面规划工程地质学科未来 10 年的发展方向，既是我国工程地质学理论取得重大突破并引领国际工程地质学科发展的必经之路，也是实现人与自然和谐共生和社会经济可持续发展的迫切需求。

（一）学科前沿

分析工程地质学发展形势，立足工程地质学发展的新任务，深入开展工程地质学基础理论研究和应用基础研究，实现原创性理论和方法突破，拟着重开展特殊岩土体灾变理论、岩土体界面灾变理论、滑坡成因与预报理论、多圈层互馈与地质安全及人类世与工程地质协调宜居理论等方面的学科前沿理论研究。

（二）需求牵引

围绕国家重大战略和社会经济发展所面临的核心工程地质问题，提出相应的防控措施，是新时代工程地质科技工作者的重要使命。为此，拟重点关注青藏高原重大工程的地质风险、流域生态保护与高质量发展工程的地质问题、超大城市群建设工程的地质问题、深部工程地质问题、海洋与极地工程地质问题、交通工程地质问题及"双碳"目标工程地质问题。

(三) 综合交叉

工程地质学的综合交叉性主要体现在极端气候工程地质、生态环境工程地质、军事工程地质、行星工程地质、智慧工程地质及工程地质社会学等方面。拟通过学科交叉融合,揭示极端气候作用下地质体的灾变机制,建立风险管理模型;阐明人类工程活动与生态地质环境的互馈机制;建立军事工程地质学评估理论与方法;研发行星原位勘探技术,查明行星工程地质条件;实现地质工程的智能感知、智能分析、智能模拟、智能建造和智能防灾,并形成一套完整的符合我国国情的灾害社会学理论框架体系。

(四) 技术引领

面向目前防灾减灾及生态地质环境修复领域存在的"卡脖子"问题,聚焦大地感知、灾害识别与监测预警、风险阻断与韧性防控、生态地质环境修复,以及工程地质原型试验、新型仪器装备研制、原创软件研发等领域,破解多维关键工程地质参数获取、灾害隐患智能识别、风险阻断、生态修复、灾害防控技术难题,构建复杂工程地质体原型试验技术方法体系及适用于工程地质多场耦合复杂问题和大数据分析的软件体系,全面提升我国重大地质灾害风险防控和地质环境保护关键技术的研发水平,为韧性社会建设提供地质安全保障。

五、举措与建议

以科学问题为导向,面向国家战略需求,提出如下政策建议。

(一) 加强顶层设计,优化学科布局

紧密结合国家战略,加强顶层设计,远瞻前沿热点,优化学科布局,通过部门协同、科学规划、学科建设和人才培养及产研结合

等手段，促进工程地质学的发展。

（二）完善教育体系，壮大人才队伍

科研与教育并举，建设学科创新中心和教育中心，发展学科野外观测基地，提高学科社会服务能力，包括野外观测基地建设、学科创新中心建设、学科教育基地建设及社会服务功能建设等方面。

（三）引领技术研发，建设学科平台

结合高新技术发展，加强新技术、新平台的建设与研发，促进学科标准化、智能化，夯实学科发展之基，包括研发工程地质新技术，加强实验、检测、监测平台建设，促进科学数据、基地共建共享，以及研发国产数值计算软件等方面。

（四）强化国际合作，促进学科发展

开展全方位国际学术交流，加强国际科技合作，积极参与国际学术团体，为学科发展和宜居地球贡献中国智慧。

（五）深入科普宣传，提升公众认知

加强科普宣传，培养科普人才，建设科普读物，提升学科公众认知，涉及科普工作新需求下的科普队伍建设、创新科普图书发展和多媒体融合科普与宣传等方面。

Abstract

Engineering geology is an interdisciplinary field that integrates geology, environmental science, and civil engineering to address geological challenges arising from human engineering activities. It combines fundamental research with practical applications, emphasizing the interplay between human activities and Earth's systems. As interactions between the anthroposphere and the lithosphere, hydrosphere, atmosphere, and biosphere intensify, the discipline faces complex challenges in environmental evolution, disaster prediction, and risk mitigation. Over the past four decades of reform and opening-up, engineering geology has played a pivotal role in China's mega-projects, enhancing social welfare, and advancing sustainable economic growth. The framework of Earth System Science (ESS) has redefined the scope of engineering geology, necessitating strategic alignment with national priorities to ensure sustainable development and resilience in the face of global changes.

I. Scientific Significance and Strategic Value

Guided by Earth System Science (ESS), engineering geology focuses on regional stability, dynamic coupling of geological processes, disaster mechanisms, and human-environment coordination. Its subdisciplines include regional engineering geology, geotechnical engineering geology, environmental engineering geology, disaster engineering geology, and smart engineering geology. The discipline serves as a critical bridge between Earth sciences and engineering, addressing infrastructure resilience, environmental protection, and disaster risk reduction. It underpins national scientific policies, technological advancements, and socio-economic development by resolving challenges such as landslide prediction, urban underground space utilization, and ecological restoration.

Globally, engineering geology holds strategic importance in mitigating geological hazards (e.g., earthquakes, subsidence) and ensuring the safety of critical infrastructure. In China, the discipline aligns with major national initiatives, including the Belt and Road Initiative and the "Beautiful China", contributing to both domestic development and international competitiveness.

II. Current Status of Engineering Geology

Key achievements include the development of early warning systems for landslides, AI-driven geohazard monitoring, and sustainable urban planning practices, etc.

China's engineering geology has flourished due to unique geographical demands, a robust talent pool, and significant government support. Notable accomplishments include:

- Breakthroughs in landslide prediction for the mega projects.
- Innovations in urban underground space utilization in megacities like Shanghai and Shenzhen cities.
- Pioneering ecological restoration projects in the Loess Plateau and mining-affected regions.
- Leadership in mega-projects such as the Three Gorges Dam and Hong Kong-Zhuhai-Macao Bridge.

Internationally, China's contributions in tackling complex engineering challenges have solidified its reputation, particularly in high-altitude, marine, and extreme-environment projects.

III. Development Patterns and Trends

1. Five Development Patterns

(1) National Demand-Driven Growth: Mega-projects in hydropower (e.g., Baihetan Dam), transportation (e.g., high-speed railways), and underground engineering (e.g., urban subways) drive innovation, positioning China as a global leader in scale and complexity.

(2) Theoretical Breakthroughs: Research on disaster mechanisms, rock-soil interactions, and multi-field coupling models has yielded transformative theories, such as the "multi-sphere interaction" framework.

(3) Technological Advancement: Emerging technologies (e.g., remote sensing, AI, IoT, and 5G) enhance ecological safety, cost-effectiveness, and real-time monitoring in engineering practices.

(4) Interdisciplinary Integration: Solving complex problems requires collaboration across geology, civil engineering, ecology, data science, and climate studies.

(5) Earth-Engineering Nexus: The discipline bridges Earth sciences and engineering, forming a cohesive framework for sustainable development and resilience.

2. Five Research Characteristics

(1) Alignment with National Strategies: Prioritizing projects tied to the Yangtze River Economic Belt, Carbon Neutrality, and rural revitalization.

(2) Theory-Technology-Practice Integration: A tripartite system fostering innovation in energy, environment, and infrastructure.

(3) Cross-Disciplinary Methodology: Combining field validation, multi-scale modeling, and real-time monitoring.

(4) Multi-Dimensional Analysis: Addressing long-term, multi-factor interactions between human activities and geological systems.

(5) Systematic Disaster Management: Advancing early warning systems for landslides, subsidence, and seismic hazards.

3. Five Future Trends

(1) Earth System Science Applications: Analyzing lithosphere-hydrosphere-atmosphere-biosphere interactions under climate change and anthropogenic pressures.

(2) Human-Environment Harmony: Developing theories for sustainable engineering in sensitive ecosystems, such as permafrost regions and coastal zones.

(3) Deep Interdisciplinarity: Tackling extreme-environment projects (e.g., polar bases, deep-sea mining, and planetary exploration).

(4) Technology-Driven Innovation: Leveraging AI, digital twins, and advanced sensing for smart hazard mitigation and infrastructure resilience.

(5) Ethical Education: Cultivating professionals with technical excellence, environmental ethics, and social responsibility.

IV. Strategic Directions for the Next Decade

1. Frontier Research

(1) Special Geomaterials: Investigating failure mechanisms of soft soils, frozen grounds, and fractured rock masses under dynamic loads.

(2) Multi-Sphere Interactions: Modeling lithosphere-hydrosphere-atmosphere feedbacks in geological hazards (e.g., typhoon-induced landslides).

(3) Anthropocene Adaptation: Framing theories for engineering in human-dominated ecosystems, balancing development with ecological preservation.

2. Demand-Driven Priorities

(1) Plateau and Basin Projects: Addressing geological risks in the

Tibetan Plateau (e.g., permafrost degradation) and Yellow River Basin (e.g., soil erosion).

(2) Urban and Coastal Challenges: Mitigating subsidence in megacities (e.g., Beijing, Guangzhou) and marine engineering hazards (e.g., offshore wind farms).

(3) Carbon-Neutral Infrastructure: Designing geothermal systems, carbon capture and storage (CCS) facilities, and green transportation networks.

3. Interdisciplinary Expansion

(1) Extreme Climate Engineering: Assessing permafrost degradation, storm-induced landslides, and flood-resilient urban planning.

(2) Planetary Geology: Developing *in-situ* exploration technologies for lunar bases and Martian habitats.

(3) Smart Engineering Geology: Implementing AI-driven monitoring, autonomous decision-making systems, and blockchain-based data security.

4. Technological Leadership

(1) Advanced Sensing: Deploying satellite-InSAR, LiDAR, and drone swarms for real-time deformation monitoring.

(2) Resilience Engineering: Creating adaptive strategies for earthquake-prone regions (e.g., Sichuan) and climate-vulnerable coastal cities.

(3) Eco-Restoration Technologies: Innovating phytoremediation, bioengineering, and "sponge city" designs for sustainable urbanization.

V. Policy Recommendations

1. Strategic Planning

(1) Align discipline development with national strategies (e.g.,

"Beautiful China 2035" and "Digital China").

(2) Establish cross-departmental platforms for resource sharing, such as a National Engineering Geology Data Center.

2. Talent Development

(1) Strengthen academic programs at key universities.

(2) Expand field training bases in geologically diverse regions.

(3) Promote international exchanges through programs like the "Belt and Road" Young Geoscientists Initiative.

3. Technological Platforms

(1) Invest in smart labs, geotechnical databases, and open-source software (e.g., China-made numerical simulation tools).

(2) Accelerate R&D in geo-sensors, robotic drilling, and 3D geological modeling for underground space utilization.

4. Global Collaboration

(1) Engage in UN-led initiatives (e.g., Sendai Framework for Disaster Risk Reduction).

(2) Share China's mega-project experiences via international forums (e.g., World Engineering Geology Congress).

5. Public Engagement

(1) Develop multimedia campaigns to raise awareness of geological risks (e.g., documentaries, VR simulations).

(2) Train educators to disseminate knowledge on sustainable engineering practices in schools and communities.

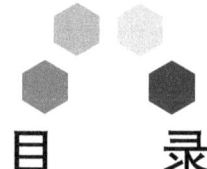

目　　录

总序 ··· i
前言 ·· vii
摘要 ·· xi
Abstract ··· xix

第一章　科学意义与战略价值 ································· 1

第一节　学科内涵与外延 ····································· 1
一、学科内涵 ·· 1
二、学科外延 ·· 5

第二节　在地球科学、资源环境和工程学科体系中的地位 ··· 7

第三节　在国家总体学科发展布局中的地位 ················· 9

第四节　推动相关学科和技术发展的作用 ···················· 10
一、反哺其他相关学科，推动相关领域技术变革创新 ······ 11
二、促进学科交叉融合和发展，催生新学科增长点 ········ 12

第五节　对实施国家科技发展规划及其他科技政策目标的支撑作用 ·· 12
一、有力支撑了国家科技发展规划 ···························· 12
二、加快推进了人地协调科技政策的制定 ···················· 15

第六节　对国家经济发展的支撑作用 ·························· 16
一、为国家重大战略工程实施提供保障 ······················· 16
二、为社会经济可持续发展保驾护航 ·························· 17

本章主要参考文献 ··· 18

第二章　发展历史与现状 ……………………………………… 22

第一节　学科发展历史 ……………………………………… 22
一、国际工程地质学科发展简史 ………………………… 22
二、中国工程地质学科发展历史 ………………………… 28
三、重要学科点小传与重要人物 ………………………… 37

第二节　国际工程地质学科发展现状 ……………………… 45
一、区域工程地质学 ……………………………………… 45
二、岩土体工程地质学 …………………………………… 45
三、环境工程地质学 ……………………………………… 46
四、灾害工程地质学 ……………………………………… 46
五、智慧工程地质学 ……………………………………… 47

第三节　我国工程地质学科发展优势 ……………………… 47
一、地域特色 ……………………………………………… 47
二、发展需求 ……………………………………………… 48
三、重要成就 ……………………………………………… 50
四、人才队伍 ……………………………………………… 54
五、资助现状和获奖情况 ………………………………… 56
六、我国工程地质学科在国际上的地位 ………………… 58

本章主要参考文献 …………………………………………… 62

第三章　发展规律与态势 ……………………………………… 66

第一节　学科发展规律 ……………………………………… 66
一、重大工程建设与国家需求引领学科发展 …………… 67
二、学科理论前沿研究驱动学科发展 …………………… 68
三、现代信息与高新技术推动学科发展 ………………… 68
四、学科交叉融合促进学科可持续发展 ………………… 69
五、地球科学与工程科学协同发展的纽带作用 ………… 71

第二节　学科研究特点 ……………………………………… 72
一、学科研究服务国家重大战略与重大工程建设需求 … 73
二、理论创造、技术创新与实践应用三位一体的学科研究
　　体系 ………………………………………………… 74

三、高度学科交叉、技术依赖与实践检验综合融合的研究
　　　　　范式 ·· 75
　　　四、长时序、多尺度、多因素与多场耦合的学科总体思维 ··· 77
　　　五、岩土体灾变与地质灾害预警、预测、预报全过程
　　　　　和系统化 ·· 79
　第三节　学科发展态势 ·· 80
　　　一、地球系统科学理论与应用 ··· 80
　　　二、人地协调的工程地质学理论 ·· 82
　　　三、学科深度融合与交叉 ··· 83
　　　四、技术先导和技术创新引领学科理论创新与实践 ·························· 85
　　　五、地质工程伦理教育强化行业高质量人才培养 ···························· 86
　本章主要参考文献 ·· 87

第四章　未来10年的发展方向 ·· 91

　第一节　学科前沿 ·· 93
　　　一、特殊岩土体灾变理论 ··· 94
　　　二、岩土体界面灾变理论 ··· 98
　　　三、滑坡成因与预报理论 ··· 103
　　　四、多圈层互馈与地质安全 ·· 107
　　　五、人类世与工程地质协调宜居理论 ·· 111
　第二节　需求牵引 ·· 115
　　　一、青藏高原重大工程的地质风险 ··· 116
　　　二、流域生态保护与高质量发展的工程地质问题 ··························· 120
　　　三、超大城市群建设工程地质问题 ··· 123
　　　四、深部工程地质问题 ·· 127
　　　五、海洋与极地工程地质问题 ··· 131
　　　六、交通工程地质问题 ·· 135
　　　七、"双碳"目标工程地质问题 ··· 138
　第三节　综合交叉 ·· 142
　　　一、极端气候工程地质 ·· 143
　　　二、生态环境工程地质 ·· 148

三、军事工程地质 ··· 151
　　四、行星工程地质 ··· 154
　　五、智慧工程地质 ··· 159
　　六、工程地质社会学 ·· 163
第四节　技术引领 ·· 168
　　一、大地感知体系 ··· 169
　　二、灾害智能识别与监测预警新技术 ······································· 172
　　三、灾害风险阻断与韧性防控技术 ··· 175
　　四、生态地质环境修复技术 ·· 179
　　五、工程地质原型试验技术 ·· 185
　　六、工程地质新仪器装备研制 ··· 189
　　七、工程地质原创软件研发 ·· 193
本章主要参考文献 ··· 196

第五章　举措与建议 ·· 207

第一节　加强顶层设计，优化学科布局 ·· 207
　　一、部门协同、顶层设计 ··· 207
　　二、前沿引领、科学创新 ··· 209
　　三、需求导向、产研结合 ··· 210
第二节　完善教育体系，壮大人才队伍 ·· 211
第三节　引领技术研发，建设学科平台 ·· 213
　　一、创新技术，研发软件 ··· 213
　　二、研制装备，建设平台 ··· 214
第四节　强化国际合作，促进学科发展 ·· 215
第五节　深入科普宣传，提升公众认知 ·· 216
　　一、科普队伍建设 ··· 217
　　二、科普图书发展 ··· 217
　　三、多媒体融合发展 ·· 218
本章主要参考文献 ··· 218

关键词索引 ··· 220

第一章
科学意义与战略价值

第一节 学科内涵与外延

一、学科内涵

工程地质学是研究与人类工程活动相关的地质和环境问题的学科，是地质学的分支学科。工程地质学运用地质学的原理与方法，融合资源环境与工程等领域的理论知识和相关高新技术，解决人类工程活动与地质环境相互作用过程中所产生的地质和环境问题，实现人类工程活动的社会效益、经济效益和环境效益的和谐统一，促进人类社会经济的可持续发展（彭建兵，2006；Bell，2007；Price，2009；唐辉明，2008）。

工程地质学以地球系统科学理论为指导，以圈层互馈与区域稳定、动力耦合与灾害机理、人地协调与风险防控为核心，旨在解决人类社会生存发展面临的重大地质环境和灾害问题，促进系统演化观、人地协同观和工程伦理观在现代工程地质学中的不断深入融合发展（图1-1），实现社会经济可持续发展和人地协调。

工程地质学融合地球系统科学的理论方法体系，开展多圈层、多过程、多动力的系统研究，合理利用自然、保护自然，而非掠夺和破坏工程地质环境，充分考虑工程建设与地壳浅表层之间的协调关系，达到人地协调与可持续发展，致力于人类社会人地和谐和长久宜居的发展目标（图1-2）。

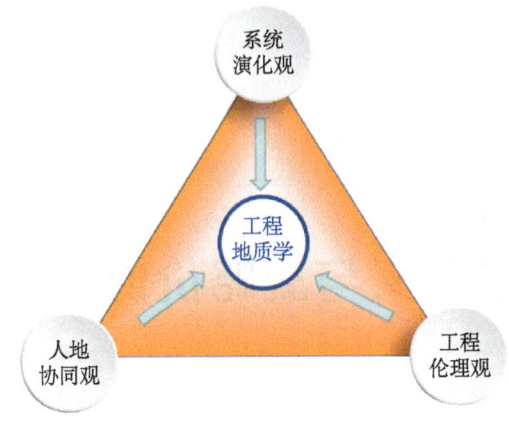

图 1-1　工程地质学"新三观"体系

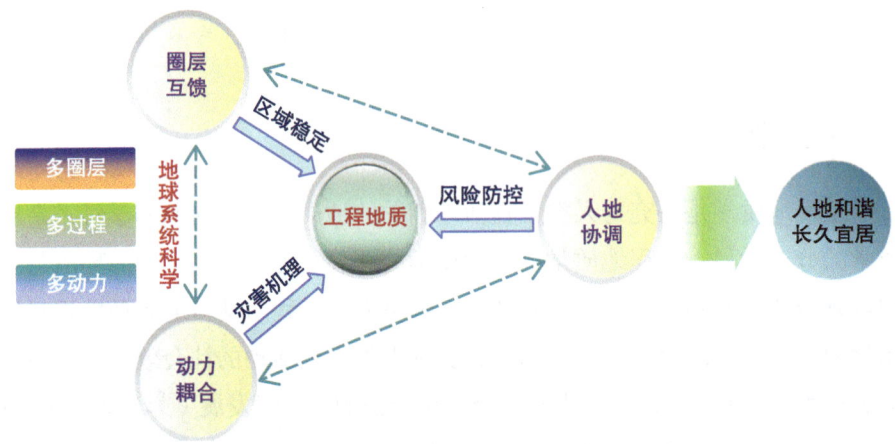

图 1-2　工程地质学的核心内容与目标

（一）工程地质学的目标与任务

工程地质学的目标是以地球系统科学为指导，揭示以人类工程活动为中心的地质环境效应，阐明地质环境的工程适宜性问题，以及工程扰动下地质环境的响应机制和动力学过程，解决人类生存发展面临的重大地质环境和灾害问题，保障国家重大工程安全，支撑国民经济与社会可持续发展（张咸恭，1979；张倬元等，1981；晏同珍，1994；王思敬，1999；施斌，2005；Price，2009；施斌和阎长虹，2017；彭建兵和李振洪，2022）。

现代工程地质学包括以下三个方面的主要任务：一是查明工程地质条

件，分析和评价工程地质问题，为工程建设提供地质安全保障；二是减少或控制工程活动对地质环境恶化的影响，保证工程可持续安全和人居安全；三是研究内外动力作用下地质灾害的孕育、形成、演化和风险防控，减轻和防范地质灾害对人类活动的影响（彭建兵等，2004；崔鹏等，2011；唐辉明，2015）。

（二）工程地质学的分支

工程地质学的分支学科主要包括区域工程地质、岩土体工程地质、环境工程地质、灾害工程地质、智慧工程地质等（Attewell and Farmer，1976；黄润秋等，1996；彭建兵等，2004；王思敬，2013；唐辉明，2015）。其总体结构如图1-3所示。

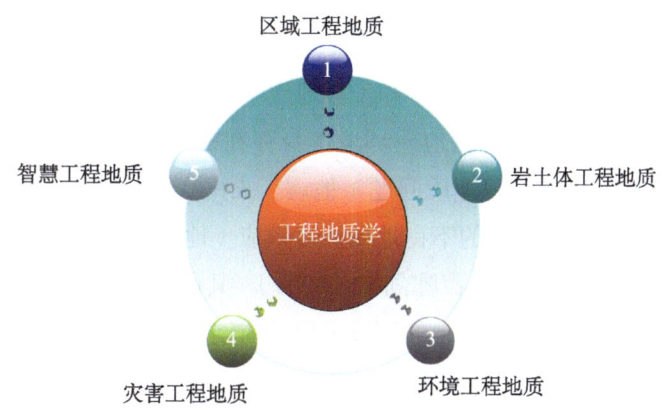

图1-3　工程地质学主要分支学科

1. 区域工程地质

区域工程地质研究工程地质条件的区域分布及变化规律，预测工程地质条件在人类活动影响下的变化规律与发展趋势，开展区域稳定性评价、区域工程地质特征评价与区域工程地质改造研究（Turcotte and Schubert，2002；唐辉明等，2009；殷跃平和张永双，2013）。其研究对象是工程建设地区地壳及其表层地质体，主要研究区域工程地质作用下与人类工程活动相关的工程地质问题。区域工程地质研究的基本任务是进行区域工程地质特征和稳定性评价，研究区域工程地质改造，并强调对任何重大工程建设项目都应研究区域稳定性问题（刘国昌，1993）。

2. 岩土体工程地质

岩土体工程地质研究工程岩土体的地质赋存条件与状态、地质结构特征、不同条件下（动静荷载、渗流、冻融、化学侵蚀等）的物理力学特性及其对工程岩土体变形与稳定的影响机制（Hutchinson，1988；Terzaghi et al.，1996；Juang et al.，2019）；进行工程岩土体的分类或质量评价，研究改良工程岩土体力学性能的手段与方法（唐大雄等，2005；王清等，2016）。其研究对象是作为建筑地基、建筑介质或建筑材料的地壳表层岩土体，主要研究岩土体的工程地质性质及其在自然和人为因素影响下的形成和演化规律。岩土体工程地质研究的基本任务是掌握与工程活动相关的岩土体特性及演化规律，分析并预测岩土体性质的可能变化，提出有关防治措施（唐大雄等，2005）。

3. 环境工程地质

环境工程地质以环境地质学和工程地质学为基础，研究人类工程活动与地质环境的相互作用，包括地质环境本身存在的对工程活动不利的地质作用、因素等原生环境工程地质问题（地震、火山、滑坡、泥石流、风沙等）和工程活动引起的或加剧的不良地质环境效应（地面沉降、塌陷、边坡与库岸塌滑等）（刘传正，1995；陈剑平，2003）。其研究对象是工程地质环境，主要研究人类工程活动所引起的环境工程地质问题。环境工程地质研究的基本任务是掌握人类工程活动与地质环境间的相互作用机理和规律，通过对二者相互反馈机理的认识与预测，对工程建设区的地质环境进行评价，提出工程环境系统调控的优化方法（贾永刚等，2003）。

4. 灾害工程地质

灾害工程地质研究地质环境演化与人类活动引起的灾害地质作用过程，分析其成因规律、时空分布、演化机理，构建灾害预警系统、评价方法、防治措施，为人类的生命、财产和活动安全提供地质保障（Terzaghi，1950；潘懋和李铁锋，2012；Tang et al.，2019）。其研究对象是各种地质灾害体，主要研究地质灾害的形成机理、演化规律、监测预警、风险评估与防治等。灾害工程地质研究的基本任务是掌握地质环境-人类工程活动-地质灾害的互馈机理，厘清地质灾害形成演化的过程机制，构建防灾减灾技术方法的支撑体系，提升地质灾害应急救灾的能力（Cui et al.，2021）。

5. 智慧工程地质

智慧工程地质运用高分遥感、无人机技术、第五代移动通信技术（5G）、物联网技术、人工智能、云计算和区块链等技术，开发更合理、快捷、智能化地获取工程地质条件的装备或手段，进一步提升工程地质问题辨识、分析、评价与解决的效率（施斌，2005；施斌和阎长虹，2017），提高工程规划、选址、设计、施工、运营与维护的可靠度水平；研究用于更精准地分析工程岩土体性质、工程地质演化的数学、力学与计算机模拟等理论、方法和技术。

二、学科外延

工程地质学科具有交叉特性，其研究对象具有地质学、环境科学及工程学等跨学科的特点，同时具有系统科学的属性，在时空尺度上具有非均匀性、非线性、突变性等特征；在研究方法上具有多学科技术方法交叉、渗透和融合的特性。它在地球系统科学的框架内，从地球圈层的相互作用角度，研究人类工程活动与地质环境尤其是地球浅表层系统间相互作用的过程，具有自然科学与人文科学的双重属性，所追求的目标是人类工程活动与地质环境的和谐相处和社会的可持续发展（刘羽，2020）。

人类工程活动与地质环境之间存在着相互影响、相互制约的关系，地质环境制约着工程活动，而工程活动又影响着地质环境，二者形成一个有机的统一体。因此，人类活动与岩石圈、水圈、生物圈、大气圈等交互的环境效应和灾害问题成为当前国际关注的热点问题（Giardino and Houser，2015；Sidle and Bogaard，2016；Herrera-García et al.，2021）。地球系统科学将人类工程活动作为与太阳和地核并列、能引起地球系统变化的第三驱动力，是由于人类工程活动诱发的变化超过了自然变化率，人类工程活动可在无意间触发一些变化，给地球系统带来灾难性的后果。不论是工程地质环境问题还是地质灾害问题，均是由地球多圈层耦合作用下，人类工程活动和地质环境二者相互制约和相互作用的矛盾关系引发的，工程地质环境问题及其控制与灾害问题具有整体相关性。

工程地质学是建立在地壳浅表层动力学系统认知的基础上，以多学科综合研究为手段，解决复杂工程地质问题的一门交叉学科（伍法权，2009）。学科自身发展和不断创新要求提高对地球动力系统及演化的认识、加强多学科的联合攻关，探索工程地质新技术、新方法，拓展工程地质新方向。近年来，我国北斗卫星导航系统、高分遥感、无人机技术、第五代移动通信技术、物联网技术、电子技术、超算技术、人工智能、云计算和区块链等技术的快速发展，为工程地质和相关学科提供了先进的技术基础，如卫星遥感、航空遥感、地面观测等天-空-地一体化立体观测技术，离心机、振动台、环境模拟等大型室内模拟实验设备，大数据分析、高性能计算、机器学习和人工智能等现代科技手段，为以地球浅表层自然、环境、人类活动相互作用为对象的研究工作提供了重要技术支撑（彭建兵和李振洪，2022；Tang et al.，2023；施斌等，2023）。

工程地质学科的外延空间（图1-4）广阔，原因在于其与地质学科、环境学科、资源学科、工程学科、信息技术学科等其他多门学科紧密联系。一方面，本学科可为相关学科的发展提供支撑与推动作用。另一方面，本学科与其他学科的深度交叉融合，更使工程地质环境与灾害学科外延进一步拓展。本学科的研究成果可为自然资源和生态环境保护提供科学依据，也可为国家重大基础设施建设的战略布局和顺利实施提供重要保障。

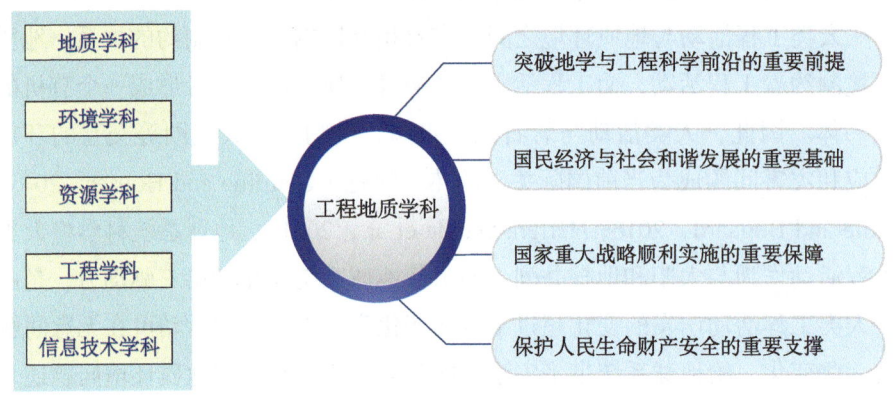

图1-4　工程地质学科的外延关系

"五位一体"总体布局将生态环境提到了历史新高度，开启了生态文明建设的新时代。加强自然灾害防治关系国计民生，建立高效科学的自然灾害防治体系，提高全社会自然灾害防治能力势在必行。由工程地质学科外延发展的工程地质环境与灾害学科发展迅速，同时也面临诸多挑战。工程地质环境与灾害学科必须以科学地解决重大环境和灾害问题为使命，紧密结合国家需求和发展战略，不断加强学科建设，优化学科内涵，完善学科体系。工程地质学科中的工程地质环境和地质灾害分别是自然环境和自然灾害的重要组成部分。一方面，地球环境包括自然环境和人类环境两个部分，自然环境由大气圈、生物圈、岩石圈和水圈组成。在地表圈层相互作用下，岩石圈内的岩土体、地下水、地质过程和现象构成了独立的地质环境系统（Brantley et al.，2007；Giardino and Houser，2015）。另一方面，深采、高挖、大填、强扰等人类活动强烈地改造着自然环境。这部分被工程活动影响的自然环境形成工程环境系统。它改变了建设场地原有的工程地质环境条件，进而加剧了自然环境演进的过程，甚至诱发地质灾害（Hendron and Patton，1987；Tang et al.，2019；Schultz et al.，2020）。因此，研究人类工程活动-地质环境的相互作用机理，揭示工程地质环境效应及其演化规律，是工程地质学科的重要基础；掌握地质灾害孕灾模式和演化机理，预测评价灾害风险，是工程地质学科的核心任务；研究重大工程地质环境条件与地质灾害成灾过程的关系，提出改善和治理地质环境与灾害的工程措施，形成人地协调的人类生存地质环境，是工程地质学科的最终目标。

近年来，国家一系列重要战略的顺利实施，对工程地质环境与灾害学科发展的要求也提到了一个新的高度，工程地质环境与灾害学科迎来了前所未有的重大发展机遇，学科的外延不断拓展，必将不断促进学科的蓬勃发展。

第二节 在地球科学、资源环境和工程学科体系中的地位

工程地质学研究与人类工程活动相关的工程地质问题，是地质学、环境科学与土木工程等学科相互渗透的一门交叉学科。工程地质问题是地壳浅表层（岩石圈、水圈、大气圈、生物圈）相互作用下人类工程活动所导致的。

工程地质分析过程重视地质构造动力系统、地表过程动力系统、气候变化动力系统与人类营力动力系统的耦合分析，从地质成因-演化、圈层相互作用角度充分认识工程地质条件，是地球科学和地球系统科学关注的核心科学问题之一。

工程地质学的研究内容涵盖区域工程地质、岩土体工程地质、环境工程地质、灾害工程地质、智慧工程地质等方面，以动力耦合与地质安全、圈层互馈与生态安全、人地协调与人居安全为核心，保障地球动力地质作用和人类工程活动影响下的地质安全、生态安全和人居安全，既涉及以地球科学、资源环境科学、工程学科、信息技术、材料科学等为主的自然科学，又涉及以人为本的风险管理可持续发展等灾害社会学问题，是跨学科、跨领域、跨门类的综合性学科。工程地质学是地球科学、资源环境和工程学科等相关学科体系中的重要组成部分，在地质安全、生态安全和人居安全领域居重要地位。

随着近年来高新技术的快速发展，大数据、云计算、超算、人工智能、智能制造等科技手段正快速融入工程地质学科相关工作中，必将促进传统学科综合交叉发展，促进高新技术快速发展与应用，促进全科学链、全价值链的构建，推动现代工程地质学的整体发展。为解决地球动力地质作用和人类工程活动影响下的地质安全、生态安全和人居安全所面临的重大科技问题，在地球学科（地理科学、地质学、地球化学、地球物理学和空间物理学、大气科学、海洋科学、环境地球科学）的支撑下，汇聚基础与应用学科（数学学科、力学学科、材料科学、遥感科学与技术、计算机与信息技术、人工智能等），开展交叉学科（极端气候工程地质、生态环境工程地质、军事工程地质、行星工程地质、智慧工程地质、工程地质社会学等）研究，服务于土木工程、交通工程、水利水电工程、采矿工程、安全工程、国防工程等领域（图1-5）。加强基础研究，推动应用研究，加快促进跨学科和跨界融合，突破传统单一学科研究的不足，实现社会经济可持续发展和人地协调的发展目标，为构建人地和谐与长久宜居的人类社会提供坚实的理论基础与技术支撑。

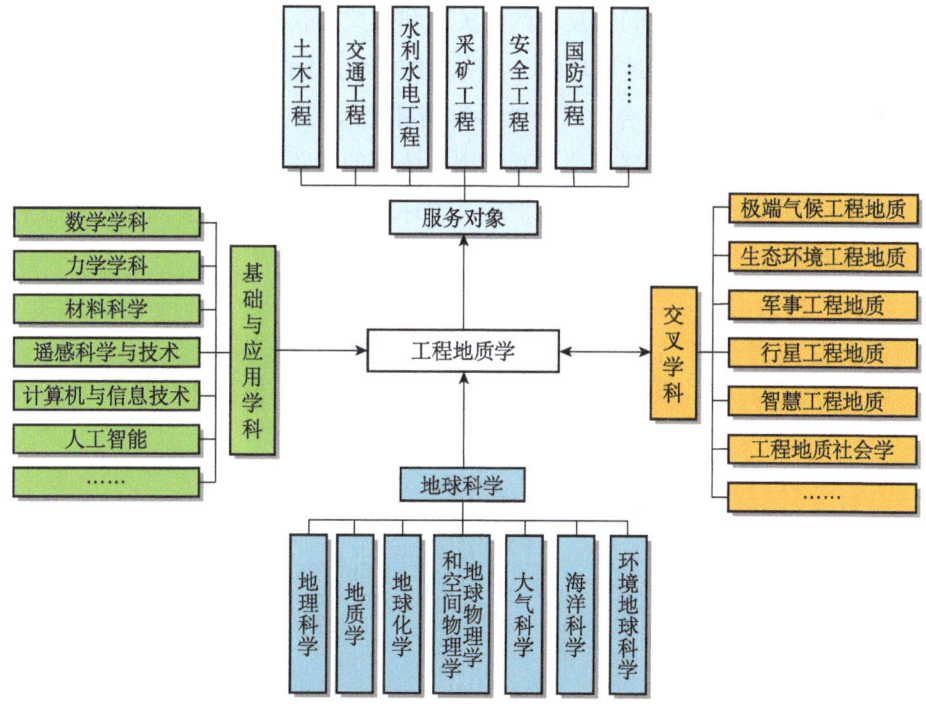

图 1-5 工程地质学与其他相关学科的关系

第三节　在国家总体学科发展布局中的地位

从国家总体学科发展布局来看，工程地质学是地球科学体系中不可或缺的关键一环（图1-6），工程地质工作可为人类社会生产生活提供重要支撑。我国人口众多、自然环境脆弱、工程地质问题显著，给飞速发展的社会和经济建设带来了极大的安全隐患（兰恒星等，2003）。在建设生态文明社会的今天，工程地质学应致力于减少地质灾害、降低次生灾害对人与城市设施的影响，成为建立宜居地球的关键学科。工程地质学作为地球科学的重要分支学科之一，研究与人类工程建设有关的地质问题，是将地质学的理论与技术方法应用到工程安全、灾害防治、环境影响等重要问题的关键枢纽，是理论方法与工程实践的重要桥梁。其特点是专门解决由地质与人类工程活动相互作用产生的工程与环境问题、研究地质灾害预测与防治技术的应用、研究人类

-9-

工程活动与地质环境之间相互制约的关系和形式，获取地质环境条件，并认识、评价、改造和保护地质环境。其突出的学科内涵在于将地球科学理论认识与人类工程活动相结合，以自然科学精神与人文科学精神相互交融统一，解决人类工程活动与地球系统相互作用与协调的问题。因此，工程地质学是解决维持人类工程活动安全、保护与改善环境、减少自然灾害、促进生态平衡、协调人与自然关系等的关键学科。

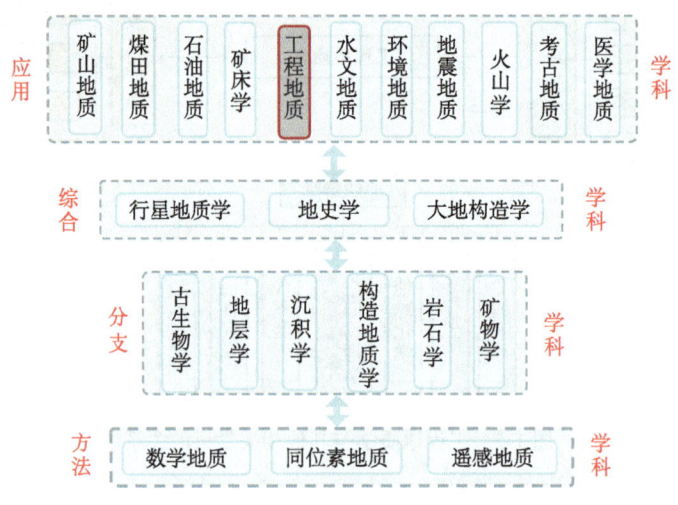

图 1-6　工程地质学与地质学其他分支学科的关系
（国家自然科学基金委员会，1991，有修改）

第四节　推动相关学科和技术发展的作用

工程地质发展史是一部人类认识自然、改造自然的发展史。人类对工程相关的地质条件的认识伴随着整个人类社会发展过程，对工程地质的研究也从经验、常识，逐步提升为科学理论。工程地质学的主旨从最初单一的调查、研究、评价、预测和解决与工程活动相关的工程地质问题，逐渐丰富为服务国家重大需求与发展战略，解决人类社会生存发展面临的重大地质问题，推动相关领域技术变革创新，促进学科交叉融合和发展，实现社会经济可持续发展和人地协调。

一、反哺其他相关学科，推动相关领域技术变革创新

近年来，随着我国大型水电站、青藏高原铁路、大型山区机场等重大工程的规划实施，工程地质学迎来了新的历史机遇与挑战。国家重大工程的实施、复杂工程问题的解决不仅涉及土木工程、材料学、环境工程、交通科学、工程管理等传统学科的理论与方法，还需融合现代信息技术、大数据和人工智能等新兴理论和技术。因此，在当前国家一系列重大战略平稳推进的大背景下，工程地质学将进一步聚焦国家重大战略需求中的关键科学问题和技术难题，反哺其他相关学科，发挥引领学科发展方向、推动技术变革创新的关键性作用，为国家重大工程建设提供重要理论和技术支撑，从而为我国国民经济和社会的可持续发展提供强大的科技支撑和驱动力。

近年来，科学技术部、国家自然科学基金委员会着力倡导和支持重大科研仪器研发，有力推动了工程地质实验测试技术的发展，工程地质学的发展加快促进了土木工程、灾害地质、遥感科学、信息科学等学科的技术革新，在岩土力学试验、非接触测量、地质体精细建模、智能监测、新材料新工艺和灾害风险防控等领域涌现了一批高精尖的新方法和新技术。例如，中国科学院地质与地球物理研究所李晓研究员团队研发了高能加速器CT多场耦合岩石力学试验系统，实现了大尺度岩石试件变形破坏细观过程的实时观察；南京大学地球科学与工程学院施斌教授团队研发的地质工程分布式光纤监测关键技术，在边坡与隧道工程、地质灾害及地下管线高精度形变监测中得到广泛应用（伍法权和沙鹏，2019）；中国地质大学（武汉）唐辉明教授团队成功研发了滑坡多场关联监测、滑坡大变形柔性测斜监测、滑坡全剖面轨迹仪监测等技术与装备，促进了滑坡监测预警的技术革新（唐辉明等，2022）。中山大学周翠英教授团队研发了多场耦合损伤全程高时空分辨三维可视化试验系统，可高时空分辨三维可视化再现损伤演化全过程。中国科学院地质与地球物理研究所祁生文研究员团队研发了大型岩体动态性能测试系统，突破了全真地震力变速、往复、宽幅加载条件下岩体动态性能试验测试的技术瓶颈，支撑了国家重大交通、水利工程岩体动态力学参数的试验测试（Qi et al.，2020）。

二、促进学科交叉融合和发展，催生新学科增长点

随着新材料、新工艺和社会管理学的快速发展，工程地质学科与材料科学、灾害社会学等相关学科的联系不断增强，学科交叉融合发展的趋势日益显著，催生了新的学科增长点。工程地质学科在地质灾害防治、工程地质分析评价等方面对生态环保、轻质高强等材料提出了新需求，有力促进了新材料、新工艺、新理论的研究，促进了材料科学等相关学科和技术的发展。在防灾减灾需求日渐增强的背景下，基于现代高新技术的先进地质灾害风险理念也逐步形成，地质灾害的动态风险识别、评估和调控机制日益引起各界的关注，合理选择风险管理工具和对策，构建地质灾害风险量度、优化处置、协同管理和应变决策系统，提升了地质灾害风险管理能力和水平，有力促进了灾害社会学的发展。

第五节 对实施国家科技发展规划及其他科技政策目标的支撑作用

工程地质学承担着为各类工程活动从选址、勘测、设计、施工到安全运营各个环节保驾护航的艰巨任务（王思敬和黄鼎成，2004）。改革开放40余年来，工程地质学对国民经济起到了以超级工程为基础、实现民生福祉、保障社会可持续发展的举足轻重的推进作用，对实施国家科技发展规划及其他科技政策目标发挥了关键支撑作用。

一、有力支撑了国家科技发展规划

工程地质学为国家重大工程活动提供了重要的理论方法和技术支撑。在重大水利工程建设方面，工程地质学70余年累计服务了近百个大型水电站的选址、高边坡防护工程；在核电工程建设方面，针对10余个核电厂址的区域稳定性、边坡稳定性开展了系统研究；在资源能源开发方面，针对矿产资源能源开发、利用和安全防护等方面开展了系统研究；在重大线性工程建设方面，服务于铁路、公路、输电线路、西气东输、输油管道等的选址、地质安

全防护；在海底隧道工程建设方面，开展了渤海湾跨海隧道、深圳湾跨海隧道等大型隧道工程地质安全风险防控工作；在城镇化建设方面，保障了雄安新区建设、粤港澳大湾区一体化建设等大型城镇化的地质安全。

习近平总书记指出，中国特色社会主义进入新时代。新时代的发展给传统的工程地质学指明了新的发展方向，工程地质学将坚持需求导向、问题导向和目标导向，从具体工程上精准聚焦和服务国家重大战略需求，为保障地质环境友好可持续发展作出贡献，积极助力建设"富强、民主、文明、和谐、美丽"的社会主义现代化强国。近年来，随着我国经济发展进入新常态，为确保国民经济健康平稳发展，实现中华民族伟大复兴，我国实施了一系列国家重大战略和重大工程，主要包括青藏高原铁路、长江经济带发展战略、黄河流域生态保护和高质量发展战略、粤港澳大湾区发展战略、乡村振兴战略、海洋强国战略、京津冀协同发展战略等。在这些国家战略或重大工程的实施中，工程地质学始终发挥着先行性和基础性作用，在支撑国家重大战略方面取得了显著成效。例如，青藏高原隆升过程与环境灾害效应的研究有力支撑了青藏高原铁路规划建设、长江地质过程与环境灾害效应的研究支撑了长江经济带发展战略、黄河地质过程与环境灾害效应的研究支撑了黄河流域生态保护和高质量发展战略（吴丰昌等，2021；Cui et al.，2022）。

"一带一路"倡议涉及区域广阔，区域内地形地质环境复杂、气候变化大、自然灾害类型多样，多国家和地区易受到地震、滑坡、泥石流、洪水、风暴潮等自然灾害的影响，防灾减灾是"一带一路"共建国家和地区共同面临的挑战，也是国际相关领域的重点科学前沿问题。崔鹏率领团队联合多国研究机构和防灾减灾领域专家，针对国际减灾需求分析、国家防灾减灾战略制定、地区发展规划及重大基础工程建设四个层面的防灾减灾需求，提出了四种尺度的灾害风险评估方法，完成了"一带一路"区域多尺度自然灾害风险评估，系统梳理了多种典型自然灾害事件，揭示了灾害形成机理，提出了重大灾害防治技术；对于跨境自然灾害风险管理，提出了多层次、多元主体协同的全周期灾害风险管理模式与技术，并将国家先进减灾技术在共建"一带一路"国家和地区进行拓展与推广（崔鹏等，2020），相关研究工作为"一带一路"倡议提供了重要的科技支撑。

青藏高原铁路交通工程对国家西部大开发战略和西藏经济社会发展具有

重大战略意义。然而作为世界铁路史上最难修建的铁路工程之一，其施工建设与长期运营面临许多重大科学与工程技术问题，其中地质安全风险问题最为严峻。基于地球系统科学思想对铁路穿越的青藏高原交通廊道面临的工程地质问题进行系统分析，认为在板块挤压、高原隆升、气候变化和工程扰动等内外动力作用下，青藏高原交通廊道地壳浅表部发育一个由构造变形圈、岩体松动圈、表部冻融圈和工程扰动圈组合成的松弛变动圈，它们影响和制约着铁路工程的区域地质体、工程地质体、工程岩土体和工程结构体的稳定性，孕育和控制着重大地质灾害的发生和链生演化（彭建兵等，2020a）。多圈层相互作用下地表动力学过程及其区域灾害效应的相关工程地质研究为川藏交通廊道工程规划选线、建设和防灾减灾提供了重要科技支撑（殷跃平等，2021）。

针对黄河流域高质量发展面临的地球科学问题的特点及挑战，彭建兵等（2020b）提出了"宜居黄河"科学构想，旨在构建一个包括"安全黄河""绿色黄河""生态黄河""和谐黄河""智慧黄河"五大核心内容的体系完善的宜居黄河研究科学架构，这五部分相互支撑融合，共同解决宜居黄河的核心关键问题，从而为保障黄河长治久安、促进全流域高质量发展（彭建兵等，2020b）、实现黄河流域生态文明战略发挥重要的科技支撑作用。

我国正在实施长江经济带发展战略，面临着滑坡预测预报与防控难题。长江中上游是我国地质灾害高发区，大型工程建设加剧了滑坡等地质灾害的发生，地质灾害防治是长江大保护的重要组成部分。唐辉明等带领团队长期扎根长江三峡库区进行地质灾害研究，揭示了表生作用过程、构造活动过程、地貌过程与滑坡地质灾害时空分布之间的关联性，发现滑坡演化过程具有阶段性、非线性和模式多样性，建成了三峡库区黄土坡滑坡大型野外综合试验场。该试验场是世界上首个以大型试验隧洞群为主体的滑坡野外原位试验监测基地，我国自主研发了滑坡多场特征参量智能监测系统，在滑带土大型原位试验和滑坡多场立体监测等方面取得了重要突破（Tang et al.，2019）。这些研究工作为长江大保护提供了重要的科技支撑。

随着国家重大海洋工程的开展，围填海、海上堤坝工程、人工岛礁工程、物资储藏设施、海底基础设施、海上风电、海底资源开发、跨海桥隧等工程建设引发的包括海洋环境污染等在内的环境与灾害问题日益突出，采用工程地质学与海洋科学、地球化学、大气科学、地球物理学相结合的方法，系统开展海洋工程环境效应与灾变机制研究，为海洋工程建设及其环境灾害防控提供了理论技术支撑。

随着城市地下空间开发、深埋油气资源开发、深部国防设施建设的迅速发展，深部工程建设引发的岩爆等工程地质灾害和环境问题突出且复杂，危害巨大，采用工程地质学与基础地质学、地球化学、地球物理学交叉方法，系统开展深部地质工程环境效应与灾变机制，为深部工程环境效应与灾害预测评价提供了依据，为深部地下空间开发和深部资源开发提供了理论技术支撑，服务国家的"三深一土"国土资源科技创新战略。

二、加快推进了人地协调科技政策的制定

当前，新一轮科技革命和产业变革蓬勃兴起，科学探索加速演进，学科交叉融合更加紧密。经过多年的持续发展，我国基础科学研究取得长足进步，整体水平显著提高，培养了大批工程地质领域骨干人才，国际影响力日益提升，支撑引领经济社会发展的作用不断增强。但与建设世界科技强国的要求相比，我国基础科学研究短板依然突出，存在重大原创性成果缺乏、研究投入不足、评价激励制度亟待完善等诸多问题。

随着社会发展和科技的进步，人类工程活动日益加剧，人与自然的矛盾更加尖锐，工程地质领域相关的人地和谐问题更加迫切。例如，川藏交通廊道工程是连接西藏与内地、支撑西藏社会经济发展、保障国防安全的国家交通干线，对国家长治久安和西藏经济社会发展具有举足轻重的作用。作为世界铁路史上面临的科学挑战最大、科学问题最复杂、最难修建的铁路工程之一，川藏交通廊道工程在工程建设和长期安全运营中均面临工程地质领域诸多的巨大挑战和基础科学问题（Cui et al.，2022）。鉴于此，国家相关部委非常重视重大工程建设背后的科学问题，并适时开展了相关科技政策的调整和优化，在进一步加强基础科学研究的同时，服务国家重大工程建设的重大需求。国家自然科学基金委员会坚持需求导向和原创导向，加快部署关键重点领域，部署川藏交通廊道工程、极地等相关基础研究专项项目（李静海，2020），逐步确立了基于"鼓励探索、突出原创；聚焦前沿、独辟蹊径；需求牵引、突破瓶颈；共性导向、交叉融通"四类科学问题属性分类的资助导

向。面向国家重大需求，不断夯实创新发展的源头基础。完善重大基础研究问题建议、咨询、立项和指南引导机制，分阶段部署一批重点方向领域。从国家发展需求出发，聚焦当前和未来一段时期的"卡脖子"技术，关注可能产生引领性成果的重要领域，凝练提出战略性关键核心技术背后的基础科学问题，进一步夯实建设创新型国家和世界科技强国的基础。

因此，工程地质学作为研究人地关系与灾害防治的学科，在防灾减灾、造福民生方面发挥了重要的作用。时代的发展更是赋予了工程地质学科促进人地协调的新使命，促进了重大工程建设关键核心技术背后的基础科学问题、有组织科研、科技高水平自立自强等相关科技政策的优化调整，其战略地位日益显著。

第六节 对国家经济发展的支撑作用

近年来，我国工程地质学发展取得了举世瞩目的成就，中国工程地质学肩负着实现引领国际工程地质学科发展的目标，"面向世界科技前沿、面向经济主战场、面向国家重大需求、面向人民生命健康"[①]。工程地质学将成为实现宜居地球科技战略的重要支撑，进一步满足国民经济社会发展与国防安全、提升国家综合国力及国际竞争力的需要，实现"双碳"目标等方面的理论和技术创新，促进社会经济可持续健康发展，对国家经济的发展发挥关键支撑作用。

一、为国家重大战略工程实施提供保障

宜居地球的理念已经成为国际地球科学的重要理念，也是我国地球科学领域科技发展的重要战略目标。工程地质学的学科性质决定其将在实现宜居地球战略中发挥不可替代的重要作用。主要表现在五个方面：工程地质学将保障宜居地球的地质安全，营造长久的宜居环境；工程地质学将有效控制灾害风险，减轻人居安全隐患；工程地质学将科学保护地质环境，建立生态安

---

① 勇当高水平科技自立自强的排头兵——写在第八个科技工作者日. https://www.gov.cn/yaowen/liebiao/202405/content_6954461.htm[2025-01-24].

全体系；工程地质学将支撑合理开发地下空间，创建新的宜居场所；工程地质学将致力于提升人地系统和谐，延长地球宜居寿命（彭建兵等，2020b）。

同时，人类将持续进行四大科学探索工程——"上天、入地、下海、登极"，这些工程均与工程地质学有着深厚的联系。这为工程地质学科发展带来了绝佳机遇，也为提高我国独有的国际竞争力提供了有力支撑（兰恒星等，2022）。随着"一带一路"倡议及川（滇、新）藏铁路、深空、深地与深海等国家重大工程的深入实施，工程地质学科的发展以继续服务国家重大工程为宗旨，工程地质学家肩负着保证国家重大工程稳步实施的历史性任务。相应地，工程地质学的另一个重要目标就是推进海洋工程地质、深地工程地质、行星工程地质、极地工程地质等服务于国家重大工程的新兴领域的稳步发展。中国工程地质学将肩负起引领国际工程地质学科发展的使命，广泛汲取相关学科的先进理念，重塑工程地质学的内涵与外延，推动中国工程地质领域国际地位的提升（兰恒星等，2021），实现从工程地质大国走向工程地质强国的目标。

二、为社会经济可持续发展保驾护航

面向国家重大需求，工程地质学科的重点发展方向主要包括：大规模人类活动（大规模开挖、大型人工水体、高坝、超长隧道）与地球浅表层动力系统的互馈作用机制及灾害控制；西部特殊工程地质环境条件（高地应力、高寒、高海拔、深卸荷等）的形成机理及发育分布规律；超大城市发展（超高建筑群、城市地下多层空间开发、快速交通运输系统）的工程地质效应、地面沉降及其控制；强地震触发地质灾害发生机理及预测评价；极端气候下的重大地质灾害机理及预测评价；基于演化过程的地质体稳定性评价及灾害控制理论；重大隐蔽型地质灾害及其前兆的识别、监测预警和应急处置；地质灾害的风险评价与风险管理等（许强，2012）。

重大基础工程项目建设是推动我国经济社会发展的基础，重大工程及城镇化建设是我国国力飞速发展的重要标志。工程地质学承担着为各类工程活动从选址、勘测、设计、施工到安全运营各个环节保驾护航的艰巨任务（彭建兵等，2020a）。这就从经济社会发展的层面对工程地质学科提出了新的需求，提升工程地质学科解决国家战略项目安全运营的能力：随着川藏交通廊道工程、深地、深空、深海等战略工程建设的相继兴起，人类工程活动对地壳浅层影响的广度与深度逐步扩大，工程地质问题更加复杂。提升解决这些工程地质问题的能力，对国家战略工程安全运营，以及我国综合国力与国际影响力的逐步提升，均将起到保驾护航的作用（伍法权和沙鹏，2019）。

总之，工程地质学科发展有力支撑了国民经济社会发展与国防安全、提升了国家综合国力及国际竞争力，促进了联合国仙台减灾框架（第三届世界减灾大会，2015年）、联合国2030年可持续发展目标（联合国大会，2015年）、巴黎协定（巴黎气候变化大会，2015年）等国际发展目标的实现，支撑了"一带一路"倡议、长江经济带发展、粤港澳大湾区发展、美丽中国、生态文明建设、乡村振兴、海洋强国、京津冀协同发展、川藏交通廊道工程、深地工程与地下空间开发、"双碳"目标等的顺利实施，服务于韧性社会和宜居地球建设，提升了相关领域的国际影响力及话语权。

本章主要参考文献

陈剑平. 2003. 环境地质与工程. 北京：地质出版社.

崔鹏, 何思明, 姚令侃, 等. 2011. 汶川地震山地灾害形成机理与风险控制. 北京：科学出版社.

崔鹏, 吴圣楠, 雷雨, 等. 2020. "一带一路"区域自然灾害风险协同管理模式. 科技导报, 38（16）：35-44.

国家自然科学基金委员会. 1991. 地质科学. 北京：科学出版社.

黄润秋, 张倬元, 王士天. 1996. 当前环境工程地质领域的几个主要问题及研究对策. 工程地质学报, 4（3）：10-16.

贾永刚, 李相然, 韩德亮, 等. 2003. 环境工程地质学. 山东：中国海洋大学出版社.

兰恒星, 彭建兵, 祝艳波, 等. 2022. 黄河流域地质地表过程与重大灾害效应研究与展望. 中国科学：地球科学, 52（2）：199-221.

兰恒星, 张宁, 李郎平, 等. 2021. 川藏铁路可研阶段重大工程地质风险分析. 工程地质学报, 29（2）：326-341.

兰恒星, 周成虎, 王苓涓, 等. 2003. 地理信息系统支持下的滑坡-水文耦合模型研究. 岩石力学与工程学报, 22（8）：1309-1314.

李静海. 2020. 深化科学基金改革 推动基础研究高质量发展. 中国科学基金, 34（5）：529-532.

刘传正. 1995. 环境工程地质学导论. 北京：地质出版社.

刘国昌. 1993. 区域稳定工程地质. 长春：吉林大学出版社.

刘羽. 2020. 国家自然科学基金环境地球科学学科布局优化战略研究. 科学通报，65（20）：2076-2084.

潘懋，李铁锋. 2012. 灾害地质学. 2 版. 北京：北京大学出版社.

彭建兵. 2006. 中国活动构造与环境灾害研究中的若干重大问题. 工程地质学报，14（1）：5-12.

彭建兵，崔鹏，庄建琦. 2020a. 川藏铁路对工程地质提出的挑战. 岩石力学与工程学报，39（12）：2377-2389.

彭建兵，兰恒星，钱会，等. 2020b. 宜居黄河科学构想. 工程地质学报，28（2）：189-201.

彭建兵，李振洪. 2022. 地学大数据可否助力地质灾害预报？地球科学，47（10）：3900-3901.

彭建兵，马润勇，邵铁全. 2004. 构造地质与工程地质的基本关系. 地学前缘，11（4）：535-549.

施斌. 2005. 我国工程地质学发展战略的思考. 工程地质学报，13（4）：433-436.

施斌，阎长虹. 2017. 工程地质学. 北京：科学出版社.

施斌，朱鸿鹄，张诚成，等. 2023. 岩土体灾变感知与应用. 中国科学：技术科学，53（10）：1639-1651.

唐大雄，刘佑荣，张文殊，等. 2005. 工程岩土学. 2 版. 北京：地质出版社.

唐辉明. 2008. 工程地质学基础. 北京：化学工业出版社.

唐辉明. 2015. 斜坡地质灾害预测与防治的工程地质研究. 北京：科学出版社.

唐辉明，李德威，胡新丽. 2009. 龙山门断裂带活动特征与工程区域地壳稳定性评价理论. 工程地质学报，17（2）：145-152.

唐辉明，李长冬，龚文平，等. 2022. 滑坡演化基本属性与研究途径. 地球科学，47（12）：4596-4608.

王清，孔元元，张旭东，等. 2016. 结构性土体固结压力的力学效应. 西南交通大学学报，51（5）：987-994.

王思敬. 1999. 工程地质学的任务与未来. 工程地质学报，（3）：195-199.

王思敬. 2011. 工程地质学的大成综合理论. 工程地质学报，19（1）：1-5.

王思敬. 2013. 工程地质学科的世纪演化与前景. 工程地质学报，21（1）：1-5.

王思敬，黄鼎成. 2004. 中国工程地质世纪成就. 北京：地质出版社.

伍法权. 2009. 谈工程地质的学科价值与学科发展. 工程地质学报，17（2）：175-179.

伍法权，沙鹏. 2019. 中国工程地质学科成就与新时期任务：2018 年全国工程地质年会学术总结. 工程地质学报，27（1）：184-194.

吴丰昌，刘羽，赵晓丽，等. 2021. 环境地球科学学科发展战略研究报告. 北京：科学出版社.

许强. 2012. 工程地质学科发展的新趋势：第九届全国工程地质大会学术总结. 工程地质学报，20（6）：1087-1095.

晏同珍. 1994. 水文工程地质与环境保护. 武汉：中国地质大学出版社.

殷跃平，张永双. 2013. 汶川地震工程地质与地质灾害. 北京：科学出版社.

殷跃平，朱赛楠，李滨，等. 2021. 青藏高原高位远程地质灾害. 北京：科学出版社.

张咸恭. 1979. 工程地质学. 北京：地质出版社.

张倬元，王士天，王兰生. 1981. 工程地质分析原理. 北京：地质出版社.

Attewell P B, Farmer I W. 1976. Principles of Engineering Geology. Dordrecht: Springer.

Bell F G. 2007. Engineering Geology. 2nd ed. Oxford: Elsevier.

Brantley S L, Goldhaber M B, Ragnarsdottir K V. 2007. Crossing disciplines and scales to understand the critical zone. Elements, 3(5): 307-314.

Cui P, Peng J B, Shi P J, et al. 2021. Scientific challenges of research on natural hazards and disaster risk. Geography and Sustainability, 2(3):216-223.

Cui P, Ge Y G, Li S J, et al. 2022. Scientific challenges in disaster risk reduction for the Sichuan-Tibet Railway. Engineering Geology, 309:106837.

Juang C H, Dijkstra T, Wasowski J, et al. 2019. Loess geohazards research in China: Advances and challenges for mega engineering projects. Engineering Geology, 251: 1-10.

Giardino J R, Houser C. 2015. Principles and Dynamics of the Critical Zone. Oxford: Elsevier.

Hendron A J, Patton F D, 1987. The Vaiont slide-a geotechnical analysis based on new geologic observations of the failure surface. Engineering Geology, 24:475-491.

Herrera-García G, Ezquerro P, Tomás R, et al. 2021. Mapping the global threat of land subsidence. Science, 371(6524):34-36.

Hutchinson J N. 1988. General report: Morphological and geotechnical parameters of landslides in relation to geology and hydrogeology//Bonnard C (Ed.). Proceedings of the 5th International Symposium on Landslides. Rotterdam: A A Balkema:3-35.

Price D G. 2009. Engineering Geology: Principles and Practice. Berlin: Springer Press.

Qi S, Zheng B, Wu F, et al. 2020. A new dynamic direct shear testing device on rock joints. Rock Mechanics and Rock Engineering, 53:4787-4798.

Schultz R, Skoumal R J, Brudzinski M R, et al. 2020. Hydraulic fracturing-induced seismicity. Reviews of Geophysics, 58(3):1-43.

Sidle R C, Bogaard T A. 2016. Dynamic earth system and ecological controls of rainfall-initiated landslides. Earth-science Reviews, 159:275-291.

Tang H M, Wasowski J, Juang C H. 2019. Geohazards in the three Gorges Reservoir Area, China-Lessons learned from decades of research. Engineering Geology, 261: 105267.

Tang H, Wang L, Li C, et al. 2023. Key techniques of prevention and control for reservoir landslides based on evolutionary process//Alcántara-Ayala I, Arbanas Z, Huntley D, et al. Progress in Landslide Research and Technology. Cham: Springer International Publishing, 1(2): 11-28.

Terzaghi K. 1950. Mechanisms of Landslides. New York: Geological Society of America.

Terzaghi K, Peck R B, Mesri G. 1996. Soil Mechanics in Engineering Practice. New York: John Wiley & Sons.

Turcotte D L, Schubert G. 2002. Geodynamics. Cambridge: Cambridge University Press.

Yang T Z, Tang H M. 1999. Global Environmental Changes and Engineering Geology. Wuhan: China University of Geosciences Press.

第二章 发展历史与现状

第一节 学科发展历史

一、国际工程地质学科发展简史

伴随资源、能源开发和交通运输、城镇发展，一系列规模不一、类型多样的工程建（构）筑鳞次栉比，工程师们对建筑工程的地质、材料、环境等知识的积累日益增长，植根于地质学理论基础上的工程地质学应运而生。工程地质学认识问题和解决问题的能力及其学科内涵的充实与提高，与人类工程建设能力密切相关，与人们对地质环境的认识及其方法、技术手段密不可分。工程地质学的发展及其贡献，是人类认识自然、利用自然、改造自然和适应自然能力的一种表现。

人们在工程建设活动中，自觉或不自觉地将地质知识应用于建筑，使建筑物与地质环境相适应，以保证建筑物能发挥预期的经济效应和社会效应。17世纪以前，许多国家成功地建成了至今仍享有盛名的伟大建筑物，但人们在建筑实践中对地质环境的考虑，主要依赖于建筑者个人的感性认识。17世纪以后，由于产业革命和建设事业的发展，出现并逐渐积累了关于地质环境对建筑物影响的研究。人类文明发展历程与国际工程地质学科发展简史见图2-1。

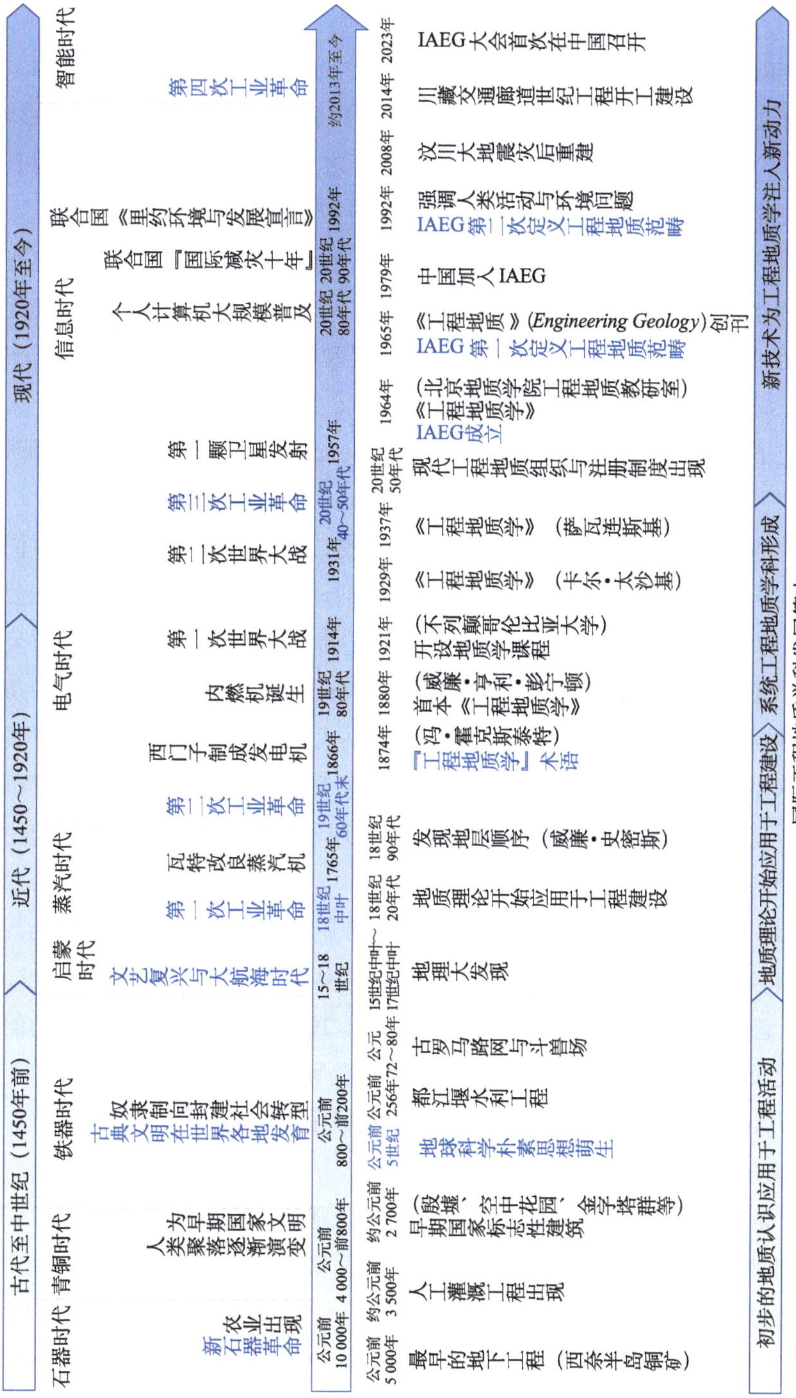

第二章 发展历史与现状

图 2-1 人类文明发展历程与国际工程地质学科发展简史
国际工程地质与环境协会（International Association for Engineering Geology and the Environment, IAEG）

（一）古代至中世纪（1450年以前）

人类的工程建设历史与人类文明史一样久远。在工程建设的历程中，人类逐渐了解地质环境，并不断认识到地质环境对工程修建具有重要影响。"工程师"与"地质学家"之间的联系自古有之。在公元前5000年前的石器时代，亚非大陆交会处的西奈半岛就有人工开挖的地下铜矿的痕迹。

随着文明的发展，人们在各大流域建立起聚落和城镇，并开始建造输水渠道和水库用于生活供水、储水和灌溉。大约公元前3500年，古代近东地区的运河和地面灌溉工程就已经初步发展起来了（Forbes，1934；Kiersch and James，1991）。在公元前256年，李冰父子巧妙地利用岷江的自然地形，修建了都江堰水利工程，并沿用至今（Sengör，2021；李可可和黎沛虹，2004）。

随着商业活动的出现，不同区域间的贸易、文化交流不断增加，人们开始将对地质的认识应用于路网、隧道等工程活动。已知最古老的隧道在公元8世纪末修建于耶路撒冷，工程师们开始注意到岩性对于隧道的影响。公元前530～前526年修建的欧帕里诺斯隧道（Tunnel of Eupalinos）是第一条从隧道两端同时开挖且成功贯通的隧道。古罗马人在公元72～80年修建了具有复杂排水系统的斗兽场，并充分利用自然地质环境修建了大量路网、渡槽与较短的隧道（Anderson and Trigg，1976），展现了当时人们将地质认识应用于工程活动的能力。

最早的朴素地球科学思想主要源于古希腊。希罗多德（Herodotus，约公元前484～前425年）观察到地震与大规模断裂的关系（Faul and Faul，1983）；老普林尼（Pliny the Elder，公元23～79年）记录了维苏威火山的喷发及随之而来的次生灾害；柏拉图（Plato，公元前427～前347年）和亚里士多德（Aristotle，公元前384～前322年）提出了有关地下水来源和赋存形式的见解（Davis and deWiest，1966）。

这一时期，工程地质概念还未萌生，但是随着早期工程的建设，人们开始对自然地质环境的思考，并开始探索如何借助一些简单的地质知识让工程建筑更好地适应环境。

（二）近代学科历史

1. 文艺复兴与启蒙时期（1450～1750 年）

随着文艺复兴的兴起，法国、英国和意大利的科学家成为地质领域的主要力量，他们提出一系列新的地质理论，并致力于将其运用在工程建设中（Faul and Faul，1983）。15 世纪中叶到 17 世纪中叶的地理大发现为测量仪器、制图手段的进步提供了基础（Sengör，2021）。

当时很多欧洲的科学家与工程师对地质学的发展与应用作出了贡献，其中以意大利科学家列奥纳多·达·芬奇（Leonardo da Vinci）最为著名。列奥纳多·达·芬奇虽以画作著名，但其工程建树也同样丰硕，被认为是首位系统记录地质现象（如地层叠覆、化石成因）的学者（Clements，1981）。

地质学和工程学的科学基础在文艺复兴时期得到了极大的发展。由于欧洲人在全球的勘探活动，大量关于地貌、岩石类型、矿物的勘测资料涌入欧洲，使欧洲地质学理论更加活跃于众多工程建设中。

2. 第一次工业革命时期（18 世纪中叶至 19 世纪中叶）

第一次工业革命开创了以机器代替手工劳动的时代。这一时期，欧洲各个城市得到快速发展，地质条件逐渐被视为道路、运河、隧道、港口及大型水利工程规划和建设中不可或缺的重要因素。英国土木工程师威廉·史密斯（William Smith）是继达·芬奇后首次将地质理论运用于工程建设的人。他发现了地层顺序的工程意义，并成功将其应用于运河的选址与开挖（19 世纪初）。1827 年开始，在泰晤士河隧道的修建过程中，人们开始认识到静水压力对岩土工程的重要作用（White and White，1953）。以德·索绪尔（de Saussure）为代表的杰出地质学者确立了现代高山地质学观点。

第一次工业革命为地质学的发展打造了强劲引擎，许多工程都将地质学作为指导，工程地质学科的概念逐渐萌发。

3. 第二次工业革命时期（19 世纪中叶至 20 世纪 20 年代）

第二次工业革命时期，国际学界进一步探索地质学对工程建设的影响，多位专家学者作出了开创性的贡献。其中，费迪南德·冯·霍克斯泰特（Ferdinand von Hochstetter）被认为是"工程地质学"术语的早期使用者（Nolden，2013）。1874 年，冯·霍克斯泰特总结了先前的地质知识和工程建设经验,发表了题为《地质与铁路建设》的年度演讲。以此为标志,工程地质学在国际上逐渐形成了一门系统的学科。最早将地质学与工程建设广泛联系起来的是英国著名地质学家威廉·亨利·彭宁顿(William Henry Penning)。1880年,彭宁顿编著的《工程地质学》问世。这是目前已知最早的工程地质学的专著,书中首次正面阐述了"工程"和"地质"的关系(Griffiths,2014)。1914年,美国第一本《工程地质学》问世,由海因里希·里斯(Heinrich Ries)和托马斯·伦纳德·沃森(Thomas Leonard Watson)共同编写(图2-2)。

图2-2 英国第一部《工程地质学》(左,Perrin,1880)、美国第一部《工程地质学》(中,Ries and Watson,1914)、苏联第一部《工程地质学》(右,Savarenski,1937)

第二次工业革命期间,人们对"工程"和"地质"的关系有了深刻的认识,工程地质学也逐渐发展成为一门系统的学科。

(三)现代学科历史(20世纪20年代至今)

第一次世界大战结束后,整个世界进入了大规模建设时期,地质学越来越多地介入工程的规划、设计、施工和运营过程,推动了工程地质学科的形成。不列颠哥伦比亚大学(The University of British Columbia,UBC)于1921年开设地质学课程。这一时期出版的多部著作奠定了工程地质学科发展的基础。卡尔·太沙基(Karl Terzaghi)于1929年与人合著出版了奥地利历史上第一部《工程地质学》,该书的问世对于工程地质学科的发展有着标志性意义（McC，1931；Legget，1979）。同一时期，苏联著名工程地质学家费奥多尔·彼得罗维奇·萨瓦连斯基（Fyodor Petrovich Savarensky）、G. N. 卡明斯基（G. N. Kamensky）、N. F. 戈尔布诺夫（N. F. Pogrebov）等在工程岩土学、工程地质学等方面做了大量奠基性工作，使工程地质学在苏联成为一门独立的学科。苏联第一个工程地质系于1929年在列宁格勒矿业学院（现圣彼得堡矿业大学）成立。随后，莫斯科地质勘探学院工程地质教研室于1932年成立。苏联第一部《工程地质学》（Инженерная Геология，Engineering Geology）教材也于1937年问世（图2-2），由萨瓦连斯基编写。

第二次世界大战结束后的20世纪40～60年代，大规模的战后重建工程兴起，国际工程地质学科在这一时期的研究重点主要为探究岩土体的工程力学特性。土力学的最权威期刊之一《岩土工程》（Géotechnique）于1948年创刊。评估岩土性质的国际规范标准在这一时期建立，美国陆军工程兵团提出的土体分类标准至今仍在使用。现代工程地质学家与工程师培训、工程地质协会组织与岩土工程师注册制度开始出现。国际工程地质与环境协会于1964年成立，以便于国际工程地质界共同商讨重大的工程地质问题并进行学术交流。这标志着工程地质学科的快速发展。1965年，IAEG第一次正式定义工程地质学的学科范畴为：地质学在工程、规划、建设、勘探、测试和相关材料方面的应用。同年，工程地质领域权威期刊《工程地质学》（Engineering Geology）创刊。在1968年召开的第23届国际地质大会上，国际地质学会工程地质分会成立了，后其改名为国际工程地质与环境协会。IAEG每四年召开一次国际工程地质与环境大会，不定期地举行专题学术讨论会。

20世纪60～80年代，全球经济欣欣向荣，随着中国等新兴经济体在基建方面的投入不断增加，重大的工程建设活动越来越多，尤其是大型水利工程与隧道工程。1976年正式运营的巴基斯坦塔贝拉水利枢纽是20世纪末世界上已填筑量最大的土石坝，日本青函隧道（全长53.85公里）与英吉利海峡隧道（全长50.5公里）也在此期间完成地质勘察。在工程地质快速发展的同时，一些重大工程事故也引起了广泛的关注。1959年，法国马尔帕塞特大坝发生溃坝事故，坝体基础沿着两个构造裂隙面破坏（Kiersch and James，1991）。1963年，意大利瓦依昂（Vaiont）水库蓄水区域的山体滑坡激起涌浪，高达 100 米的洪水摧毁了下游村庄，造成 2000 多人死亡（Hendron and Patton，1986）。人们开始意识到岩体物理力学特性的重要性。

20 世纪 80~90 年代，可持续发展成为世界各国的共识。在工程地质相关专业技术不断发展的同时，工程地质学的研究范畴也从服务工程建设逐渐开始关注环境与灾害问题。随着《里约环境与发展宣言》《21 世纪议程》等重要文件的出台，环境工程地质学以环境和灾害为主题，受到国际地学界广泛关注，并逐步发展为工程地质学的一个分支学科。1992 年，IAEG 第二次定义工程地质范畴，强调了人类活动与环境问题。

20 世纪末，随着联合国"国际减轻自然灾害十年"（International Decade for Natural Disaster Reduction，IDNDR）行动的开展，以及 1999 年中国台湾集集大地震和 2008 年中国汶川大地震两次重大地质灾害事件的出现，灾害工程地质学科进入了快速发展阶段。美国、日本、中国、欧洲等国家和地区都逐步建立较为完善的法规与灾害调查、监测与防治系统。第 14 届国际工程地质与环境大会于 2023 年 9 月在中国成都召开，这次大会围绕"工程地质与宜居地球"的主题开展。可见，如何实现人地协调的可持续性发展，已经逐渐成为工程地质学家们在 21 世纪所面临的新挑战。

二、中国工程地质学科发展历史

回顾中国工程地质学的创立与发展大体上经历了四个发展阶段（图 2-3）。

（一）萌芽时期（1949 年以前）

长期以来，中国地质工作者一直努力将地质知识应用于工程活动。20 世纪 20 年代，丁文江开展了建筑材料的地质调查。1933 年，北方大港筹备委员会首次开展了港址地质勘察。同年，中国地质工作者在道路建设方面开始了对甘新、滇缅、川滇公路和宝天线铁路的地质调查。在此基础上，林文英总结出版了《公路地质学之初步研究》和《中国公路地质概论》。1937 年，李学清等开展了长江三峡和四川龙溪河坝址的地质调查。同年，我国第一本《工程地质学》（讲义）（图 2-4）由当时的国立中央大学地质系孙鼐先生完成。由于抗日战争全面爆发，该书直到 1946 年才正式问世。

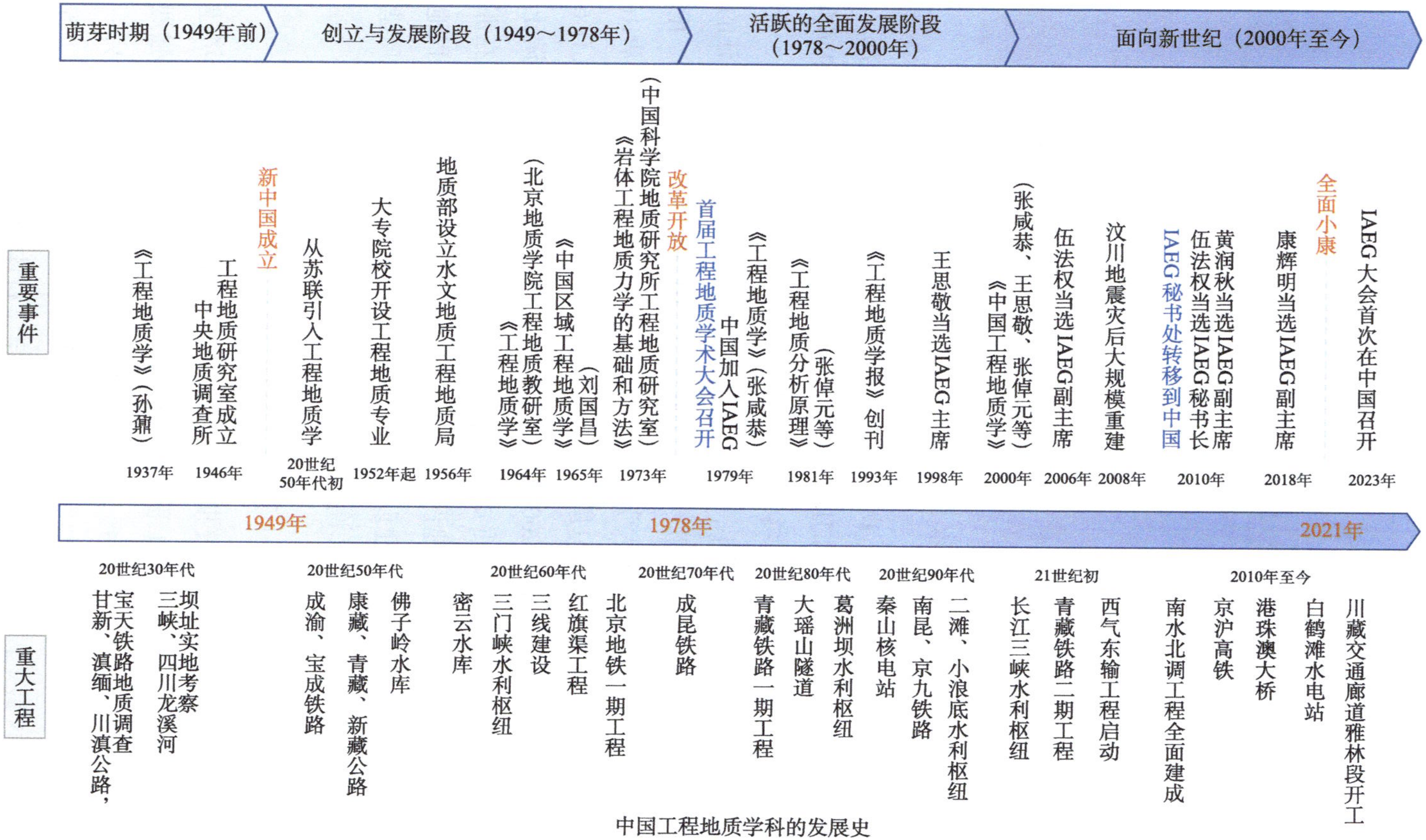

第二章　发展历史与现状

图 2-3　中国工程地质学科发展史与新中国工程建设历程

萌芽时期（1949年前）
- 1937年代：《工程地质学》（孙鼐）
- 1946年代：中央地质调查所工程地质研究室成立

创立与发展阶段（1949～1978年）
- 新中国成立
- 20世纪50年代初：从苏联引入工程地质学
- 1952年起：大专院校开设工程地质专业
- 1956年：地质部设立水文地质工程地质局
- 1964年：北京地质学院工程地质教研室
- 1965年：《中国区域工程地质学》（刘国昌）
- 1973年：中国科学院地质研究所工程地质研究室《岩体工程地质力学的基础和方法》

活跃的全面发展阶段（1978～2000年）
- 改革开放
- 1979年：首届工程地质学术大会召开 中国加入IAEG
- 1981年：《工程地质分析原理》（张咸恭等）
- 1993年：《工程地质学报》创刊
- 1998年：王思敬当选IAEG主席
- 2000年：《中国工程地质学》（张咸恭、王思敬、张倬元等）

面向新世纪（2000年至今）
- 2006年：伍法权当选IAEG副主席
- 2008年：汶川地震灾后大规模重建
- 2010年：伍法权当选IAEG副秘书长 IAEG秘书处转移到中国
- 2018年：康辉明当选IAEG副主席
- 2021年：全面小康
- 2023年：IAEG大会首次在中国召开

重要事件

1949年
- 20世纪30年代：三峡坝址勘察、甘新天（宝鸡—天水）铁路、滇缅铁路地质勘察、川滇（龙溪河）公路调查
- 20世纪50年代：成渝、宝成铁路、康藏、青藏、新藏公路
- 20世纪50年代：佛子岭水库、密云水库
- 20世纪60年代：三门峡水利枢纽、三线建设、红旗渠工程
- 20世纪70年代：北京地铁一期工程、成昆铁路
- 20世纪80年代：青藏铁路一期工程、大瑶山隧道、葛洲坝水利枢纽
- 20世纪90年代：秦山核电站、南昆铁路、京九铁路、小浪底水利枢纽、长江三峡水利枢纽

1978年

21世纪初：青藏铁路二期工程、西气东输工程启动

2010年至今：南水北调工程全面建成、京沪高铁、港珠澳大桥

2021年：白鹤滩水电站、川藏交通廊道雅林段开工

重大工程

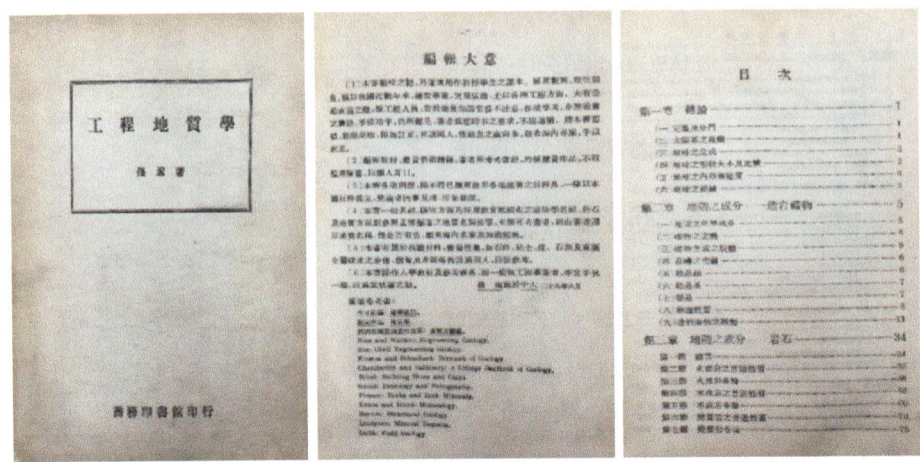

图 2-4　我国第一本《工程地质学》(讲义)(孙鼐，1946)

20世纪40年代中后期，我国地质工作者在水利工程方面曾对岷江、大渡河、渝江、大甲溪、黄河和其他水系进行了一些概略的考察工作。1946年，侯德封等会同美国水利工程学家 J. L. 萨凡奇（J. L. Savage）考察三峡，开展了三峡坝区的地质调查。同年，中央地质调查所成立了以叶连俊为主任的工程地质研究室。在这段时期里，尽管北京大学、中山大学、清华大学、南京大学设立了地质专业，重庆大学、西北大学、台湾大学、北洋大学和唐山铁道学院也开办了地质教育，但是直至1949年，全国地质专业毕业生仅有600余名，从事地质工作的不过200余位。工程地质教育仅仅体现在工学院土木系结合工程建筑讲授一些地质知识，还谈不到工程地质学及其教育。在那个国弱民穷的年代，中国工程建设项目少、规模小，这个环境决定了工程地质学科难以发展。但是，工程建设需要地质知识的认知，为中国工程地质学日后的兴起奠定了良好的基础（谢尔盖耶夫，1990；谷德振，1982）。

(二) 创立与发展阶段（1949～1978年）

新中国成立后的三年恢复期过后，我国便迅速进入了大规模的经济建设时期，百废待兴，各种类型工程项目的实施激起了对工程地质科学的强烈需求。地质学家一方面自主地把地质学知识应用于广泛的工程实践，另一方面引进并学习苏联工程地质学知识。此时，苏联已形成包括土质学、工程动力地质学和区域工程地质学在内的工程地质学学科体系。在广泛的工程实践中，中国工程地质学家们临渊履冰，风餐露宿，为一大批工程项目的顺利建成与安全运行作出了卓越的贡献。在认识工程地质条件、分析工程地质问题与工程地质评价工作过程中，形成了丰厚的科学积累，创立并不断发展具有中国区域特色的工程地质学理论、方法与技术体系。这是一个大量实践、艰苦探索的创立与发展阶段。

工程地质学家先后在一批重大工程建设中留下了深刻的印迹。比如，治淮水利工程、黄河三门峡工程、官厅和密云水库工程、黄河流域与南水北调工程前期规划，以及丹江口、柘溪、刘家峡、新安江、乌江渡等水利电力工程；宝成铁路、武汉长江大桥、南京长江大桥、成昆铁路、贵昆铁路、襄渝铁路、湘黔铁路和川藏公路、青藏公路等道路工程；大冶、抚顺、唐山、金川、攀枝花、白云鄂博等矿山工程；塘沽、湛江等港口工程和大量的工业民用建筑。特别是在大、小三线建设和国防、人防工程建设中遵循"山、散、洞"的指导方针，工程地质学家面对了大量的高边坡、大跨度地下工程建设与防护需求的挑战，而20世纪70年代末又迎来了高层建筑、核电工程和海洋工程发展的新机遇。

在新中国成立后的30年时间里，中国工程地质学从创立到发展为较完整的学科体系，创立与发展了以地质成因和演化过程为基础的工程岩体（地质体）结构和以工程建设与地质环境相互作用为研究核心的中国工程地质理论、方法与技术体系。这一发展阶段有以下几个历史标志。

1. 一支活跃的勘测设计、教育和研究队伍的形成与壮大

1952年成立的北京地质学院、长春地质学院分别组建了水文地质工程地质系和工程地质教研室。1956年，成都地质勘探学院成立并组建水文地质与工程地质系。此时，在南京大学、同济大学、唐山铁道学院先后设立了工程地质专业。自1952年开始，煤炭、建工、水利电力、铁道、交通、冶金、机械工业、化工、军工和相关部门陆续建立了工程勘测设计机构。1955年，地质部设立水文地质工程地质局。1956年，中国科学院地质研究所和地质部地质科学研究院分别组建水文地质工程地质研究室、所，相关部门先后设立了专业性研究机构。一支由生产、教学和研究力量共同组成的、团结协作的队伍在短短的几年中迅速组建，并为工程地质学的创立与发展"开疆拓土"，不懈努力。

2. 重要影响和奠基性的著作问世

20 世纪 60～70 年代，北京地质学院、长春地质学院和成都地质勘探学院，组织力量编写了工程地质专业课教材《工程地质学》（图 2-5）。1962 年，水利电力部水电建设总局和中国科学院地质研究所共同组织了以谷德振为首的 30 多位工程地质专家，对全国 120 多个单项工程的地质资料进行总结研究，于 1965 年完成了《水利水电工程地质》（1974 年出版），构建了工程地质力学解决问题的基本途径。晏同珍主持的"滑坡的规律与防治"项目及编著的《滑坡防治》，分别获 1978 年全国科学大会奖及 1982 年国家自然科学奖三等奖。

3. 工程地质在工程建设中不可或缺的地位

1965～1966 年，国家科学技术委员会会同三线建设指挥部，组建了由谷德振（专家组长）、刘国昌、张咸恭、戴广秀等老一辈工程地质学家组成的专家组，对三线建设中的重大工程进行指导性考察。此举反映了政府和工程界对山区建设中工程地质问题的高度重视，展现了工程地质学在工程实践中不可或缺的地位。当时，针对成昆铁路沿线高山峡谷众多、地质构造复杂、地质灾害险象环生的环境特性，所形成的"综合选线，地质当先，早进晚出，宁里勿外……"的选线要诀，有着深刻的工程地质学内涵，至今仍为山区道路选线的方略。在此期间，刘国昌出版了《中国区域工程地质学》（图 2-5）。

图 2-5 《工程地质学》（北京地质学院工程地质教研室，1964）、《中国区域工程地质学》（刘国昌，1965）、《工程地质学》（张咸恭，1979，1983）、《工程地质分析原理》（张倬元等，1981）

（三）活跃的全面发展阶段（1978~2000年）

20世纪70年代末，我国经济步入蓬勃发展时期，中国工程地质事业迎来了与各行各业的协同发展，开展了广泛的学术交流与合作，富有中国区域特色的学术成果走上国际讲坛，国外同行的学术思想也为中国工程地质学的发展提供支持。这一时期是我国工程地质学科的第一个繁荣时期，以谷德振、张咸恭、王思敬、刘国昌、胡海涛、孙广忠、张倬元、常士骠等为代表的一批科学家、技术专家以水电工程地质总结为起点，逐步形成了中国工程地质的思想体系、勘察技术体系和技术规范体系。谷德振于1979年出版的《岩体工程地质力学基础》标志着岩体工程地质力学的创立。此后，张咸恭主持完成的《工程地质学》于1979年出版，张倬元、王士天、王兰生等编写的《工程地质分析原理》于1981年出版，进一步完善了中国工程地质学科的理论框架（图2-5）。

1979年11月1~10日，中国首届工程地质学术大会在苏州成功召开（图2-6）。大会期间成立了以谷德振教授为主任委员的中国地质学会工程地质专业委员会，并组成了国家小组于同年加入了IAEG。现代科学技术的进步与创新，使已经形成的中国工程地质学理论、方法和技术得到广泛应用，并向纵深发展。这一发展阶段的重要标志如下。

图2-6 中国首届工程地质学术大会（1979年）部分代表合影

1. 理论建树与工程贡献双臻

20世纪80年代早期以来,谷德振、程国栋、张宗祜、胡海涛、王思敬、刘广润等先后被选为中国科学院学部委员(院士)和中国工程院院士;常士骠、陈德基、顾宝和、张苏民、卞昭庆、刘克远、范士凯、周亮臣等被评为勘察大师。数以百计的教授、研究员、高级工程师与广大的工程地质工作者携手并进,活跃在教育、科研和生产战线上。在此期间,《工程地质学报》(1993年创刊)、《岩土工程学报》(1979年创刊)、《中国地质灾害与防治学报》(1990年创刊)和一批与工程地质相关的专业刊物的创办,为广大工程地质工作者的创新活动提供了知识、信息丰富的交流平台。一系列教材和专著出版问世,例如,1979年谷德振的《岩体工程地质力学基础》专著出版,明确了岩体结构概念;晏同珍出版的《滑坡发生机理》《水文工程地质与环境保护》《宝兰铁路黄土路基变形与防治》《全球环境变化与工程地质》(英文)等学术专著丰富和发展了工程地质学的理论和方法;由张咸恭、王思敬、张倬元等著的体现了现代工程地质学的鸿篇巨制《中国工程地质学》于2000年问世;王思敬主编的《中国岩石力学与工程:世纪成就》一书载录了我国岩石力学与工程方法应用于工程地质的代表性成果。《中国工程地质世纪成就》一书由中国地质学会工程地质专业委员会王思敬和黄鼎成主编,是中国120余位著名工程地质专家、学者和经验丰富的勘察师们共同完成的一部巨著,是20世纪中国工程地质成就的全面总结。

2. 与国际发展趋于同步,带着自己的成就与特色走向世界

自1979年开始,中国工程地质学家陆续组团参加了与工程地质相关的国际讨论会、国际地质大会和第4届以来的历届国际工程地质与环境大会。王思敬曾任第5届、第8届IAEG亚洲副主席和第9届IAEG主席。1994年第7届国际工程地质与环境大会选刊的630篇论文中,中国作者的论文约56篇,占刊出论文的8.9%,名列前茅。在这期间,包括第2届国际岩石力学协会主席、新奥法奠基者L. 米勒(L. Müller)和第4届国际工程地质与环境大会主席M. 阿尔诺(M. Arnould)在内的多位国际知名学者来华交流、工作和参加在华举办的国际会议。中国工程地质工作者的非凡劳动,不仅为中国的工程建设提供了有效的支持,而且基于地质环境的区域特色,以及所解决的工程

地质问题之复杂性和难度在世界范围内不多见的事实，使中国工程地质学带着自己的成就与特色走向世界，使中国工程地质学的发展在国际上具有举足轻重的作用。

3. 在实践中开拓了新的生长点

经济、社会与环境的协调发展，要求工程地质工作者在注意工程设施的安全和经济效益的同时，必须考虑保护和合理利用环境的问题。1982年11月在湖北孝感召开了全国环境工程地质学术讨论会，1987年5月在北京召开了"山区环境工程地质国际讨论会"，记录了中国工程地质学家和国际同行，面对环境与发展这一时代主题所做出的选择。自20世纪70年代后期以来，几十个核电厂厂址的选择和浙江秦山、广东大亚湾、江苏田湾三个核电厂的建成，是工程地质与工程地震的结合，体现了中国核电厂的工程地质勘测与评价工作走向成熟，区域地壳稳定性理论与方法研究取得进展。晏同珍采用信息量方法开展滑坡空间预测制图，并在全国推广应用。1983年开始，从孙广忠主持的大同煤矿坚硬顶板有控压裂试验，到军都山和秦岭隧道快速施工地质超前预报、长江三峡链子崖危岩体防治工程等，这些成果标志着地质工程从理论走向实践。

（四）面向新世纪（2000年至今）

21世纪是我国国民经济突飞猛进的时期，也是国家建设飞速发展的时期。大规模的国家建设会不可避免地扰动自然环境，导致大量的工程地质与环境问题。在国内生产总值（gross domestic product，GDP）高速增长的背景下，我国的大型工程、超级工程也纷纷上马。我国工程地质学科的发展，紧密结合了国家战略需求和工程建设的科学技术难题。新时代工程地质学是这个飞速发展的时代对工程地质学科的要求，这个时代也为工程地质学科的发展提供了前所未有的历史机遇和肥沃土壤。中国工程地质学在新世纪跨入复杂性研究与创新阶段。

1. 协调人与自然的关系是共同的价值取向和发展的基本出发点

地球系统科学的诞生和全球可持续发展理念的提出，推动了人们以整体视角深入理解地球过程，进一步引导人类实现对地球的有效管理，促进人与自然的有序和谐发展。2008年以来，我国发生了"5·12"四川汶川地震

（2008年）、"4·14"青海玉树地震（2010年）、"8·8"甘肃舟曲特大泥石流（2010年）和"9·7"云南彝良地震（2012年）等灾害性地质事件。这些灾害性地质事件从不同角度、不同层次挑战着人类抗御自然灾害的极限，也给工程地质工作者带来了重灾应急和灾后重建等一系列重大难题。震后的实践充分证明了新时期我国工程地质工作者具有很高的整体专业素质，为我国乃至世界工程地质领域积累了一批难得的数据、丰富的经验和宝贵的知识，不仅为后来的抗震救灾和灾后重建提供了很好借鉴，而且必将为学科的发展带来长久的影响。

2. 具备解决现代大型工程和地质环境复杂、脆弱地区的工程建设问题的能力

长江三峡水利枢纽、青藏铁路、澜沧江小湾电站、长距离跨越杭州湾跨海大桥和南水北调工程等的兴建，上海金茂大厦的落成，地下储油、核废料地下安全处置研究的发展，体现了中国工程地质学具备解决现代大型工程问题的能力，预示着中国工程地质学的发展将走向新的高度。全国广大工程地质工作者的努力，保障了诸如澜沧江小湾、雅砻江锦屏、金沙江溪洛渡等一批我国乃至世界顶级的300米级高坝工程的建设；保障了我国数万公里的国家高速公路网和高速铁路网的建设；保障了一批单体数十公里的深埋长隧道和跨海大桥、高墩高跨桥的建设；保障了一批跨度超过30米的大型地下空间的开发与建设；保障了诸如国家奥林匹克中心等一大批巨型复杂单体建筑物的建设；保障了西气东输若干条超长线路的建设。与此同时，工程地质工作者还攻克了诸如超高边坡和超深基坑稳定性、超大跨度地下空间围岩稳定性、极端气候条件冻土工程地质特性、黄土及其他软土地区大型敏感工程建设等一批关键技术难题，大大促进了学科的发展与进步。

3. 深化地质工作，加强监测和试验研究，认识和理解工程地质过程及其模拟、预测和调控将构成工程地质的系统研究框架

现代大型工程建设项目规模大，功能多样，允许变形范围小，并触及一系列工程地质条件复杂、地质环境本底脆弱地段，这就要求做到对工程岩土体变形过程及其时效特征的准确认识和有效的调控；快速施工技术要求精确、定量和智能化的工程地质勘测和施工超前预报技术。基于人与自然和谐发展

的整体观和工程建设与地质环境互馈的复杂行为，工程地质研究必然走向对过程的认识与理解、模拟与预测、调控与管理。这就使我们的研究必须从简单的多学科"综合"走向多学科知识的融合，充分吸收地球科学的最新养分深化地质基础工作，加强勘测、监测、试验研究与技术更新，获取高信度的科学数据，从根本上解决对过程的认识、预测和调控的问题。

我国工程地质在国际上的地位也得到了显著的提升，有不少中国学者在IAEG担任协会主席、秘书长、副主席等要职。我国在成都举办IAEG 2009年年会暨第七届亚洲工程地质大会以来，陆续举办了汶川地震系列国际学术研讨会、国际海岸工程地质学术研讨会（2012年，上海）和巴东国际地质灾害学术论坛（2017年、2019年、2021年，巴东、武汉）等一系列重要国际学术会议，吸引了一批国际著名学者参会，有效地扩大了我国工程地质的国际影响。我国工程地质学者在工程地质及相关领域的国际学术期刊上发表了一大批高水平的学术论文。这些都充分体现了我国工程地质在国际上的地位和影响力与日俱增。大量的实践与丰厚的科学积累，使中国工程地质学具备解决现代复杂工程建设问题和持续创新的能力，同时练就了一支团结协作、建树颇丰、勤于实践的科技创新队伍。他们传承文明，集勘测、设计、运行和生产、教学、科研于一体，始终坚持理论研究与工程实践的紧密结合，成功地服务于工程建设。这样一支求实、创新的队伍，必将以其智慧与艰辛使中国工程地质学在全面建设社会主义现代化国家的新时代再铸辉煌（王思敬和黄鼎成，2004）。

三、重要学科点小传与重要人物

1946年，我国成立了中央地质调查所工程地质研究室（中国科学院地质研究所工程地质研究室的前身）。新中国成立以后，1952年全国高等学校院系调整，中国参考莫斯科地质学院的模式，成立了北京地质学院［现中国地质大学（武汉）、中国地质大学（北京）］和长春地质学院（现吉林大学地球科学学院），在南京大学地质系设立水文地质与工程地质专业。同年，我国成立了地质部，1955年设水文地质工程地质局，起到了领导专业工作的作用。类似的机构也在其他部门，如水利水电部、铁道部、建设部、冶金部等建立起来。这方面的科研机构也在原地质部、中国科学院和一些产业部门建立起来。1956年，中国科学院地质研究所和地质部地质科学研究院分别组建水文地质工程地质研究室、所，相关部门先后设立了专业性研究机构。同年，成都地质勘探学院（现成都理工大学）成立，设有水文地质工程地质专业，1958年，唐山铁道学院（现西南交通大学）、同济大学也设立这一专业。后来，兰州大学地质系、华北水利水电学院（现华北水利水电大学）、河海大学、中国矿业大学等也先后设立了这一专业。20世纪70年代末，我国又培养了很多研究生，形成了一支庞大的工程地质专业队伍。1978年，隶属国家地质总局的西安地质学院成立（2000年并入长安大学）。1979年，中国地质学会工程地质专业委员会成立，至今一直为我国工程地质学科的发展制定战略方向。随着国内越来越多的综合性大学及科研院所的组建和发展，工程地质学科在高校以多样化的专业形式蓬勃发展。

（一）教材演变

我国第一本《工程地质学》诞生于1937年，由当时的国立中央大学地质系孙鼎编写完成。后由于抗日战争全面爆发，该书直到1946年才正式问世。它是我国工程地质学科形成的前奏。这本著作为我国工程地质学科的初步形成提供了参考，对当时的学科建设和人才培养起到了积极的推动作用，也在一定程度上促进了我国基础工程建设中对地质灾害的认识和防范。

新中国成立初期，工程地质教育仅仅体现在各高校工学院土木系结合工程建筑讲授一些地质知识，还谈不到工程地质学及其教育。20世纪50年代，我国学者引进并学习苏联工程地质学知识，开始了我国工程地质学科译文学步的阶段。

20世纪60～70年代，按照《教育部直属高等学校暂行工作条例（草案）》的要求，北京地质学院、长春地质学院和成都地质勘探学院组织力量编写了工程地质专业课教材：北京地质学院工程地质教研室张咸恭、沈孝宇等主持编写的《工程地质学》（1964年出版）、张倬元等编写的《工程动力地质学》（1964年出版）、刘国昌编写的《中国区域工程地质学》（1965年出版）和张咸恭主持完成的《工程地质学》（上册）（1979年出版）分别于这一时期出版问世，初步构建了以工程地质条件研究为基础，以工程地质问题分析为核心，以工程地质评价为目的，以工程地质勘察为手段的理论框架。

20世纪80年代，数以百计的教授、研究员、高级工程师与广大的工程地质工作者携手并进，活跃在教育、科研和生产战线上，出版了一系列教材，包括:《工程地质学》（下册）（张咸恭，1983年出版）、《工程地质分析原理》（张倬元等，1981年出版）、《工程地质勘察》（张倬元，1981年出版）、《专门工程地质学》（张咸恭，1988年出版）、《工程地质学基础》（罗国煜和李生林，1990年出版；李智毅、王智济、杨裕云，1990年出版）、《岩体力学》（肖树芳和杨淑碧，1987年出版；刘佑荣和唐辉明，1999年出版；沈明荣编，1999年出版）、《工程岩土学》（孔德坊、朱春润、赵泽三，1987年出版；唐大雄和孙愫文，1987年出版）、《土力学》（庄乐和，1982年出版；冯国栋，1986年出版；钱家欢，1988年出版）等。

进入21世纪以来，工程地质领域的学者们在总结前人成果的基础上，根据国家发展的新需求，在原有教材的基础上进行了工程地质学教材的重新编写，丰富了工程地质领域的教材。目前，《工程地质分析原理》（张倬元等，2016）、《工程地质学基础》（唐辉明，2008）、《工程地质学》（施斌和阎长虹，2017；石振明等，2018）等是国内使用较为广泛的教材，系统性地培养了大批工程地质毕业生，为工程地质学科的发展奠定了坚实的基础。

（二）重要人物

1. 国际代表人物

工程地质学概念在国际上最早诞生于19世纪末期，以威廉·亨利·彭宁顿、卡尔·太沙基和费奥多尔·彼得罗维奇·萨瓦连斯基等为代表创建了工程地质学科。

（1）威廉·亨利·彭宁顿（1838~1902年）。英国地质学家。于1867年加入当地地质调查局。任职期间，他参与了英国多地区的地质调查工作，与他人合著了《埃塞克斯西北部地质》(*The Geology of The NW Part of Essex*，1878年出版)、《剑桥周边地质》(*The Geology of The Neighbourhood of Cambridge*，1881年出版)、《林肯周边地质》(*The Geology of The Country Around Lincoln*，1888年出版)等。他前期专注于英国地质对工程的影响研究，并将所得总结撰写了《现场地质学手册》(*A Text Book of Field Geology*)，于1876年出版问世。1880年出版了《工程地质学》(*Engineering Geology*)专著，这是工程地质学领域首本专著,他在书中第一次正面强调了"工程"和"地质"的关系。

(2)卡尔·太沙基(1883~1963年)。美籍奥地利土力学家、现代土力学的创始人。1923年太沙基提出了渗流固结理论,第一次科学地研究了土体的固结过程,同时提出了土力学的一个基本原理,即有效应力原理。1925年,他出版的世界上第一本土力学专著《基于土物理学基础的土力学》被公认为是进入现代土力学时代的标志。随后出版的《理论土力学》和《实用土力学》(中译名)全面总结和发展了土力学的原理和应用经验,至今仍为工程界的重要参考文献。1929年,出版了奥地利历史上第一部《工程地质学》。

(3)萨瓦连斯基(1881~1946年)。苏联地质学家。苏联工程地质学派创建人,苏联科学院院士。最早提出土壤形成过程中的水的作用。他在研究半沙漠地区的水文地质特征时,注意同气候、土壤、植被、地貌及地质结构等条件结合起来解释问题,给干旱地区的灌溉系统设计提供了水文地质依据。在工程地质学方面,萨瓦连斯基定义工程地质学为地质学的分科。他还提出并发展了自然历史观点,认为在使用土力学方法时必须考虑工程地区的自然条件,特别是地质环境状况。在岩土力学方面,促进了冻土学的发展。著有《工程地质学》《苏联地下水资源概略》《水文地质学》等。

2. 国内代表人物

我国工程地质学科最早源于1952年,以谷德振、刘国昌、张咸恭为代表的首批工程地质学家创立了岩体工程地质力学、区域稳定性工程地质、工程地质条件成因演化论等重要理论体系。

1)岩体工程地质力学理论体系

新中国建设伊始,随着水利水电建筑、矿山开采及山区铁路兴建,岩体成为中国工程地质学科的重要研究对象。中国科学院地质研究所谷德振学部委员(院士)、王思敬院士、孙广忠、孙玉科、许兵、黄鼎成等创立了岩体工程地质力学基础理论,提出"岩体结构控制岩体稳定性"的著名论断,建立了自己的岩体理论体系。

(1)谷德振(1914~1982年)。地质学家,工程地质学家,中国科学院学部委员(院士)。谷德振先生连续开展工程地质研究30多年,是我国工程地质和水文地质学界杰出的开拓者、奠基人,中国地质学会工程地质专业委员会首届主任委员，创建我国第一个工程地质研究室。谷德振先生早期从事矿产资源、区域地质研究，并作为李四光先生助手，开始构造地质与地质力学的研究，1950年起走上了工程地质研究的道路。从治淮工程、三峡工程到葛洲坝工程，从西南铁路建设、金川矿山到二滩水电工程，新中国成立以来的多数大型建设工程都曾留下过谷德振先生的身影。此外，谷德振先生还从事过国防、核爆、核电站等的工程地质工作，以及喀斯特、水文地质等专题研究。经过多年实践，谷德振先生开创了具有我国特色的、新的分支学科——"岩体工程地质力学"，极大地推动了中国工程地质的发展，为工程地质学科的发展树立了新的里程碑。1962年，谷德振在梅山水库库区岩体的调查与研究过程中，提出了"岩体结构及其对工程岩体稳定性影响"的科学问题。1964年，谷德振先生完成了《水利水电工程地质》的编写，结合地质力学理论总结了水利水电工程实践经验，明确提出"岩体结构控制岩体失稳"的科学论点。这是创立岩体工程地质力学的征途上具有里程碑意义的一步。1972年春，以中国科学院地质研究所工程地质与抗震研究室署名，题为《岩体工程地质力学的理论和方法》的文章在《中国科学》第1期发表，正式宣告"岩体工程地质力学"新学科的诞生。

（2）王思敬（1934年生）。中国工程院院士，著名工程地质、环境地质和岩体力学专家。他曾任中国岩石力学与工程学会、国际发展地球科学家协会（Association of Geoscientists for International Development）、IAEG等协会主席和理事。王思敬院士长期致力于地质与力学、地质与工程相结合的研究，在岩体结构理论工程地质力学领域中作出了重大贡献。在工程岩体变形破坏机制研究的基础上，发展了岩石工程稳定性分析原理和方法。他提出了人类工程活动与地质环境依存关系和相互作用的理论，率先开展了工程建设和地质环境相互影响和制约的研究，开拓了环境工程地质领域，为工程和城市建设地质环境研究提供理论基础。王思敬院士的理论研究与工程建设实践紧密结合，对若干重大水利水电工程进行了研究和论证，为解决关键地质问题提供依据。他参与并指导了三峡工程前期地质地震论证，针对雅砻江二滩水电站的可行性和坝址工程地质条件，进行了遥感、地质、岩石力学的多学科综合论证，为黄河小浪底红水河龙滩、金沙江向家坝水电站、虎跳峡水电站前期勘察、广州抽水蓄能电站等进行了研究咨询和评估工作。

（3）孙广忠（1928~2017年）。中国著名工程地质学家、岩石力学家，中国科学院地质与地球物理研究所研究员，有突出贡献科学家。长期从事土质学、土力学、工程地质、构造地质、岩体力学、地质工程、地质灾害防治等研究工作，是岩体工程地质力学的先驱者之一，是岩体结构控制论和地质工程学术思想的重要创立者。他的《岩体结构力学》专著获中国科学院自然科学奖一等奖。其学说被国内外同行广泛接受，并用于指导工程实践。孙广忠先生一生致力于国家的工程地质事业，自1957年到中国科学院地质研究所从事土质学、土力学、工程地质、构造地质、岩体力学、地质工程、地质灾害防治等研究工作。曾任中国地质学会工程地质专业委员会主任委员，是"工程地质力学开放研究实验室"的奠基人之一，培养了一大批优秀的工程地质学者。著有《岩体力学基础》《岩体结构力学》《岩体力学原理》等多本专著，并发表以《论"岩体结构控制论"》为代表的学术论文100余篇，为工程地质力学基础理论研究打下了坚实基础。他广泛地参加了水利水电、冶金煤炭矿山、铁路、国防工程及地质灾害防治的工程地质、岩体力学及地质工程实践，主持和参加完成"二滩电站岩体力学研究""大同煤矿坚硬顶板放顶理论与技术研究""军都山隧道快速施工地质超前预报"等各种类型的地质工程实践及科研工作60余项，对150多个工程现场进行考察和咨询。开创了地质超前预报新领域，在地质体改造理论和实践方面都做出了显著成绩，为发展地质工程事业作出了重要贡献，多次受到国家和中国科学院的表彰和奖励。

2）区域稳定性工程地质理论

区域稳定性研究是随着我国大型工程和大规模经济建设规划而逐渐发展起来的具有中国特色的工程地质的分支领域。刘国昌的《区域稳定工程地质》、胡海涛等的《广东核电站规划选址区域稳定性分析与评价》、刘广润的《长江三峡工程重大地质与地震问题研究》、李兴唐等的《区域地壳稳定性研究理论与方法》等著作从不同方面论述了区域稳定性研究的基本理论。

（1）刘国昌（1912~1992年）。著名工程地质学家、地质教育家，长春地质学院教授，创办了我国第一个水文地质工程地质系，中国地质学会工程地质专业委员会首届副主任委员之一。30多年来，他筹建和发展了长春地质学院水文与工程地质系，后来又为西安地质学院水文与工程地质系栉风沐雨、夙兴夜寐，使之稳健发展。20世纪50年代末60年代初，他为发展中国区域工程地质学做了大量工作，并出版了《中国区域工程地质学》；60年代末，把地质力学引进水文地质与工程地质领域，出版了《地质力学及其在水文地质工程地质方面的应用》；70年代末，从事区域稳定工程地质理论和方法的研究，发表了《区域稳定概论》长篇论文。之后，他又从事了环境水文地质与环境工程地质理论和方法的研究，并取得了较大进展。

（2）胡海涛（1923~1998年）。中国工程院院士，著名工程地质与环境地质专家。20世纪50年代，负责进行三峡工程坝区、坝段、比选工程地质勘察，完成《长江三峡水利工程枢纽初步设计要点阶段工程地质勘察报告》，推荐三斗坪坝址为三峡工程设计坝址。参与撰写《长江三峡工程地质地震论证报告》，出版了《广东核电站规划选址区域稳定性分析与评价》等著作。60年代中期，主持青藏铁路选线及站场供水的水文工程地质调查。80年代初，负责广东核电站规划选址的区域稳定性研究。90年代，主持并参与黄河大柳树坝址工程地质论证研究。学术上，他继承和发展了李四光教授提出的"安全岛"学术思想，形成了区域地壳稳定性的理论和方法，并提出了"地下水网络"学说。

（3）刘广润（1929~2007年）。中国工程院院士，著名工程地质专家。长期从事工程地质、环境地质工作，是我国20世纪五六十年代长江三峡工程地质勘察的技术负责人，三斗坪坝址的主要推荐者；20世纪八九十年代任三峡工程科技攻关"长江三峡工程重大地质与地震问题研究"课题专家组组长，指导完成坝区地壳稳定性、水库岸坡稳定性、水库诱发地震等专题研究，为三峡工程决策和优化设计提供了科学依据；主持完成了成昆、襄渝两条铁路地质复杂路段的地质勘察。指导和实施了三峡库区及全国数百处崩塌、滑坡、泥石流、岩溶塌陷等地质灾害的防治工作。曾获"有重大贡献的地质工作者"称号和李四光地质科学奖。出版了《长江三峡工程重大地质与地震问题研究》《山区铁路工程地质》《工程地质与环境地质概论》等著作。

3）工程地质条件成因演化论

自工程地质在我国起步以来，中国工程地质工作者就运用成因演化论去认识与分析地质现象与岩土体特征，创立了工程地质条件成因演化论。张咸恭先生编写的《工程地质学》、张倬元先生等编写的《工程地质分析原理》

体现了岩体工程地质条件成因演化论的思想。晏同珍先生提出的易滑地层理论和地质成因分区方法，采用信息量方法开展滑坡空间预测制图，并在全国推广应用，丰富了工程地质条件成因演化论。

（1）张咸恭（1919~2015年）。中国地质大学教授，著名工程地质学家、工程地质教育家。张咸恭先生是我国工程地质学的奠基人之一，中国地质学会工程地质专业委员会首届副主任委员之一，出版了我国第一本工程地质专著及教材，创建了我国第一个工程地质教研室，为我国培养了成千上万的工程地质工作者，并亲自参与了三峡工程、成昆铁路等大量工程建设项目。他将一生奉献给了中国的工程地质事业，是中国工程地质界的一代宗师。他充分吸收国际先进科学技术成就，在我国建立起以"成因演化论"为基础的工程地质学理论体系。1964年，张咸恭先生和沈孝宇教授共同编写了我国首部《工程地质学》统编教材（上、下册）正式出版。20世纪80年代，张咸恭先生编著了《工程地质学》，进一步阐释了工程地质问题是由工程建筑与工程地质条件相互制约、相互作用的矛盾关系而引起的。张咸恭先生在不断发展完善思想的过程中，形成了中国工程地质学的理论体系：以工程地质条件的研究为基础，以工程地质问题分析为核心，以工程地质评价和决策为目的，以工程地质勘察为手段。由张咸恭先生和王思敬院士、张倬元先生主编的《中国工程地质学》和张咸恭先生、王思敬院士、李智毅教授主编的《工程地质学概论》又将这一理论体系进行了拓展和深化。

（2）张倬元（1926~2022年）。成都地质勘探学院（现成都理工大学）教授，中国地质学会工程地质专业委员会第二届主任委员，著名工程地质学家，工程地质教育家。张倬元先生从事地质和工程地质工作60余年，深入西南、西北各大水利水电工程实际，承担勘察、咨询及重大工程地质问题研究，解决了一系列重大技术难题，取得多项国际先进或领先水平的研究成果，被生产部门采用并产生了重大社会及经济效益。在斜坡岩体变形破坏模式、稳定性评价，以及崩塌、滑坡等地质灾害的形成机制、运动机制、危险性评价、失稳时空预报和防治等方面，倡导系统的工程地质分析与全过程管理。开展全过程物理及数值模拟，形成了"地质过程机制分析与定量评价"的学术思想体系和斜坡稳定性系统工程地质研究的理论方法体系，主编了《工程地质分析原理》等著作。在学科建设上，他在成都理工大学创建了我国第一个工程地质国家级重点学科和地质灾害防治与地质环境保护国家专业实验室。从多方面为我国工程地质学科发展和水利水电建设作出重要贡献。

第二节 国际工程地质学科发展现状

自 1880 年首本《工程地质学》专著问世后，工程地质学科理论繁荣发展，内涵不断丰富。纵观国际工程地质学科的发展历程，工程地质学的主要研究方向包括区域工程地质学、岩土体工程地质学、环境工程地质学、灾害工程地质学、智慧工程地质学等研究领域。

一、区域工程地质学

区域工程地质条件反映了区域内外动力地质作用的性质、强度及其可能变化的趋势，是工程地质研究的基础。区域工程地质学的起源可以追溯到 20 世纪初，主要是研究区域工程地质条件的形成、分布规律，从而对不同地区的工程地质特征和工程地质问题进行综合性的论述和评价。区别于其他分支学科，其强调在特定区域内考虑地质条件对工程设计和施工的影响。早在 20 世纪 50~60 年代，美国的学者就提出了"区域地质工程学"的概念。同一时期，区域工程地质学在中国开始发展。20 世纪 60 年代初期，中国的区域工程地质学逐步形成了独立的学科体系，并在国家重大工程建设中得到广泛应用。从 20 世纪 90 年代开始，中国的区域工程地质学发展进入了一个新的阶段，主要表现为以下几个方面：一是应用领域进一步拓展，不仅在大型基础设施建设领域发挥重要作用，也逐渐应用于城市规划、土地利用、环境保护等领域；二是研究内容进一步深化，研究重点逐渐转向地下空间利用、环境地质学、岩土工程等方向；三是理论研究和技术创新不断深入，涌现出大量具有创新性和实用性的研究成果和技术方法，如遥感技术、数字地质技术、三维地质模型等。

二、岩土体工程地质学

岩土体工程地质学是工程地质学的一个分支领域，主要研究土体和岩石的力学性质和行为。岩土体工程地质学在第二次世界大战后的大规模重建及一系列重大工程建设中快速发展，涉及岩土体的勘察、分类、力学特性、稳定性评估及其与工程结构之间的相互作用等方面。20世纪60年代后随着世界科技的快速发展，岩土体工程地质学也发生了深刻的变革，其主要研究方向包括区域性岩土体分布及特性研究、强度准则与本构模型研究、多岩土介质耦合及多场多相耦合研究、岩土工程测试技术、岩土工程模拟与计算、特殊岩土工程问题研究。

三、环境工程地质学

环境工程地质学作为人地关系发展的产物，以人地相互作用和相互关系研究为核心，旨在服务于人与自然可持续发展，已成为当今国外工程地质学界关注与研究的热点。一般来说，环境工程地质学主要涉及与人类活动相关的能源与资源开发、交通建设、城镇建设、废弃物处置及地下水资源等研究领域。近50年来，国际学术界对环境工程地质学的研究开始起步，并获得了长足的发展。国际环境工程地质学研究起源于20世纪六七十年代，目的为减缓人类活动对自然的破坏，从而满足社会发展的需要（哈承祐，2006）。进入21世纪以来，全球和区域合作成为环境工程地质研究的重要组织形式，主要研究内容包括全球性气候、全球性海平面变化、全球物质和能量循环等。各种先进的物探、化探、遥感、地理信息系统、大数据等技术在环境工程地质研究中得到广泛应用，全球性和区域性的监测网络已经建成。

四、灾害工程地质学

灾害工程地质学主要关注由自然、人为或二者共同作用引起的，在地球浅表层比较强烈地危害人类生命、财产和生存环境的岩、土体或岩、土碎屑及其与水的混合体的移动事件，具体包括崩塌、滑坡、泥石流、碎屑流及其链生效应。20世纪60~70年代，灾害工程地质学科开始萌芽。1976年，IAEG前主席阿尔诺教授在发表的题为《地质灾害：保险和立法及技术对策》一文中提出了"地质灾害"（geologic hazard）一词，把滑坡、崩塌、泥石流、地震灾害看成一种地质灾害。自1987年第42届联合国大会通过的第169号决议把20世纪的最后十年确定为"国际减少自然灾害十年"之后，"地质灾害"一词频繁出现于专业文献及新闻媒体。1999年，联合国又提出了"国际减灾战略"，将应对自然灾害的防御策略提升到综合风险管理层面。

五、智慧工程地质学

新技术与新材料为工程地质基础研究提供了全新的手段与视角，也是地球科学与数理、化学、工程与材料学、信息科学深度交叉融合的切合点。智慧工程地质学面向深地、深海与行星等领域工程地质重大科学问题，充分利用天-空-地一体化观测技术、核科学与技术、纳米及先进材料、能源工程技术及智能信息技术，为工程地质体形成演化、工程地质结构探测与改造、工程地质环境效应研究提供高新技术方法与手段（施斌和阎长虹，2017；王思敬和黄鼎成，2004；Martz et al.，2016；Zoback，2010；Ramandi et al.，2017）。

第三节　我国工程地质学科发展优势

我国陆地板块有着复杂的地质构造背景和多样的地形地貌特征，为具有区域特色的工程地质学科发展创造了独特的地质条件。新中国成立后，资源能源开发、交通运输、工农业基础设施建设和城镇工程高潮迭起，社会主义的宏伟建设为工程地质学科的发展提供了强大驱动力。纵观我国科学发展历史，工程建设科学技术难题和国家战略需求引导我国工程地质学科飞速发展，培养了一大批工程地质人才，形成了具有中国特色、极具应用价值的工程地质理论体系，为社会主义建设提供了有力支撑，并使我国逐步成为世界工程地质研究的中心。

一、地域特色

中国大陆的漫长演化历史与复杂动力学过程造就了地质构造的复杂性和地貌类型的多元性，由此带来的工程地质环境的多样性与全球代表性，为中国工程地质学的创新发展提供了许多其他国家所没有的空间（黄鼎成，2000）。例如，约250万平方公里的青藏高原及其晚新生代强烈隆升给高原本体、周边地区乃至全球自然环境和人类活动带来了重大影响，其独特的地质环境举世绝伦（彭建兵等，2020）；约 64 万平方公里的黄土高原，覆盖面积之广、堆积厚度之巨全球罕见，拥有耐人寻味的地貌条件与工程地质特性（刘东生，1965）；可溶岩分布面积达 344 万平方公里，其地表景观和地下隐伏结构带来了一系列特有的工程地质问题（袁道先，2003）；中国还是板块内部地震活动性强的国家，地震历史资料丰富，为区域地壳稳定性和地震工程地质学的发展提出了强烈要求；东部滨太平洋成矿带和绵亘东西的中亚成矿带的地质演化与地质环境的多样性，赋予了矿产资源、化石能源开发的高难度；各个地质时代不同类型地层俱全和广泛分布的各样火成岩亦属世界各国少有，构成了种类万千的岩土介质；拥有 18 000 多公里的海岸线、约 14 000 公里的岛屿岸线和约 300 万平方公里管辖海域及其宽阔的陆架和漫长的海岸带；从高原、高山到丘陵、平原、海洋各类地貌单元一应俱全；跨越多种气候带和独特的季风气候造就了复杂多样的地球表生环境等。所有这些都给中国工程地质研究带来了具有全球意义的区域特色，抓住独特的自然条件，把握全球视野，必将使中国工程地质学出现持续创新从而影响世界。

二、发展需求

我国工程地质学科的发展贯穿于我国社会发展与经济建设的全过程。在不同的历史阶段，国家战略和重大政策为工程地质学科指引前进方向，社会进步和经济建设为工程地质学科的发展带来机遇和挑战，同时工程地质学科的发展也为国家的现代化建设提供了有力的支撑。当前，我国已全面建成小康社会，国民经济进入高质量发展阶段，但发展不平衡不充分问题仍然突出，生态环境保护任重道远。中国特色社会主义进入了新的发展阶段，对工程地质学科提出了新任务、新要求，也为我国工程地质学的发展带来了新的机遇和挑战。

（一）全面建设社会主义现代化国家为工程地质学科发展带来新机遇

全面建成小康社会第一个百年奋斗目标如期实现，我国踏上了全面建设社会主义现代化国家的新征程，同时也为我国工程地质学科发展带来了一系列新机遇、新挑战。在国家战略规划的指引下，一大批大型工程（如川藏交通廊道、南水北调东中线后续工程等）相继规划立项或开工建设。这些大规模的工程活动面临着十分复杂的工程地质背景，将会更强烈地扰动自然环境。工程建设与地质环境相互作用引发的工程地质问题和生态环境问题，给工程防灾减灾及可持续发展带来了新的挑战，同时为工程地质学科的发展带来了新的机遇（彭建兵等，2022）。

（二）现代化都市圈及地下空间建设亟须筑牢工程地质安全保障

随着城市规模的日益扩大和基础设施的逐渐完善，以单个城市为中心的城镇化过程正在向城市群模式转变。目前我国已建成京津冀城市群、长江三角洲城市群、长江中游城市群、成渝城市群、珠江三角洲城市群和粤港澳大湾区城市群等超大城市群。在城市群建设过程中，工程场所附近地基的应力场、渗流场、温度场和化学场等多物理场存在动态的演变规律和复杂的耦合作用，可能会诱发地裂缝、地面塌陷和沉降等地质灾害（彭建兵等，2012）。这些工程地质问题在多因素耦合和安全隐患精准探测、防控预警方面给工程地质学科带来了新的挑战，并引导工程地质学科向精细透明化、系统化方向发展。

（三）各民族共同发展和共同富裕推动工程地质理论发展

共同富裕是中国特色社会主义的本质要求，也是中国式现代化的重要特征。在我国当前面临的发展不平衡不充分问题中，区域发展不平衡是一个重要方面。因此，引导少数民族聚居地和欠发达地区充分发挥后发优势，冲出"经济洼地"，是社会主义建设的必然选择。然而，少数民族聚居地和欠发达地区大多数具有高地震烈度、高地应力、高位能、高寒和高环境梯度等地质环境因素，给重大基础设施建设带来了难题（祁生文和伍法权，2011）。这些地质难题在灾变机理、风险识别和监测预警等方面推动着工程地质学科的理论发展。

（四）生态环境保护与美丽中国建设丰富工程地质科学内涵

中国特色社会主义进入了新时代，我国经济发展也进入了新时代，基本特征就是我国经济已由高速增长阶段转向高质量发展阶段。[①] 在质量效益和资源配置上对现代化基础设施和能源工程建设提出了新要求。党的十九大报告把构建生态文明体系、推动经济社会发展全面绿色转型提升到了新高度，开启了生态文明建设的新时代（黄润秋，2022）。在这一新形势下，生态环境保护与美丽中国建设等国家重大需求引导着工程地质领域理论体系的构建和创新，推动了地质学、生态学、环境科学和气象学等多学科交叉融合，丰富了工程地质学科的科学内涵。

三、重要成就

我国工程地质学科紧密结合国家战略需求和工程建设的科学技术难题，为国家超级工程的建设提供了技术支撑。而且通过理论创新和技术研究，工程地质学科极大减少了因地质灾害而死亡的人数，取得了一大批代表性的理论成果。可以用三句话总结我国工程地质学科的发展："推动学科发展、奠基超级工程、保障民生福祉。"（黄润秋和祁生文，2017）

（一）推动学科发展

1. 四大理论体系

中国工程地质学科在广泛的工程实践中创立并发展了理论框架。该学科独立自主地解决了大规模工程建设所遇到的复杂地质问题，保证了工程建筑及其环境的安全，其理论创新有着深刻的区域特色和全球意义。其中，以谷德振、刘国昌、张咸恭、王思敬等为代表的老一代工程地质学家，先后提出并发展了岩体工程地质力学、区域稳定性工程地质、工程地质条件成因演化及地壳浅表生改造与时效变形等核心理论四大理论体系（王思敬和黄鼎成，2004）。

1）岩体工程地质力学理论

谷德振、王思敬、孙广忠、孙玉科、许兵、黄鼎成等创立了岩体工程地质力学基础理论，并提出了"岩体结构控制岩体稳定性"的观点。代表性著

[①] 习近平: 决胜全面建成小康社会 夺取新时代中国特色社会主义伟大胜利——在中国共产党第十九次全国代表大会上的报告. https://www.12371.cn/2017/10/27/ARTI1509103656574313.shtml[2025-08-08].

作有谷德振所著的《岩体工程地质力学基础》、孙广忠所著的《岩体力学基础》《岩体结构力学》等。

2）区域稳定性工程地质理论

区域工程地质条件是研究区域稳定性、环境工程地质与专门性工程地质问题的基础。继20世纪50~60年代李四光、谷德振提出"安全岛"概念后，刘国昌、胡海涛、李兴唐等通过近20年的持续研究，逐步形成了具有中国特色的区域稳定性工程地质理论。

3）工程地质条件成因演化论

在工程地质条件成因演化论的研究方面，我国一直处于国际前列，以张咸恭和张倬元为代表的学者先后编写了《工程地质学》《工程地质分析原理》等著作，系统阐述了相关理论。晏同珍提出了山区铁路选线工程地质理论、滑坡易滑地层理论和地质成因分区方法，丰富了工程地质条件成因演化论。

4）地壳的浅表生改造与时效变形理论

20世纪70年代，王兰生、张倬元等首先提出浅表生改造的基本理论和典型模式，并于90年代初期提出"浅生时效构造"基本理论和"浅生时效构造形成演化机制模式"。

2. 代表性科学成就

进入21世纪以来，随着我国经济的崛起，大规模的基础建设与城市现代化建设为工程地质学科提出了新的挑战。在解决工程建设中关键地质问题、地质灾害与地质环境问题的同时，我国在相应领域的诸多理论成就也取得了举世瞩目的成绩，我国工程地质学科逐步走向世界最前沿。在如下方向上，我国工程地质学者们取得了代表性的科学成就。

1）山区地质灾害与环境

山区地质灾害与环境以中国科学院、水利部成都山地灾害与环境研究所崔鹏院士团队为代表，成都理工大学、四川大学等单位参与，认识了灾害的区域规律，提出了危险性分析与分区方法，揭示了灾害形成机理和运动规律，构建了灾害预测预报和监测预警技术，提出了灾害治理模式，发展了治理技术。这些成果的应用，已取得显著的减灾成效（崔鹏，2014；Zou et al.，2022）。

2）工程高陡边坡稳定性与滑坡预警

工程高陡边坡稳定性与滑坡预警以成都理工大学黄润秋教授团队为代表，西南交通大学、中国科学院地质与地球物理研究所、吉林大学等单位参与，提出了高边坡变形破坏演变的3阶段模型，即表生改造阶段、时效变形阶段、累进性破坏及滑面贯穿阶段，揭示了高边坡变形破坏时变形量-时间曲线的地质力学内涵，建立了不同阶段的地质-力学模型，并与现代数值物理模拟结合，形成了对演化全过程的数学、力学的描述，从而实现了全过程变形稳定性的评价、预测和控制（黄润秋和黄达，2008；秦四清等，2010；Mu et al.，2022）。

3）松散层大变形理论与灾害防控

松散层大变形理论与灾害防控以长安大学彭建兵院士团队为代表，兰州大学、西北大学、西安交通大学等单位参与，揭示了盆地松散沉积层变形破裂动力学机制，提出了地裂缝成因新观点（Liu et al.，2022；Jia et al.，2022），被国际学术界认为是目前地裂缝成因最为流行和广泛接受的理论。

4）滑坡演化过程与控制理论

滑坡演化过程与控制理论以中国地质大学（武汉）唐辉明教授团队为代表，中国科学院武汉岩土力学研究所、武汉大学、长江科学院、成都理工大学等单位参与，揭示了重大滑坡演化的基本属性，研发了滑坡多场关联监测、滑坡大变形柔性测斜监测等技术与装备，促进了滑坡监测预警的技术革新（唐辉明，2015，2022；Tan and Tang，2023）。

5）地质灾害预警与防治关键技术

地质灾害预警与防治关键技术以中国地质环境监测院（自然资源部地质灾害技术指导中心）殷跃平研究员团队为代表，成都理工大学、中国地质大学（武汉）、长安大学等单位参与。殷跃平等（2000）提出的滑坡体控制与改造"地质工程"理论将防治与建设用地有机地结合，建立了既防治滑坡灾害又提供建设场地的双效设计方法，推动了我国地质灾害防治由"避让防灾"阶段提升到"兴利防灾"阶段。许强等（2015）提出了融合"天-空-地"多源立体观测技术的地质灾害早期识别"三查"体系，形成了滑坡灾害时空综合协同预警理论和方法，实现了地质灾害的精准预警。

6）工程地质智能监测与试验关键技术

工程地质智能监测与试验关键技术以南京大学施斌教授团队、中国科学院地质与地球物理研究所李晓研究员团队为代表，长安大学、中国地质大学（武汉）、成都理工大学等单位参与，建立了地质工程分布式光纤监测技术体系，实现了地质工程变形、应力、温度、水分、渗流等多场多参量监测。截至 2018 年，该技术已在国内外 300 多个重大工程中得到应用（施斌等，2004；朱鸿鹄等，2013；Ye et al.，2022；Li et al.，2022）。

7）岩土体工程地质

岩土体工程地质以中国科学院地质与地球物理研究所伍法权研究员团队、吉林大学王清教授团队为代表，同济大学、中国科学院武汉岩土力学研究所、中山大学等单位参与。以谷德振先生为代表的一批中国工程地质学家，提出了"岩体结构控制论"，赋予岩土体工程地质力学新的内涵（Gu and Wang，1982）。

（二）奠基超级工程

我国工程地质学科是在实践中迅速发展并不断壮大的，学科发展紧密结合了国家战略需求和工程建设中的科学技术难题，保障了我国大型工程、超级工程的建设实施与安全运营。

1. 重大水利工程

70 余年来，我国工程地质学科累计服务了近百个大型水电站的选址及高边坡的防护。著名的三峡水利枢纽在建设前利用地质、地理、地貌、地震、地球物理和大地测量等多学科的综合手段，取得了各壳层的深度和厚度、莫霍面的形态及埋深、主要断裂的切割深度、断裂形变速率、断裂最新活动年龄、地形变测量和长达半个多世纪的测震等成果，为勾绘区域构造稳定性和地震活动性的清晰面貌提供了有力支撑。

2. 核电工程

针对 14 个核电厂址的区域稳定性、边坡稳定性开展了系统研究。在中国第一座大型商用核电基地——大亚湾核电基地的前期地质勘察工作中，工程地质工作者为核电站的区域地质稳定问题筑牢地质保障。截至 2024 年 6 月 30 日，国家原子能机构公布：该机组已连续安全运行 6458 天，继续保持国际同类型机组连续安全运行天数的最高纪录。

3. 重大线路工程

服务于铁路、公路、输电线路、西气东输、输油管道等的选址工作和地质安全分析。截至 2024 年底，全国公路里程 549.04 万公里，其中高速公路总里程 19.07 万公里，国道里程 37.95 万公里；全国铁路营业里程 16.2 万公里，其中高速铁路里程 4.28 万公里，预计到 2035 年，铁路网规模将达到 20 万公里左右，其中高速铁路规模为 7 万公里左右。

不宁唯是，我国工程地质学科的发展还有力地保障了大连湾海底隧道、渤海海峡跨海通道、深圳妈湾跨海通道等大型海底隧道项目的规划、建设和运营；服务了陇东油田、涪陵气田等页岩油气基地开采选址；保障了雄安新区、粤港澳大湾区等智慧城市、大型都市圈及地下空间的安全建造和长期运营。

（三）保障民生福祉

工程地质学科在保护与改善地质环境、筑牢地质安全、保障人民生命财产及推进生态文明建设等方面影响巨大。我国地质灾害频发，滑坡、泥石流等灾害的报道屡见不鲜。近年来通过工程地质技术研究和理论创新，地质灾害造成的伤亡人数逐渐下降，风险控制也进入低风险水平。据不完全统计，2010~2015 年，我国成功避险 6561 起，避免可能伤亡的人数达 50 036 人，极大地保障了民生福祉（黄润秋和祁生文，2017）。

四、人才队伍

我国工程地质学科经历 70 余年发展，涌现了包括中国科学院学部委员（院士）、中国工程院院士（表 2-1）等在内的一批大师，作出了一系列开创性的贡献，引领我国工程地质学科奋勇向前。

表 2-1 中国工程地质领域两院院士

中国科学院学部委员（院士）	入选时间	中国工程院院士	入选时间
谷德振	1980 年	胡海涛	1994 年
贾福海	1980 年	张宗祜	1994 年
程国栋	1993 年	王思敬	1995 年

续表

中国科学院学部委员（院士）	入选时间	中国工程院院士	入选时间
何满潮	2013年	卢耀如	1997年
崔鹏	2013年	刘广润	1999年
彭建兵	2019年	殷跃平	2023年
		杜时贵	2023年

我国许多科研院所及高校先后设置了和工程地质环境与灾害学科相关的教学和科研机构，迄今为止，我国已有50余所高校和科研院所先后开设了工程地质相关专业，并制定了较为完整的科学研究规划和人才培养的方案，建立起了完善的本科生-研究生培养计划、配套的管理制度，以及相应的实践实训环节，形成了完善的本科-硕士-博士人才培养机制，构筑了相应的科研平台和教师队伍。20世纪末，随着国家建设的高潮到来，地质工作大规模开展，逐渐形成了"百万地质大军"。当时我国工程地质从业队伍中的本科生的人数占比仅为约1%，研究生更是凤毛麟角。21世纪后，包括地质勘察企业及事业单位职工在内的我国工程地质从业人员的数量逐年减少，但从业人员的学历水平不断提升，年轻从业者普遍具有本科及以上学历。据《中国国土资源统计年鉴》的数据显示，截至2021年12月，我国地质勘察单位从业人员超过42万人（图2-7）。

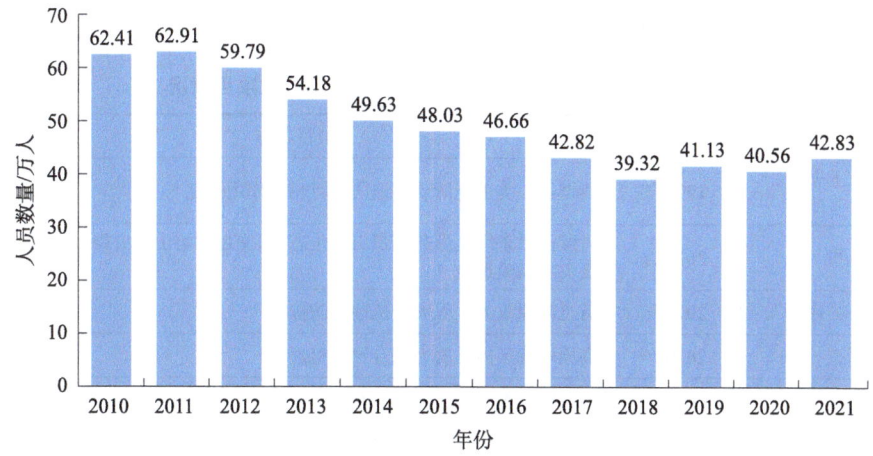

图2-7 我国地质勘察单位从业人员情况

五、资助现状和获奖情况

我国工程地质学的快速发展离不开诸多不同层次科研项目的引领与支持。工程地质学科领域的专家学者们牵头承担了一批国家级科研项目，引领我国工程地质学科不断发展。其中，2008~2014 年，承担国家重点基础研究发展计划（973 计划）6 项（表 2-2），1992~2022 年，承担国家自然科学基金重大项目 8 项（表 2-3）。本学科的学者牵头承担国家自然科学基金面上项目 988 项（2009~2022 年）；青年科学基金项目 799 项（2009~2022 年）；2006~2022 年，每年工程地质学科获国家自然科学基金资助的项目数量以 10% 左右的速度递增，获资助单位也逐年增多（表 2-4、图 2-8）。基于工程地质学科卓越的理论与实践成就，1986~2020 年，工程地质学者们先后获国家科学技术进步奖、技术发明奖 14 项，其中国家奖励一等奖 3 次、二等奖 10 次（表 2-5）。

表 2-2 工程地质学科 973 计划资助情况

首席科学家	时间	项目名称
崔 鹏	2008 年	汶川地震次生山地灾害形成机理与风险控制
崔 鹏	2011 年	中国西部特大山洪泥石流灾害形成机理与风险分析
唐辉明	2010 年	重大工程灾变滑坡演化与控制的基础研究
黄润秋	2013 年	西部山区大型滑坡致灾因子识别、前兆信息获取与预警方法研究
彭建兵	2014 年	黄土重大灾害及灾害链的发生、演化机制与防控理论

表 2-3 工程地质学科国家自然科学基金重大项目情况

首席科学家	时间	项目名称
王思敬 张倬元	1992 年	典型的人类工程活动与地质环境相互作用研究
崔 鹏	2017 年	青藏高原东缘地形急变带山地生态-水文过程与山地灾害互馈机制及灾害风险调控
彭建兵	2017 年	黄土高原重大工程灾变机理与防控
崔 鹏	2019 年	高原峡谷区内外动力耦合致灾机理
李振洪	2019 年	川藏铁路重大灾害风险识别与预测
唐辉明	2020 年	重大滑坡预测预报基础研究
兰恒星	2020 年	黄河流域地质地表过程与重大灾害效应
周翠英	2022 年	红层灾变防控基础研究

表 2-4　2006～2022 年工程地质学科国家自然科学基金项目申请及获资助情况

年份	类别		
	申请单位数/个	获资助单位数/个	单位获资助率/%
2006	49	20	40.82
2007	60	24	40.00
2008	51	23	45.10
2009	79	30	37.97
2010	87	39	44.83
2011	110	48	43.64
2012	128	58	45.31
2013	135	60	44.44
2014	129	61	47.29
2015	148	52	35.14
2016	162	61	37.65
2017	178	69	38.76
2018	177	55	31.07
2019	243	80	32.92
2020	243	80	32.92
2021	271	90	33.21
2022	285	82	28.77
总计	2535	932	36.77

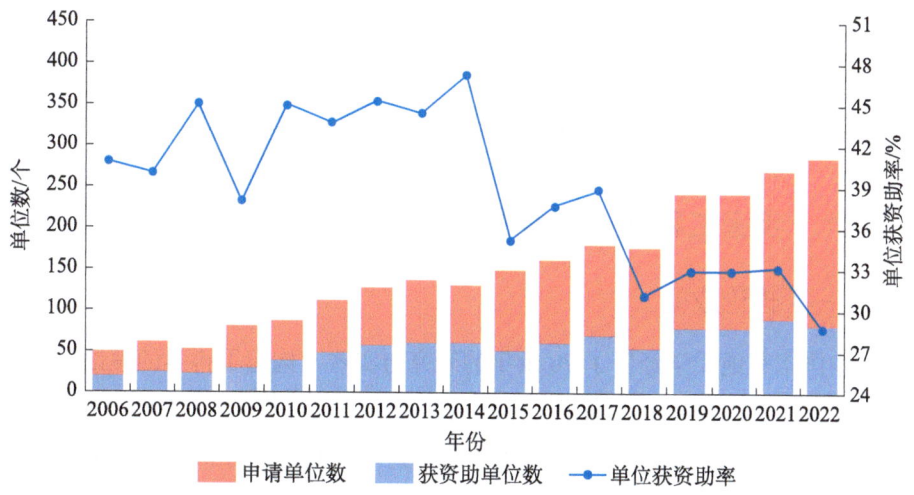

图 2-8　2006～2022 年工程地质学科国家自然科学基金项目申请及获资助情况统计图

表 2-5　1986～2020 年国家科学技术进步奖及技术发明奖获奖情况

年份	负责人	等级	获奖项目	单位
1986 年	王思敬	三等	地下工程岩体稳定分析	中国科学院地质研究所
2005 年	黄润秋	一等	中国西南高边坡稳定性评价及灾害防治	成都理工大学
2008 年	殷跃平	二等	三峡库区重大地质灾害防治与监测关键技术	中国地质环境监测院
2009 年	伍法权	二等	工程地质结构研究及重大工程防灾应用	中国科学院地质与地球物理研究所
2009 年	崔　鹏	二等	西部山区公路铁路泥石流减灾理论与技术	中国科学院、水利部成都山地灾害与环境研究所
2011 年	殷跃平	二等	重大滑坡减灾防灾关键支撑技术	中国地质环境监测院
2012 年	彭建兵	二等	西安地裂缝成因与减灾关键技术	长安大学
2013 年	唐辉明	二等	基于演化过程的滑坡地质灾害防控技术与应用	中国地质大学（武汉）
2014 年	黄润秋	一等	汶川地震地质灾害评价与防治	成都理工大学
2017 年	凌贤长	二等	水库高坝/大坝安全精准监测与高效加固关键技术	哈尔滨工业大学
2018 年	施　斌	一等	地质工程分布式光纤监测关键技术及其应用	南京大学
2019 年	唐辉明	二等	重大工程滑坡动态评价、监测预警与治理关键技术	中国地质大学（武汉）
2019 年	许　强	二等	西部山区大型滑坡潜在隐患早期识别与监测预警关键技术	成都理工大学
2020 年	王家鼎	二等	重大工程黄土灾害机理、感知识别及防控关键技术	西北大学

六、我国工程地质学科在国际上的地位

（一）理论成就

中国工程地质学经历了 70 余年的研究与实践，构建了科学的理论、方法和学科体系，以显著成就赢得了国际地位（王思敬和黄鼎成，2004），所取得的理论成就在国际上受到广泛关注，并得到国际同行充分认可。在工程地质条件成因演化论的研究方面，我国在国际上独树一帜，处于国际前列。不但

在基本理论方面如此，我国在区域工程地质研究方面也处于国际前列。早在20世纪50年代中后期，我国工程地质学者们就着手于中国区域工程地质的研究。经过半个多世纪的发展，中国区域工程地质学理论体系日趋完善，成为国家重大工程规划选址和建设前期论证的重要工程地质问题之一，逐渐引起国际学者的关注。地壳浅表生改造与时效变形理论由我国工程地质学者在20世纪70年代提出，90年代初又根据大量生产实践逐步完善，并广泛应用于实践。该理论系统全面论证了地壳浅表圈层与水圈、大气圈、生物圈（包括人类工程活动）之间相互作用的演化趋势及控制、保证地壳浅表圈层生态环境向良性方向发展的方法，在国际上具有极强的前瞻性。新中国建设伊始，岩体就成为中国工程地质学科的重要工作对象与研究领域。岩体结构的提出与岩体工程地质学的创建，具有划时代的学科意义，是中国工程地质工作者们对学科的重大贡献。

进入21世纪以来，随着我国综合国力增强，一系列超级工程投入建设，这给工程地质学科的发展提出了新的挑战。在高陡边坡稳定性评价方法、岩土体工程地质学、工程地质智能监测与试验关键技术的支撑下，我国一系列大型水利枢纽、高速公路与铁路的建设，以及深埋长隧道、跨海大桥、高墩高跨桥顺利完工，还攻克了一批超高边坡和超深基坑稳定性、超大跨度地下空间围岩稳定性、极端气候条件冻土工程地质特性、黄土及其他软土地区大型敏感工程建设等关键技术难题。松散层大变形理论对我国黄河流域生态保护和高质量发展有重要意义，相关理论成果被国际学术界认为是目前地裂缝成因最流行和广泛接受的理论。山区地质灾害与环境研究、滑坡演化过程与控制理论、地质灾害预警与防治关键技术在我国"5·12"四川汶川地震（2008年）、"4·14"青海玉树地震（2010年）、"7·30"甘肃舟曲特大泥石流（2010年）、"8·8"九寨沟地震（2017年）等重大地质灾害的应急救灾、灾后重建及灾后地质灾害防治工作中起到了重要的作用，也为我国乃至世界工程地质领域积累了一批难得的数据、丰富的经验和宝贵的知识，这必将为学科的发展带来长久的影响。

（二）科研成果

近年来，我国工程地质学者出版、发表了一大批工程地质专著和科学研究论文。这些专著、科学研究论文和一系列重大工程的研究成果、工作报告一起，全面展示了我国工程地质学的理论成果，在国际上展示出举足轻重的影响力。2021～2023 年，国内工程地质学高被引学者人数的年均增长率为 14.8%。2022 年，42 位中国工程地质学者进入科睿唯安（Clarivate）全球高被引学者，占全球工程地质学高被引学者人数的 28.4%。在多届国际工程地质大会上，我国学术报告与科研论文的数量名列前茅。例如，2018 年于美国旧金山召开的第 13 届国际工程地质与环境大会共邀请国际学者 800 余人，举办 400 余场报告，其中中国代表团 90 人，完成 48 场报告。另一个标志性的事件是，IAEG 秘书处于 2010 年转移至中国，这使得中国作为重要的国际学术中心而受到更为广泛的关注。①

基于 Web of Science 数据库，我们对 2016～2020 年国内外在工程地质领域包括环境工程地质、灾害工程地质及岩土体工程地质与工程地质新技术新方法方向发表的文献进行了统计分析。从文献统计（图 2-9）来看，在环境工程地质、灾害工程地质、岩土体工程地质、工程地质新技术新方法 4 个分支学科或方向中，总发文量最多的是工程地质新技术新方法，其次为岩土体工程地质，最后是环境工程地质和灾害工程地质。从发文国家分布（图 2-10）来看，中国在环境工程地质、灾害工程地质、岩土体工程地质、工程地质新

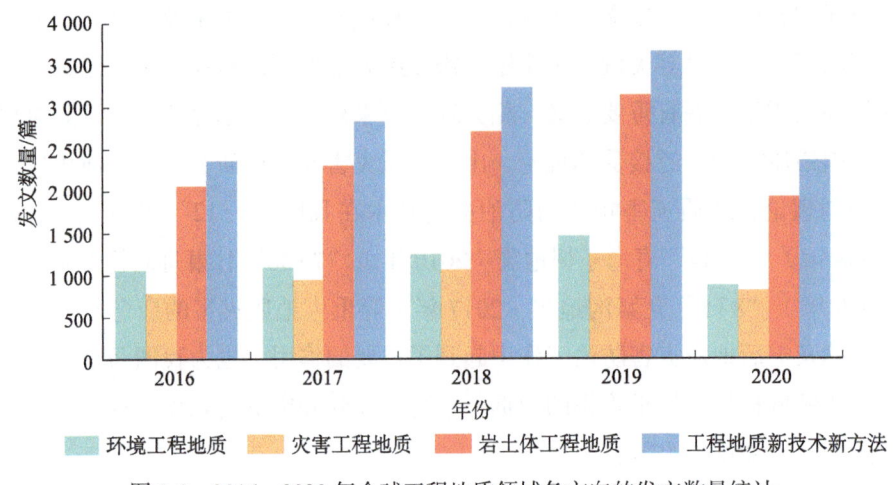

图 2-9　2016～2020 年全球工程地质领域各方向的发文数量统计

---

① 数据来自爱思唯尔官网。

技术新方法 4 个方向上的发文量均处于世界首位，且远远超过其他国家，体现了中国在工程地质学研究领域的国际影响力在不断提升。

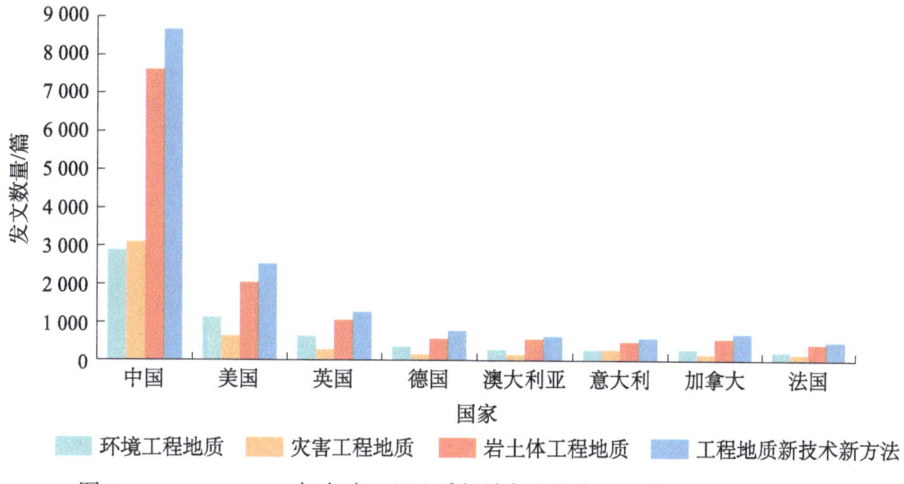

图 2-10　2016~2020 年全球工程地质领域各方向主要国家的发文数量统计

（三）国际重要任职与国际获奖

自 1979 年 IAEG 中国国家小组成立以来，我国一直活跃在国际工程地质舞台上。例如，中国科学院地质与地球物理研究所的王思敬院士曾任第 5 届、第 8 届 IAEG 亚洲副主席和第 9 届 IAEG 主席，自然资源部地质灾害技术指导中心的殷跃平研究员曾担任国际滑坡研究会主席，伍法权研究员曾任第 10 届 IAEG 亚洲副主席。近年来，我国工程地质在国际上的地位又得到了进一步显著提升。一个重要的标志就是 IAEG 在 2010 年的换届中，决定将国际学会的秘书处转移到中国，伍法权研究员当选 IAEG 秘书长，黄润秋当选为 IAEG 副主席，并担任国际大滑坡研究会主席，中国地质大学的唐辉明教授担任 IAEG 副主席。秘书处设在中国在一定程度上使中国成为世界工程地质的中心。IAEG 国际会员中的中国学者数也在不断增加（图 2-11），中国为 IAEG 第一大成员国。IAEG 有 34 个委员会，有约 10 个被评价为"活跃"，其中 3 个就在中国，即 C24（新构造与地质灾害委员会）、C29（岩土体结构与行为委员会）和 C349（海洋工程地质委员会）。同时，在 2008~2022 年，我国工程地质工作者也在国际工程地质领域获得了多项重要奖励，王思敬院士、黄润秋教授、伍法权教授先后获得了 IAEG 的汉斯·克劳斯（Hans

Cloos）终身成就奖，秦四清、尚彦军、祁生文、范宣梅、崔一飞、龚文平获得了 IAEG 理查德·沃尔特斯奖（Richard Wolters Prize）青年科技奖。

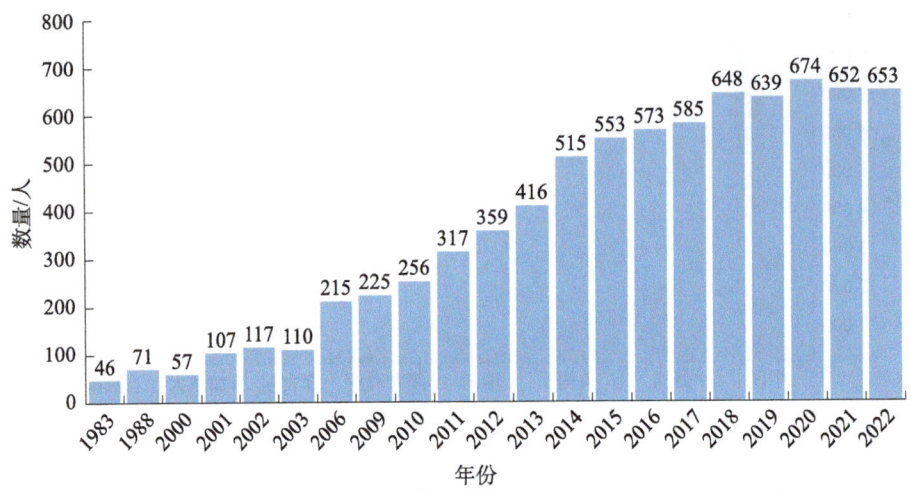

图 2-11　IAEG 国际会员中中国学者的人数变化
据 IAEG 官方数据

中国国内工程地质工作和地质灾害防治的成功实践吸引了广泛的国际关注，正如 IAEG 前主席 P. 奥利维拉（P. Oliveira）曾预言的那样："21 世纪的工程地质在中国。"我国工程地质科学家在国际舞台的学术地位和影响力提升，得到了广泛的国际认可，也是工程地质全球化的有力支撑。与"负责任的大国"角色相适应，我国工程地质肩负着"工程地质全球化"的历史责任。

本章主要参考文献

北京地质学院工程地质教研室. 1964. 工程地质学. 北京：中国工业出版社.
崔鹏. 2014. 中国山地灾害研究进展与未来应关注的科学问题. 地理科学进展，33（2）：145-152.
谷德振. 1982. 中国工程地质学的发展. 地质论评，28（2）：180-184.
国家科委全国重大自然灾害综合研究组. 1993. 中国重大自然灾害及减灾对策（分论）. 北京：科学出版社.
哈承祐. 2006. 环境地质研究进展与展望. 地质通报，25（11）：1247-1256.
黄鼎成. 2000. 世纪·国情·科技发展与工程地质学走向. 工程地质学报，8（4）：387-393.

黄润秋. 2009. 汶川地震地质灾害研究. 北京：科学出版社.

黄润秋. 2022. 凝心聚力 稳中求进 不断开创 生态环境保护新局面. 环境保护，50（1）：12-21.

黄润秋，黄达. 2008. 卸荷条件下岩石变形特征及本构模型研究. 地球科学进展，23（5）：441-447.

黄润秋，祁生文. 2017. 工程地质：十年回顾与展望. 工程地质学报，25（2）：257-276.

李可可，黎沛虹. 2004. 都江堰：我国传统治水文化的璀璨明珠. 中国水利，（18）：75-78，11.

刘东生. 1965. 中国的黄土堆积. 北京：科学出版社.

刘国昌. 1965. 中国区域工程地质学. 北京：中国工业出版社.

彭建兵，崔鹏，庄建琦. 2020. 川藏铁路对工程地质提出的挑战. 岩石力学与工程学报，39（12）：2377-2389.

彭建兵，林鸿州，王启耀，等. 2014. 黄土地质灾害研究中的关键问题与创新思路. 工程地质学报，22（4）：684-691.

彭建兵，徐能雄，张永双，等. 2022. 论地质安全研究的框架体系. 工程地质学报，30（6）：1798-1810.

彭建兵，张勤，黄强兵，等. 2012. 西安地裂缝灾害. 北京：科学出版社.

祁生文，伍法权. 2011. 高地应力地区河谷应力场特征. 岩土力学，32（5）：1460-1464.

秦四清，王媛媛，马平. 2010. 崩滑灾害临界位移演化的指数律. 岩石力学与工程学报，29（5），873-880.

施斌. 2017. 论大地感知系统与大地感知工程. 工程地质学报，25（3）：582-591.

施斌，丁勇，徐洪钟，等. 2004. 分布式光纤应变测量技术在滑坡早期预警中的应用. 工程地质学报，12（S1）：515-518.

施斌，阎长虹. 2017. 工程地质学. 北京：科学出版社.

石振明，黄雨，陈建峰，等. 2018. 工程地质学. 北京：中国建筑工业出版社.

孙鼐. 1946. 工程地质学. 北京：商务印书馆.

唐辉明. 2008. 工程地质学基础. 北京：化学工业出版社.

唐辉明. 2015. 斜坡地质灾害预测与防治的工程地质研究. 北京：科学出版社.

唐辉明. 2022. 重大滑坡预测预报研究进展与展望. 地质科技通报，41（6）：1-13.

王思敬. 2013. 工程地质学科的世纪演化与前景. 工程地质学报，21（1）：1-5.

王思敬，黄鼎成. 2004. 中国工程地质世纪成就. 北京：地质出版社.

伍法权. 2009. 我国岩土与工程研究的现状与展望：第三届全国岩土与工程大会学术总结. 工程地质学报，17（4）：463-468.

谢尔盖耶夫. 1990. 岩土工程地质研究方法手册. 李生林，刘蕙兰译. 北京：地质出版社.

许强，汤明高，黄润秋，等. 2015. 大型滑坡监测预警与应急处置. 北京：科学出版社.

殷跃平, 康宏达, 陈波. 2000. 三峡工程移民迁建区灾害地质体改造与利用研究. 工程地质学报, 8（1）: 73-80.

袁道先. 2003. 岩溶地区的地质环境和水文生态问题. 南方国土资源,（1）: 22-25.

张咸恭. 1979. 工程地质学（上册）. 北京: 地质出版社.

张咸恭. 1983. 工程地质学（下册）. 北京: 地质出版社.

张倬元, 王士天, 王兰生, 等. 1981. 工程地质分析原理. 北京: 地质出版社.

张倬元, 王士天, 王兰生, 等. 2016. 工程地质分析原理. 4版. 北京: 地质出版社.

中国地质学会工程地质专业委员会（伍法权执笔）. 2001. 中国21世纪若干重大工程地质与环境问题. 工程地质学报, 9（2）: 115-120.

朱鸿鹄, 施斌, 严珺凡, 等. 2013. 基于分布式光纤应变感测的边坡模型试验研究. 岩石力学与工程学报, 32（4）: 821-828.

Anderson J G C, Trigg C F. 1976. Case-histories in Engineering Geology. London: Elek Science.

Clements T. 1981. Leonardo da Vinci As A Geologist. New York: Pergamon Press: 310-314.

Davis S N, deWiest R J M. 1966. Hydrogeology. New York: John Wiley & Sons.

Faul H, Faul C. 1983. It Began with A Stone: A History of Geology From Stone Age to Age of Plate Tectonics. New York: John Wiley & Sons.

Forbes R J. 1934. Notes On the History of Ancient Roads and Their Construction. Amsterdam: Noord-Holland.

Griffiths J S. 2014. Feet on the ground: Engineering geology past, present and future. Quarterly Journal of Engineering Geology and Hydrogeology, 47(2):116-143.

Gu D Z, Wang S J. 1982. Fundamentals of geomechanics for rock engineering in China//Müller L. Ingenieurgeologie und Geomechanik als Grundlagen des Felsbaues / Engineering Geology and Geomechanics as Fundamentals of Rock Engineering. Vienna: Springer: 75-87.

Hendron A J, Patton F D. 1986. A geotechnical analysis of the behaviour of the Vaiont slide. Journal of the Boston Society of Civil Engineering (Civil Engineering Practice), 1: 65-130.

Jia Z J, Peng J B, Lu Q Z, et al. 2022. Formation mechanism of ground fissures originated from the hanging wall of normal fault: A case in Fen-Wei basin, China. Journal of Earth Science, 33(2):482-492.

Kiersch G A, James L B. 1991. Errors of geologic judgment and the impact on engineering works//Kiersch G A (ed.). The Heritage of Engineering Geology: The First Hundred Years. Geological Society of America, Centennial Special Volume 3: 517-558.

Legget R F. 1979. Geology and geotechnical engineering: The 13th Terzaghi Lecture. Journal of the Geotechnical Division, ASCE, 105(3): 342-391.

Li H J, Zhu H H, Zhang C X, et al. 2022. Monitoring flexure behavior of compacted clay beam using high-resolution distributed fiber optic strain sensors. Geotechnical Testing Journal,

45(3):627-643.

Liu Y, Peng J B, Wang F Y, et al. 2022. Developmental mechanism of rainfall-induced ground fissures in the Kenya rift valley. Water, 14(20):1-19.

Martz H E, Logan C M, Schneberk D J, et al. 2016. X-ray Imaging: Fundamentals, Industrial Techniques and Applications. Boca Raton: CRC Press.

McC J T. 1931. Review of ingenieurgeologie. The Journal of Geology, 39(4): 397.

Mu J Q, Li T T, Pei X J, et al. 2022. Evolution mechanism and deformation stability analysis of rock slope block toppling for early warnings. Natural Hazards, 114(2):1171-1195.

Nolden S. 2013. The Letters of Ferdinand von Hochstetter to Julius von Haast. Wellington: Geoscience Society of New Zealand Inc.

Perrin W H. 1880. Engineeing Geology. Britain: Baillière, Tindall, and Cox.

Ramandi H L, Mostaghimi P, Armstrong R T. 2017. Digital rock analysis for accurate prediction of fractured media permeability. Journal of Hydrology, 554:817-826.

Ries H, Watson T L. 1914. Engineeing Geology. New York: John Wiley & Sons.

Savarenski F P. 1937. Engineering Geology (инженерная ГеОЛОГИЯ). Moscow: State Publishing House.

Sengör A C. 2021. History of geology. Encyclopedia of Geology, 1:1-36.

Tan Q W, Tang H M. 2023. *In situ* triaxial creep test on gravelly slip zone soil of a giant landslide: Innovative attempts and findings//Sassa K, Konagai K, Sassa S. Progress in Landslide Research and Technology, 109-121

White E, White M. 1953. Famous Subways and Tunnels. New York: Random House.

Ye X, Zhu H H, Wang J, et al. 2022. Subsurface multi-physical monitoring of a reservoir landslide with the fiber-optic nerve system. Geophysical Research Letters, 49(11):1-12.

Zoback M D. 2010. Reservoir Geomechanics. Cambridge:Cambridge University Press.

Zou Q, Cui P, Zhang Z T, et al. 2022. A novel approach of multi-hazard integrated zonation on the ancient Silk Road. International Journal of Disaster Risk Reduction, 82:1-15.

第三章 发展规律与态势

第一节　学科发展规律

工程地质学科始于20世纪20年代末。1929年太沙基撰写的"工程地质学"和1937年苏联萨瓦连斯基的《工程地质学》专著是工程地质学科确立的标志。我国的工程地质学则起步于20世纪50年代初。它的形成与发展始终同我国的工程建设事业密切相关，产-学-研-用相结合推动了我国工程地质事业的发展，并形成了与我国自然地质环境特点及国情相适应的工程地质科学理论与方法，为各时期我国的工程建设提供了重要的科学依据（谷德振，1982；黄鼎成，1990；施斌，2005，2017）。随着全球经济发展和人口增多，当前世界面临着人口、资源和环境三大主要问题，这给工程地质学科提出了更多新的任务和要求。工程地质学科不仅要探索地球系统多圈层互馈对地质环境的影响，揭示人类工程活动与地质环境之间的相互作用规律，为重大工程建设提供技术支持，还需要解决与人类生存和社会发展相关的生态地质环境保护和地质灾害防控等重大科学与技术问题，最终保障人类工程活动的安全，规避地质灾害风险，实现人地协调。回顾我国工程地质学科的发展历程，特别是改革开放以来，伴随我国社会和基础工程建设的快速发展，工程地质学科取得了前所未有的发展，并确立了我国工程地质世界强国的国际地位。工程地质学科逐渐形成了符合中国国情的学科特色，即具有中国特色的重大工程建设与国家战略需求牵引、学科前沿研究驱动、信息与高新技术发展推动和学科交叉融合促进的发展规律，并且在地球科学与工程科学之间发挥了重要的桥梁纽带作用。

一、重大工程建设与国家需求引领学科发展

我国的工程地质学科根植于新中国成立以来的重大工程建设。新中国成立以来的一大批重大水利工程、交通工程和地下工程等建设，面临坝基岩体稳定性、边坡和地基稳定性及隧道与围岩稳定性等问题，工程地质学科在解决这些问题中发挥了举足轻重的作用。目前我国在建与拟建的工程规模和建设难度均居世界前列，世界上还没有哪个国家的工程地质问题像中国这样种类繁多且面广量大。这一系列工程的建设已成为我国国力飞速发展的重要标志，工程地质学承担了为各类工程活动从选址、勘测、设计、施工到安全运营各个环节保驾护航的艰巨任务（王思敬，1999，2013；伍法权和沙鹏，2019）。尤其是，党的十八大以来一系列国家重大工程（如川藏交通廊道工程、黄河与长江上游重大水利工程、兰州和延安等国家级新区建设、生态保护补偿等）陆续实施，不断对工程地质学科提出新要求，引领了工程地质学科的发展。

同时，我国提出的"西部大开发战略"、"一带一路"倡议、京津冀协同发展、长江经济带发展、粤港澳大湾区建设、黄河流域生态保护和高质量发展等战略的实施，涉及各种复杂的地质问题，促使工程地质学科不断推陈出新，致力于解决工程地质问题，服务国家发展战略需求，引领了工程地质学科的发展方向。

此外，随着全球范围内人口的大幅增长，社会经济活动的规模空前，资源与环境承载巨大压力，当前世界各国遭遇到社会可持续发展中人口、资源和环境三大问题的挑战。2016年，国土资源部提出了"十三五"期间"三深一土"国土资源科技创新战略。地球浅部矿产资源逐渐枯竭，难以支撑人类的快速发展，资源开发不断走向地球深部，同时人类生存发展需求和对未知世界的探索也不断拓展地下活动空间。从资源开采来看，目前煤炭开采深度已达1500米，地热开采深度超过3000米，有色金属矿开采深度超过4350米，油气资源开采深度达7500米，未来深部资源开采将成为常态。人类对生存空间的拓展、能源资源的需求促使人类工程活动表现出向地壳不稳定区、向海

洋和地球深部、向深空大幅拓展的总趋势，面临的极端地质环境与地质灾害风险前所未有，带来了大量全新的工程地质领域的科学问题与难题，从而引领了工程地质学科的发展。

二、学科理论前沿研究驱动学科发展

工程地质新理论是工程地质学科的灵魂，而理论前沿研究是驱动工程地质学科持久发展的原动力。我国工程地质学者针对地质灾害形成机理、岩土体结构控制及地质体与工程建设相互作用等前沿领域开展了卓有成效的研究，取得了大量科研成果。2000年由张咸恭、王思敬、张倬元等著的《中国工程地质学》（科学出版社）、2004年由王思敬和黄鼎成主编的《中国工程地质世纪成就》（地质出版社）归纳总结了新中国成立以来我国工程地质学科的重要进展，逐渐形成了"成因演化论""结构控制论""相互作用论"三大理论体系，并指出需要深化工程地质过程的理论研究，为我国工程地质学科发展指明了方向，指导了我国重大工程建设的顺利实施。近年来，我国工程地质界围绕我国山区地震、滑坡、泥石流地质灾害及黄土滑坡、地裂缝等成因机理与防控理论问题，开展了大量的探索和研究工作，并取得了重大理论突破，如针对西南山区高速远程滑坡长期孕育的"锁固段效应"、快速起动的"刹车片效应"、远程运动的"触变效应"等全过程成因机理理论（黄润秋，2008；胡厚田等，2003；殷跃平，2008；程谦恭等，1999，2007），山洪和泥石流放大效应理论（崔鹏等，2005），构造控缝、应力导缝和抽水扩缝的地裂缝耦合成因理论（即"松散层大变形理论"）（彭建兵等，2012，2017），饱和软化层静态液化致滑的黄土滑坡成因理论（彭建兵等，2019）及库区滑坡启滑演化与动力学理论（唐辉明等，2022）等。上述研究成果，不仅直接服务我国"一带一路"倡议的实施、城镇化防灾减灾与重大工程的建设，产生了巨大社会效益和经济效益，而且创新驱动了工程地质学科的快速发展。

三、现代信息与高新技术推动学科发展

现代信息技术和工程地质新技术及新装备是工程地质学科发展的助推器。20世纪80年代以来，我国工程建设规模空前，大量的世界性工程地质

难题凸显，地质灾害频发，工程地质学科从早期采用工程地质定性分析与类比法入手保障工程建设安全性，逐步向保障生态地质环境、安全性与经济性转变，大大推动了工程地质技术方法的深化发展。

自 20 世纪 90 年代至今，我国工程地质领域蓬勃发展，其内涵和外延均发生了深刻变化，这与该时期整体科技的进步是分不开的（王思敬，1997，1999）。近年来，高新技术及装备在工程地质领域取得了重要突破。例如，精度高、实时性强、远程遥测的远程分布式光纤传感技术已在地质、土木、城建、电力、交通和水利等重大工程中得到推广应用；长距离三维激光扫描系统、机载激光雷达（light detection and ranging，LiDAR）、合成孔径雷达干涉测量（interferometric synthetic aperture radar，InSAR）和无人机等高新技术在地质环境灾害调查中的应用日趋广泛；借助多源卫星遥感、地理信息系统、高精度试验与监测系统及高性能计算等技术，获取工程地质环境与灾害领域海量多源异构数据，采用大数据、云计算和人工智能等新技术手段，大大促进了学科精细化发展，为地质环境修复与地质灾害防治提供了重要技术支持。智能钻掘技术、水力压裂技术的长足进步，使得人类可以对地下 3000 米的岩体进行大范围的改造，开发深部的能源资源。同时，工程地质的"中国软件"迅速崛起也成为一个时代亮点，如岩石真实破裂过程分析（realistic failure process analysis，RFPA）软件实现了岩石真实破裂过程模拟，有限元与离散元耦合的数值模拟软件系列（GDEM/GCEM 等）、三维离散元模拟系统 MatDEM、图形处理单元（graphics processing unit，GPU）高速计算在岩土体变形破坏及地质灾害研究中得到了广泛应用。依托高新技术及装备的创新，解决重大工程建设中的复杂工程地质问题，有力促进了工程地质实验、测试、探测与监测技术的发展，显著推动了工程地质学科的发展。

四、学科交叉融合促进学科可持续发展

人类赖以生存的空间是一个复杂的动态系统，大气圈、生物圈、水圈和岩石圈等为其组成单元，它们相互依存和制约，并构成人类活动、生存和生活的总体环境。要解决人类工程活动带来的大量相关科学与技术问题，往往涉及跨圈层多学科交叉领域，需从地球多圈层的相互作用和过程的角度研究

人类工程活动与地球系统,尤其是地球浅表层系统间的相互作用和过程。重大工程问题的解决涉及工程地质学、构造地质学、水文地质学、岩土力学、地球物理、测绘科学等多学科理论与方法,具有典型的学科交叉特征,且综合性强,传统的工程地质学科的理论和方法难以满足解决该类问题的需求,需要学科内部和跨学科的联合研究。

(一)地学分支学科交融奠定工程地质学科发展基础

工程地质学是地质学的一个分支,是调查、研究、评价、预测和解决与各类工程活动相关的工程地质问题的科学。工程地质学经过不断实践、创新、吸收、分化、交叉和综合等过程,已经从地质学的工程应用发展成为地质学科与工程科学相结合的、既有理论基础又有实践目标的工程学科,形成了一个包括区域工程地质、岩土体工程地质、环境工程地质、灾害工程地质、智慧工程地质等数个分支学科的完整学科体系。地史学、岩石学、沉积学、构造地质学、第四纪地质学、动力地质学及一些地球物理和地球化学的技术与方法等都是工程地质学的地质学基础。工程地质学的发展一方面与社会基础工程建设和地质环境利用与保护的需要密不可分,另一方面与其他自然学科和技术学科的发展息息相关(施斌,2017)。在国家重大需求和重大科学前沿背景下,工程地质学科与地质学科内部的其他分支学科交叉融合,逐步孕育出新的学科方向,如环境地质学、水文地质学、灾害地质学等,扩充了工程地质学科的内涵。

(二)跨学科交汇促进工程地质学科创新发展

作为地球科学(地质学)与工程技术学科(土木工程学)交叉融合而成的学科,工程地质学科注定具有多元融合发展途径(王思敬,2013)。2003年,法国就曾启动过国家层面的多学科滑坡综合研究计划,结合遥感、地球物理、水文地质、地球化学、岩土工程、地貌学深入研究了滑坡,取得了多方面的创新性研究成果(许强,2012)。目前,无机类材料、小分子化合物、高分子聚合物、复合材料、纳米材料和生物材料等也被广泛应用于岩土体加固。在当前学科交叉背景下,工程地质学与材料科学、系统科学、生态与环境科学、海洋工程、信息工程、交通工程、电子技术、工程管理等跨学部的大跨度学科交叉融合得到了发展，尤其是工程地质与一些新兴学科的交叉，如人工智能、大数据、云计算、机器人、物联网、地理信息技术（3S技术）及新装备等，逐步孕育出新的学科增长点与发展方向。发展出区域工程地质、岩土体工程地质、工程地质演化与评价和工程地质新技术新方法的学科分支方向，在传统工程地质学科架构的基础上增添了深地工程地质、深海工程地质、深空工程地质、极地工程地质等跨学科分支学科，逐步建立了适应工程地质发展的学科构架与研究体系，扩充了工程地质学科的外延，带动了工程地质学科不断焕发新的生命力。

五、地球科学与工程科学协同发展的纽带作用

工程地质学科是地球科学与工程技术学科交叉融合的学科（王思敬，2013）。我国工程地质学科经过70余年的发展，逐步形成了一个包括数个分支学科的完整学科体系，成为地球科学与工程科学的关键纽带（图3-1），在国家重大工程建设中发挥了举足轻重的作用。地球系统科学是指地表系统与人类动力过程的互馈及全球变化，而地球浅表层系统（earth surface system）是地球系统中直接与人类的生存和发展相关联的表层部分，是由岩石圈、水圈、大气圈、生物圈和人类活动组成的一个相互渗透、相互作用的复杂系统。地球系统科学中涉及的多圈层相互作用及资源环境效应、海洋深部构造与探测、类地行星内外圈层时空演化及地球生物演化、环境变化及人类文明史等诸多关键科学问题和领域，在工程地质学科中均有相应的分支学科进行研究，如区域工程地质学针对区域稳定性问题（包括多圈层、深部构造及过程、地震等）；专门工程地质学涉及海洋探测、海洋沉积物特征及海底滑坡等工程地质问题评价；环境工程地质学研究人类工程活动所引起的区域性环境变化和有害的工程地质作用，包括深部开采、工程诱发地震等。这些均是地球系统科学的重点领域。根据《地球系统科学发展战略研究》（黄鼎成等，2005），工程地质学科将在地球环境与生命过程、人类活动与地球浅表层系统、地球观测系统与地球系统模拟等方面发挥重要作用。

同时，工程地质学科对工程科学尤其是土木工程学科领域也作出了重要贡献。工程地质学与土木工程学科中的岩土力学、岩土工程学密切相关，二者均离不开工程地质条件的研究，工程地质学科必然是土木工程（岩土力

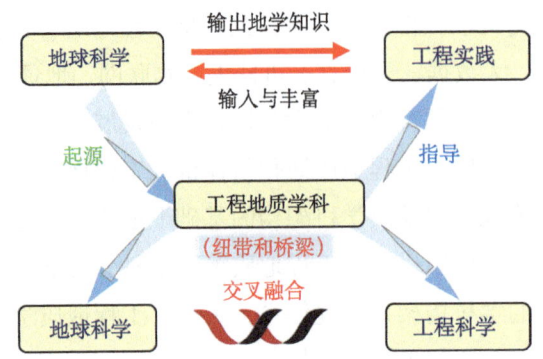

图 3-1　工程地质学科在地球科学与工程科学之间的纽带关系

学、岩土工程）学科的基础学科之一。王思敬（2009）论述了工程地质学、岩土力学与岩土工程学三个学科之间的关系，认为工程地质学给出地质建模，岩土力学进行计算分析，岩土工程学开展设计和施工，三者间通过勘测、试验和参数分析紧密联系在一起，对岩土工程进行评价，解决相关岩土工程问题，清楚地说明了工程地质学科是工程科学中土木工程学科的最重要的基础学科。

现代工程地质学不仅是飞速发展的时代对工程地质学科的要求，而且这个时代也为工程地质学科的发展提供了前所未有的历史机遇和肥沃土壤。国家持续大规模的工程建设、频繁发生的地质灾害及中国工程地质的国际化，使工程地质学科面临更加严峻的科学技术挑战（伍法权和沙鹏，2019），迫切需要从地球系统科学角度入手，融合工程科学开展交叉研究。可以说，工程地质学科来源于地球科学，发展和壮大于工程建设与实践，已成为地球科学与工程科学协同发展的关键纽带。

第二节　学科研究特点

工程地质是一门认知工程-地质相互作用规律和过程的学科，它的使命是保障人类工程活动的安全。工程地质学科的基本理论形态包括"成因演化论""结构控制论""相互作用论"。这些理论有着相通的思想方法，就是成因决定结构，结构控制行为。工程地质过程是工程建设与地质环境相互作用的过程。研究工程地质过程必须要做到理论创造、技术创新与实践应用三位一体。近年来，随着我国工程建设规模的增大，埋藏加深，地质条件更复杂，由此带来的工程地质问题表现出显著的新特点，即研究对象大、深、动、热凸显，工程地质过程水、岩、温、化耦合，传统理论遭遇挑战，地质、地球物理、力学、工程科学的有机结合是工程地质学科发展的有效途径。在研究过程中，工程地质学显现出"高度综合交叉、高度技术依赖、高度实践检验"综合融合的研究特点。理论、技术方法与实践并重的模式使得工程地质的学科成果体现在一系列重大研究进展中，并转移落地在高速铁路、公路、超大型水电站等重大基础设施建设中，以保障民生福祉、高速推动学科发展的态势前进。同时，工程地质学以地质学的总体思维为依托，将复杂的地质现象（问题）简单化，将特殊的地质现象（问题）典型化，将一般的地质现象（问题）规律化等，学科研究具有地质时空演化思维、地质结构多尺度思维、地质与工程合一的思维、地质环境多要素与多场耦合的系统思维等思维特点。在全球气候变暖、自然灾害加剧的现状下，由于山地人居环境复杂，地质灾害风险背景差，地质灾害隐患变数多，农村防灾减灾基础薄弱等问题突出，地质灾害的防治任务艰巨。因而，工程地质学科正在加强地质体工程性质、工程地质动力过程及地质环境保护的研究，更需要加强地质体灾变和地质灾害的预警、预测及预报的系统研究。

一、学科研究服务国家重大战略与重大工程建设需求

工程地质学是地质学与土木工程的交叉学科，具有学科的地质和工程应用属性。它运用地质学原理与方法，结合土木工程知识，分析解决人类工程活动与地质环境相互作用过程中的一系列地质问题。我国的工程地质学科是伴随国家工程建设和社会经济发展而逐渐成长与壮大起来的，70余年来始终面向国家重大工程建设需求，服务国家重大战略。这是我国工程地质学科最显著的特色。工程地质学的重大研究成果来源于国家重大工程建设，又回馈于国家重大战略与重大工程建设，已形成了一个良性循环。过去的20年间，工程地质学科在国家的大力支持下取得了巨大发展，中国工程地质领域的科学家们做出了越来越多的有重要代表性的理论成果，如地裂缝与黄土灾害理论（彭建兵等，2012，2019）服务国家"一带一路"倡议和城镇化建设，降

低了西安、北京等城市的地裂缝灾害风险，成功指导了西安城市轨道交通建设，并多次提前成功预警黄土滑坡的发生，避免了重大人员伤亡；汶川地震地质灾害防治研究成果（黄润秋等，2009；刘传正，2017）支撑了汶川地震后新北川等城镇重建选址，指导了汶川灾区优化重建，在后来的芦山、云南鲁甸地震灾后重建，成南高速等重大工程建设中也得到广泛应用；基于演化的滑坡过程控制理论与山区基岩滑坡结构主控孕灾学说等研究成果（唐辉明，2015；唐辉明等，2022），成功预测了某大型水电站料场边坡局部失稳；同时开展了三峡库区和西部山区滑坡监测预警示范，成功预警滑坡20余起，为高陡边（滑）坡监测提供了技术支撑等。过去20年来，中国的工程地质学者针对诸多重大工程建设中的地质问题进行了深入研究，取得了众多理论成果，并在国家工程建设中得到了广泛实际应用，解决了各类重大工程地质问题和难题，为我国"一带一路"倡议、京津冀协同发展、长江经济带发展、黄河流域生态保护和高质量发展等国家战略与重大工程建设作出了重要的贡献。

二、理论创造、技术创新与实践应用三位一体的学科研究体系

随着社会经济的发展，人类工程建设的规模之大、范围之广、复杂程度之高，可以说前所未有。其间遇到的工程地质问题和挑战也越来越多，加之对地质环境保护意识的提高，传统的工程地质已无法满足工程建设与环境保护的要求。工程地质学在发展过程中不断吸收相关学科的理论方法与技术，不断完善和丰富学科内涵，扩展学科外延（施斌，2017），为人类工程建设、能源与资源开发利用、环境保护及拓展生存空间保驾护航。工程地质学科是地质学的分支学科，应用性极强。就学科属性来说，它具有鲜明的地质属性，其研究对象为地质体或岩土体，具有明显的不确定性、复杂性和隐蔽性。以纯粹的地质学理论无法解决复杂的工程地质问题，需要基于岩土体的地质本性，建立适应于地质体和岩土体灾变的理论与技术方法体系，在工程实践中检验并加以推广应用。20世纪50年代以来，我国工程地质界先后创立了"岩体结构控制论"（孙广忠，1988，1993）、"岩土工程优势面理论"（罗国煜和李生林，1990）、"区域工程地质理论"（刘国昌，1992）、"区域稳定动

力学理论"（罗国煜等，1992；彭建兵等，2006）、"松散层大变形理论"（彭建兵等，2012，2017）等。同时，在工程地质探测、监测技术方法及装备方面，工程地质学创新了光纤监测技术、地质数据融合技术、基于云平台天-空-地一体化高精度北斗卫星导航系统/全球导航卫星系统（global navigation satellite system，GNSS）监测技术等现代高新技术。上述理论和技术方法解决了我国工程建设中的各类工程地质问题，得到了实践验证与应用。可以说，工程地质学是一门集理论创造、技术创新与实践应用三位一体的学科，理论是基础，技术是根本，实践是关键（图 3-2）。其中理论创造是工程地质学的内在动力，技术创新是其研究发展的助推器，而实践应用则是检验器，三位一体共同服务工程地质学科的发展（Kiersch，2001）。

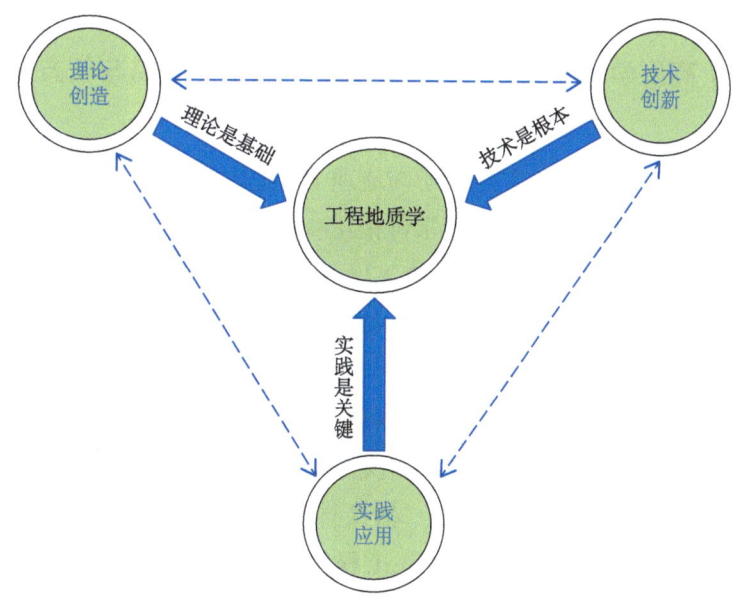

图 3-2 理论创造、技术创新与实践应用三位一体

三、高度学科交叉、技术依赖与实践检验综合融合的研究范式

早期工程地质学科结构单一、技术水平低。经过 70 余年的发展，我国现代工程地质学科已发生了蜕变，表现出高度综合、融合的学科研究范式，即高度学科交叉、高度技术依赖和高度实践检验综合与融合范式（图 3-3）。

图 3-3 以"高度学科交叉、高度技术依赖、高度实践检验"为综合与融合的学科特点

（一）高度学科交叉成为工程地质学科新的增长点与新方向萌生的源头

在地球科学内部，工程地质学与地理学、地质学、地球物理学、大气科学、海洋科学、生态环境科学等学科相互渗透、交叉形成新的分支学科和方向，如与环境科学、海洋科学等交叉融合形成了环境工程地质学、海洋工程地质学，与地质学中的构造地质学、地球物理学交叉融合形成了区域稳定工程地质学。近年来，人类工程活动与生态环境保护的人地协调理念的形成（彭建兵等，2020），人类工程建设过程中生态环境问题的解决，使得生态工程地质学的雏形逐步显现。在跨学科交叉领域，工程地质学与土木工程、数学、物理学、力学、计算机科学、信息科学、管理科学等渗透、交叉融合（图 3-3），逐渐形成了工程岩土学、工程动力地质学、系统工程地质学、大数据与智慧工程地质学等新的学科方向，与天文学交叉融合初步形成了行星工程地质学等。通过多学科相互渗透、交叉融合解决工程地质学科领域的重大科学问题，不断实践、创新、吸收、分化、交叉和综合融合是工程地质学科研究的一个大的趋势（Kiersch，2001），使工程地质学科成为一门富有生命力的学科，以崭新的面貌迎接新时期的挑战。

（二）现代信息技术与高新技术助推工程地质研究重大变革，表现出高度技术依赖特征

工程地质学科面临的工程地质问题越来越复杂。一方面，工程建设覆盖区域大，涉及条件恶劣、人迹罕至区工程建设中的地质与工程安全问题，LiDAR、InSAR 和无人机等现代高新技术发挥了重大作用；另一方面，随着工程地质问题研究的不断深入，需要工程地质学从宏观、细观、微观的角度分析和模拟岩土体或地质体灾变过程、机理及其与工程建设的相互作用机制，大型试验仪器设备、先进技术与分析软件的研发使其成为可能。例如，智能钻掘技术、水力压裂技术使得人类可以对地下岩土体进行大范围改造，开发深部资源与能源；岩石真实破裂过程分析（RFPA）软件、有限元与离散元耦合数值模拟软件（GDEM/GCEM 等）、三维离散元模拟系统（MatDEM）等具有自主知识产权的分析软件的崛起，能够有效实现岩土体或地质体灾变过程与力学机制的模拟（图 3-3）。因此，工程地质学科的重大突破越来越依赖于先进的科学仪器与计算软件等。创新的科学仪器与软件已经上升为科学技术的重大发现和科学研究新领域的必备条件。掌握了最先进的科学仪器与软件研发技术，就掌握了科技发展的主动权。

（三）高度实践检验是工程地质学科发展的基本原则和标准

70 余年来我国工程地质学科的理论创新与技术创新，都离不开高度的实践检验。无论是工程地质学早期的"成因演化论""结构控制论""相互作用论"三大理论体系，还是近年来的"松散层大变形理论""滑坡演化与过程控制理论""高能 CT 岩石力学试验系统及软件"等理论创新，以及"RFPA"等技术创新（图 3-3），都经过了大量的实际工程案例验证，在中国可持续发展战略的新型工业化进程中得到了实践检验。因此，工程地质学科是一门集"高度学科交叉、高度技术依赖、高度实践检验"于一体的、具有鲜明综合融合特点的应用性学科。

四、长时序、多尺度、多因素与多场耦合的学科总体思维

伴随着国家重大战略的调整，以及对生态环境保护意识的提升，工程建设与地质环境的相互作用、人地协调问题已逐渐成为现代工程地质学科的核

心科学问题。工程地质学研究以地球系统科学思想为指导，具有长时序、多尺度、多因素与多场耦合的总体学科思维（图3-4）。

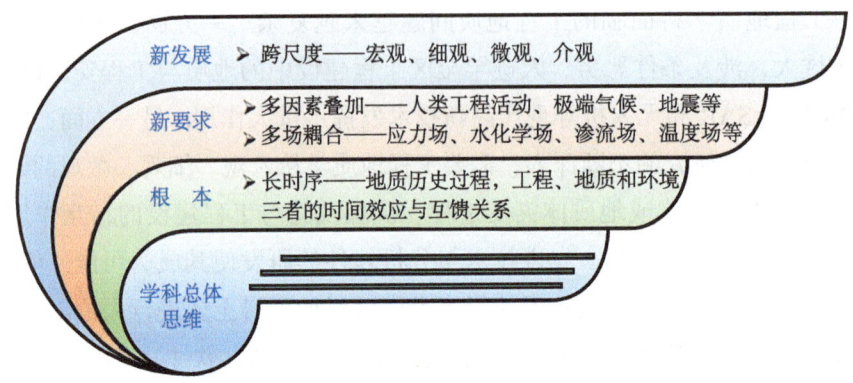

图 3-4　长时序、多尺度、多因素与多场耦合的总体学科思维

（一）长时序性是工程地质学科思维的根本

工程地质学研究的是地质体及其与工程建设相互作用的问题，地质体经历漫长的地质历史过程，与地球、气候演化密切相关，其成因与工程特性具有典型的长时序性，工程地质学应重视地球演化和自然特性（王思敬，1997），从地质体的历史、现在来推测它在未来工程与环境条件下可能发生的变化，整体把握工程、地质和环境三者之间的时间效应与互馈关系，实现地质、工程和环境的合一。

（二）多尺度是工程地质学科思维的新发展

传统工程地质学被认为是一门基于地质学解决工程建设中地质问题的学科，其研究对象曾留于"工程规模"这一中观尺度，而现代工程地质学的研究逐渐向整个地球系统的宏观尺度和向矿物颗粒、晶粒甚至是分子、原子结构的细观和微观尺度延伸和扩展（许强，2012），从宏观、细观、微观多尺度关联作用角度来解决复杂工程地质问题。

（三）多因素与多场耦合是工程地质学科思维的新要求

工程地质体由岩土介质、结构面、水、气体、化学物质、热量等多种内部要素构成，也受到地震、极端气候（如暴雨）及人类工程扰动等外部因素的影响，是渗流场、应力场、温度场、化学场等多场耦合、相互作用的载体。因此，工程地质体或岩土体的灾变不是在单一因素、单一场作用下产生的，而是多因素联合、内外动力与多场耦合作用下的产物，复杂工程地质问题的解决应不断探寻其中的地质基因、主控要素及诱发因素（彭建兵等，2020）。因此，现代工程地质学科的思维在不断突破以往的思维方式，需要兼具长时序、多尺度、多因素与多场耦合等特点。

五、岩土体灾变与地质灾害预警、预测、预报全过程和系统化

工程地质学的研究领域从陆地不断向海洋延伸，从地面不断向地下拓展，从山区不断向城市汇聚，大大推动了人类在不同地质环境中的工程技术实践，逐渐丰富和发展了工程地质学的学科理论体系。随着遥感遥测、互联网技术、分布式感测技术、高精度地球物理方法及通信技术等现代信息与监测技术及相关实验技术的发展，监测手段从早期的单一监测仪器独立监测，到后来多种监测仪器综合监测，再到如今形成了越来越全面的天-空-地一体化地质灾害监测预警体系。用于研究工程地质学研究对象的岩土体灾变及工程地质问题尤其是地质灾害的技术手段逐渐多样化，岩土灾变与地质灾害预警、预测及预报基本从以往的定性化、阶段性、局限性阶段进入定量化、全过程和系统化阶段。例如，目前无人机抛投式北斗滑坡监测装备，通过高精度北斗地质灾害监测预警平台实时监测预警，实现了滑坡地质灾害监测从有人现场布设到无人布设的新突破（张勤等，2022）；负泊松比（negative Poisson's ratio，NPR）锚杆/索支护原理及大变形控制技术，成功应用于重大滑坡变形控制与预测（何满潮等，2016）；精度高、实时性强、远程遥测的远程分布式光纤传感技术已在地质、土木、城建、电力、交通和水利等重大工程中实现全过程动态监测并推广应用，岩土体灾变与地质灾害预警、预测和预报做到了全过程、系统化（施斌，2017）。

第三节 学科发展态势

一、地球系统科学理论与应用

地球是一个多圈层动力系统,由地壳、地幔、地核组成的内部圈层系统和大气圈、水圈、岩石圈、生物圈组成的外部圈层系统构成。地球系统科学是研究组成地球内外圈层各子系统之间相互联系、相互作用中运转的机制,以及地球内外圈层各系统变化规律和控制这些变化的机理的一门学科。地球系统科学研究的空间范围从地心到地球外层空间,时间尺度从几百年到几百万年。地球系统科学理论将地球看成一个由相互作用的地核、地幔、岩石圈、水圈、大气圈、生物圈和人类社会等组成部分构成的统一系统,研究并了解地球系统所涉及的过程,各组成部分之间的联系和相互作用,维持充足的自然资源供给,减轻地质灾害,调节全球环境变化并使危害降到最小,获取在全球尺度上对整个地球系统的科学理解。

自 20 世纪 80 年代诞生以来,地球系统科学随着地球系统整体性研究的兴起,为地球科学的研究与发展注入了新的生命力,已成为人类社会可持续发展的科学支柱。地球系统的形成与演化、地球系统(岩石圈、水圈、大气圈和生物圈)的联系和地球系统的未来、人类活动的行为规范是地球系统过程研究的三大主题(黄鼎成,2004)。其中,地球系统的形成与演化和地球内外圈层相互作用的动力过程密切相关。地球内动力系统是地球浅表层系统演化的驱动力,其作用表现为地壳运动、岩浆活动和变质作用,涉及内部圈层演化,控制着地表地质过程,常常造就山河演变,导致地表隆起或凹陷,形成高山或盆地;导致区域应力场的改变,引起区域稳定性问题。地球外动力作用表现为风化、侵蚀、搬运、沉积和固结成岩五种形式,塑造地表地貌过程,且主要受气候因素的控制。二者的互馈作用决定了地表动力过程,产生生态地质环境与区域灾害效应,控制着区域地质灾害的分布及时空演化规律(图 3-5)。

随着社会经济的发展与人类活动的增强,人类与大气圈、水圈、生物圈、岩石圈的关系愈加密切,各圈层之间的相互联系与作用日趋明显,全球

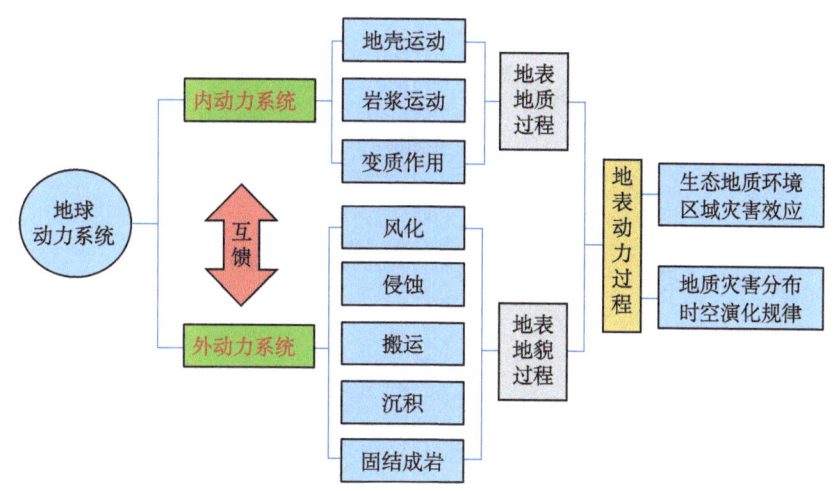

图 3-5 地球动力系统相互作用

形成了一个物质、能量、信息交换的开放式循环体系。在这种大背景下孕育的工程地质与生态环境问题是多过程（地质过程、地表过程、气候过程等）、多水源（地表水、地下水、大气水等）、多圈层（水圈、大气圈、岩石圈等）、多动力（地质动力、水动力、地貌动力等）、多营力（人类各种工程活动营力等）共同耦合作用的结果（黄秉维，1996；黄润秋，1997；陈泮勤，2003；毕思文，2003；Reid et al.，2010；Jane and Harta，2016；Markus et al.，2019）。因此，基于地球系统科学视角，融合物理学、化学和生物学过程，考虑人地协调的岩石圈-水圈-大气圈-生物圈等多圈层相互作用下重大灾害效应与生态安全问题；基于长时序全球环境变化条件下的水-河-湖演化过程与机制，考虑地质过程（百万年计）-地表过程（十万年计）-气候过程（万年计）-人类活动过程（千年计）互馈影响下重大灾害链生演化与生态地质环境风险加剧问题；基于不同灾害及不同承灾主体的多动力联动启动机制，发展适合于我国的多区域、多灾种、多载体、多动力联动的综合风险评估模型；从全国流域系统整体性出发，揭示不同高原—盆地—平原地表水、地下水、大气水三水循环规律与重大灾害互馈关系，从而深入认知工程地质问题、地质灾害与多水源、多过程、多圈层、多动力、多营力的响应关系，揭示重大岩土体灾害与生态系统之间复杂的互馈关系等，均是地球系统科学理论及应用领域的重点和热点问题（图 3-6）。

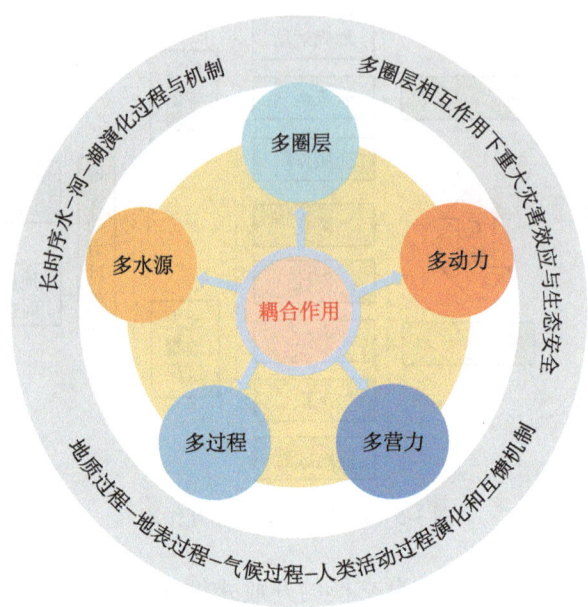

图 3-6　地球系统科学与工程地质学实践应用关系

二、人地协调的工程地质学理论

人类只有一个地球，各国共处一个世界，构建人类命运共同体（a community of shared future for mankind）是全人类共同的目标。在此目标的牵引下，工程地质学科的研究主体应该是人类工程活动与地质环境的互馈关系。随着社会经济的发展，人类社会人口、资源和环境间的矛盾越来越突出，自然地域系统功能退化，以及资源、环境与生态问题产生的根本原因在于人地系统结构的失调。因此，以人地协调的工程地质学理论视角分析工程地质问题，架构基于人地协调的宜居地球构想，是构筑宜居地球、缓和人地关系，实现社会可持续发展的必由之路。

基于人地协调的宜居地球构想主要体现在以下几个方面：①保障地质安全，营造长久宜居环境；②控制灾害风险，减轻人居安全隐患；③保护地质环境，建立生态安全体系；④开发地下空间，创建新型宜居场所；⑤把握人地和谐，延长地球宜居寿命。

当前，我国未能充分兼顾生态环境保护和经济发展的关系，人地关系紧张，巨灾危害程度与风险管理难度巨大，现有灾害风险研究与人地关系研究仍处于割裂状态（王思敬和黄鼎成，2004；伍法权，2009；施斌，2017）。在学科研究领域，符合人地协调理念的灾害风险防范研究不足，基于人地协调的灾害风险防范工程地质学理论技术体系尚未形成。从人地关系调控的客观条件看，地质体面临生态先天脆弱性与经济发展迫切需求的对立趋势（罗国煜，2001；许兵，2003；黄润秋，2012；黄润秋和祁生文，2017）。如何在巨灾风险防控的同时，协调人灾关系，缓解甚至消除人地矛盾，实现地质安全与生态安全，保障人地协调发展，是目前及未来工程地质学科最前沿的研究方向（图3-7）。迫切需要在今后研究中践行从理解"人地关系"到设计"人地协同"的转变，建立人地协调的工程地质学理论与技术方法体系，提出人地协调发展科学模式，制定适合于我国人地协调特色的具体理论要点、决策原则、实用技术与方法的规范，搭建起全民化的人地协同发展优化平台系统。

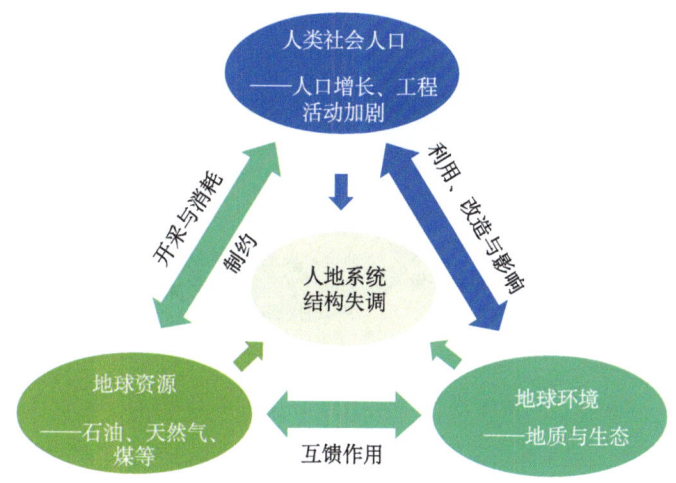

图3-7　工程地质与人、自然之间互馈关系

三、学科深度融合与交叉

进入21世纪以来，"一带一路"倡议、"三深一土"国土资源科技创新战略和川藏交通廊道工程等重大工程建设的实施，以及世界范围内众多复杂重大工程的布局和实施，涉及高温、高压、高寒、复杂地质及极端气候等复杂条件下重大工程建设工程地质问题。这些重大工程的设计、论证、实施和评

价等工作必须综合结合和运用交叉科学，仅从一种视角研究事物必然具有很大的局限性，也不可能深刻地认识复杂工程地质问题的全部规律。因此，必须从地球系统科学的角度出发，加强多学科交叉融通，依靠试验测试技术、多尺度模拟分析、现代新技术与探测监测新技术等研究手段的有机结合，揭示人类工程活动与重大工程地质问题之间的相互作用过程与机理，为重大工程建设提供重要科学依据与技术支持。目前，工程地质学科的交叉研究大部分是与环境地质学、水文地质学、灾害地质学等地球科学学科内部的交叉，应结合重大国家需求和重大科学前沿，推进工程地质学与材料科学、系统科学、海洋工程、信息工程、电子技术等跨学部的跨学科交叉，尤其是促进工程地质与一些新兴学科的交叉，如人工智能、大数据、云计算、机器人、物联网等，促进学科间的融合发展，孕育新的学科增长点与发展方向（图3-8）。

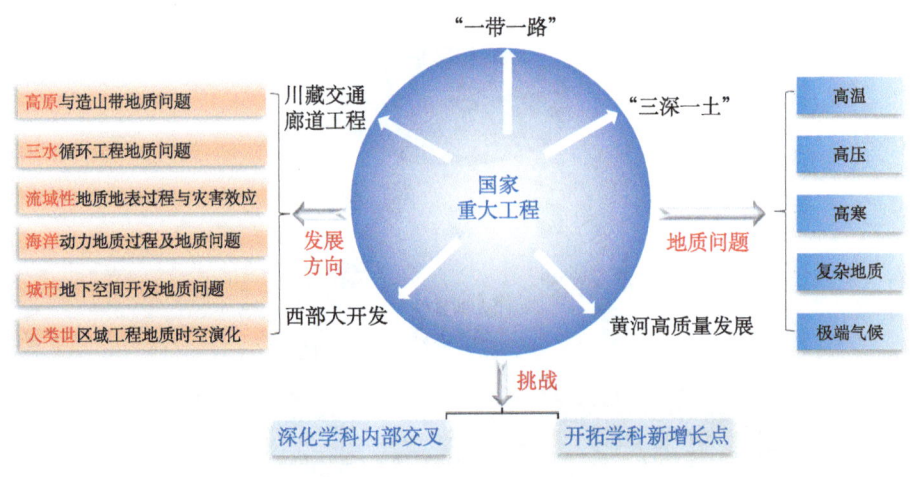

图3-8　学科交叉融合发展方向

同时，根据国家重大战略导向和新时代工程地质发展需求，动态调整工程地质学科架构与研究体系，完善工程地质学科布局，建立包括区域工程地质、岩土体工程地质、工程地质演化与评价和工程地质新技术新方法在内的学科分支方向，在传统工程地质学科架构的基础上增加生态环境地质、极地工程地质、深海工程地质等内容，设立高原与造山带地质问题、三水循环工程地质问题、流域性地质地表过程与灾害效应、海洋动力地质过程及地质问题、城市地下空间开发地质问题和人类世区域工程地质时空演化等重点学科交叉领域，建立适应工程地质发展的学科构架与研究体系。

四、技术先导和技术创新引领学科理论创新与实践

工程地质新理论是工程地质学科发展的灵魂，而新技术则是工程地质学科发展的助推器。因此，高新技术及装备研发是未来工程地质学科发展的重要方向之一。随着科学技术的高速发展，高新技术的研发为工程地质基础研究提供了全新的手段与视角，也是地球科学与数理、化学、工程与材料科学、信息科学深度交叉融合的契合点（Zoback，2007；Martz et al.，2013；Ramandi et al.，2017）。在技术先导与技术创新应用领域，工程地质学科应聚焦学科前沿与国家重大工程需求，面向深地、深海与行星等领域工程地质重大科学问题，充分利用天-空-地一体化观测技术、纳米及先进材料、能源工程技术、智能信息技术等现代先进技术，结合工程地质学科的特点与特色，发展工程地质体的天-空-地一体化观测、探测、监测与评价技术，工程地质体微观结构与组分多尺度测试及成像技术，工程地质体监测智能传感物联技术，先进加固材料、深层工程地质体智能导向钻井技术，深层工程地质体高效改造及评价技术，工程地质安全监测评价与预警技术，为工程地质体形成演化、工程地质结构探测与改造、工程地质环境效应研究提供高新技术方法与手段，助推工程地质学科的可持续快速发展。

同时，工程地质学与大数据应用技术相结合（Andrew et al.，2014；陈建平等，2015；李超岭等，2015；吴冲龙等，2016；张勤等，2017），开展对海量工程地质数据的综合研究与利用，可大大拓展工程地质学的知识体系与认知空间。依托互联网、数据挖掘、3S技术、大数据、云计算、物联网、人工智能、机器人等新技术，对规模庞大的工程地质数据信息进行智能分析，提出有价值的结构化信息，针对极端复杂条件下工程地质问题（如区域岩土体强度的评价与预测等）实现智能控制与应用，实现从"传统工程地质"到"数字工程地质"，再到"智慧工程地质"的学科革命，为智慧地球的构建提供技术支持。然而，大数据技术为工程地质学的应用提供了众多方向的同时也使其面临着众多挑战。比如，数据信息获取成本昂贵，工程实用性不高——如何有效获取海量数据是工程地质学与大数据和智慧地球相结合的首要难题；多源异构数据缺乏统一同化标准——如何有效规范化多源

异构海量数据？灾害机理与数据内在联系脱节——如何建立灾害机理与数据之间内在联系？如何构建地质灾害机理-大数据协同驱动的灾害智能预警体系？这些方面均制约着大数据在工程地质学中的应用与智慧地球的建立（图3-9）。

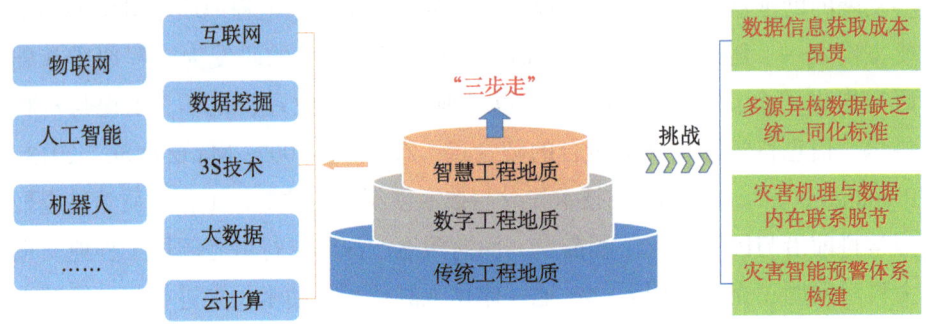

图3-9 工程地质大数据应用技术挑战

五、地质工程伦理教育强化行业高质量人才培养

工程伦理是应用于工程学的道德原则系统，是工程技术的应用伦理。它既包含了工程活动的技术伦理准则，又包含了工程师的职业伦理准则（李正风等，2016；胡克等，2021）。工程伦理的基础是公正地处理各方面的利益关系，尤其是工程与社会及工程与自然的平衡，其道德规范主要是责任、公平、安全及风险（余谋昌，2002）。在国内，黄河流域生态保护和高质量发展、长江经济带发展、粤港澳大湾区发展、乡村振兴、海洋强国、京津冀协同发展等国家战略的实施及川藏交通廊道工程等重大工程的建设，对工程师的综合素质提出了更严格的标准，工程伦理的重要性突出；在国际上，"一带一路"倡议中工程建设对标国际工程标准，工程伦理方面的要求也是其中之一（夏嵩等，2020）。我国高校工程伦理教育比国外起步晚（曹南燕，2004；夏嵩等，2020）。2016年，中国工程教育专业认证协会认证标准规定高等院校毕业生必须具有人文社会科学素养、社会责任感，能够在工程实践中理解并遵守工程职业道德和规范，履行责任。2018年，根据《关于转发〈关于制订工程类硕士专业学位研究生培养方案的指导意见〉及说明的通知》，工程伦理正式纳入工程硕士专业学位研究生公共必修课，国内地质类院校也相继进行了工

程伦理方面的教学与课程建设工作。

与其他工程专业工程伦理相比,地质工程伦理又有其特殊性,涉及人地关系协调可持续发展。地质工程实践中可能涉及技术伦理问题、利益伦理问题、安全伦理问题和环境伦理问题等(李传新和高志前,2019)。20世纪90年代中期,一些欧美的地质学者提出了"地质伦理"(geoethics)的概念(Peppoloni and Capua,2015;Gundersen,2018;胡克等,2021)。2012年,国际地质科学联合会成立了国际地学伦理促进协会。该组织于2016年发表了《地学伦理开普敦声明》,强调了地质工程伦理的内涵与意义。国内一些高校[如中国地质大学(武汉)、长安大学、成都理工大学等]的地学类专业相继开设了工程伦理课程。随着新时代国家重大战略的实施与重大工程的建设,地质工程专业技术人员肩负着保证国家重大工程建设地质安全的历史性任务,实现人地关系协调可持续发展涉及人、社会与自然之间的利益矛盾关系,对地质工程专业技术人员的综合素质提出了更全面的要求。一方面,他们要掌握精湛的技术方法与扎实的专业理论基础;另一方面,需要具备较高的人文素质,具有较强的工程伦理认知。地质工程专业伦理的培养应当侧重重大工程案例分析和引导性研讨,以学生的讨论和思考为中心,核心是引导、启发和觉悟(胡克等,2021),重点提高基于人地协调的地质工程伦理敏感性、伦理判断能力和决策能力,提升地质工程伦理素养和社会责任(李传新和高志前,2019)。开展地质工程伦理系统教育,强化高质量人才培养,有助于引领国际工程地质学科发展使命,推动中国工程地质领域国际地位的提升。

本章主要参考文献

毕思文. 2003. 地球系统科学: 21世纪地球科学前沿与可持续发展战略科学基础. 地质通报, 22(8): 601-612.

曹南燕. 2004. 对中国高校工程伦理教育的思考. 高等工程教育研究, (5): 37-39, 48.

陈建平, 李婧, 崔宁, 等. 2015. 大数据背景下地质云的构建与应用. 地质通报, 34(7): 1260-1265.

陈泮勤. 2003. 地球系统科学的发展与展望. 地球科学进展, 18(6): 974-979.

程谦恭, 彭建兵, 等. 1999. 高速岩质滑坡动力学. 成都: 西南交通大学出版社.

程谦恭, 张倬元, 黄润秋. 2007. 高速远程崩滑动力学的研究现状及发展趋势. 山地学报, 25（1）：72-84.

崔鹏, 邹强, 等. 2021. 川藏交通廊道山地灾害演化规律与工程风险. 北京：科学出版社.

崔鹏, 柳素清, 唐邦兴, 等. 2005. 风景区泥石流研究与防治. 北京：科学出版社.

谷德振. 1982. 中国工程地质学的发展. 水文地质工程地质, （4）：56-59.

国家自然科学基金委员会, 中国科学院. 2012. 未来10年中国学科发展战略. 地球科学. 北京：科学出版社.

何满潮, 李晨, 宫伟力, 等. 2016. NPR锚杆/索支护原理及大变形控制技术. 岩石力学与工程学报, 35（8）：1513-1529.

胡厚田, 刘涌江, 邢爱国, 等. 2003. 高速远程滑坡流体动力学理论的研究. 成都：西南交通大学出版社.

胡克, 王铭晗, 翁燕群, 等. 2021. 关于地质工程伦理教学的若干问题讨论. 中国地质教育, 30（4）：51-55.

胡新丽, 唐辉明, 等. 2020. 水库滑坡-抗滑桩体系多场演化试验与监测技术. 北京：科学出版社.

黄秉维. 1996. 论地球系统科学与可持续发展战略科学基础（Ⅰ）. 地理学报, 51（4）：350-354.

黄鼎成. 1990. 现代工程地质学的历史责任：兼论学科发展战略. 水文地质工程地质, （5）：1-3.

黄鼎成. 2004. 工程地质学的未来在中国. 工程地质学报, 12（4）：337-342.

黄鼎成, 林海, 张志强. 2005. 地球系统科学发展战略研究. 北京：气象出版社.

黄润秋. 1997. 现代系统科学理论与工程地质系统观. 水文地质工程地质, （1）：1-6.

黄润秋. 2008. 中国典型灾难性滑坡. 北京：科学出版社.

黄润秋. 2012. 世纪之初的中国工程地质. 工程地质学报, 20（6）：1083-1086.

黄润秋, 等. 2009. 汶川地震地质灾害研究. 北京：科学出版社.

黄润秋, 祁生文. 2017. 工程地质：十年回顾与展望. 工程地质学报, 25（2）：257-276.

黄润秋, 许强, 等. 2008. 中国典型灾难性滑坡. 北京：科学出版社.

李超岭, 李健强, 张宏春, 等. 2015. 智能地质调查大数据应用体系架构与关键技术. 地质通报, 34（7）：1288-1299.

李传新, 高志前. 2019. "地质工程伦理"课程设计的几点思考. 中国地质教育, 28（3）：64-67.

李正风, 丛杭青, 王前, 等. 2016. 工程伦理. 北京：清华大学出版社.

林健. 2016. 如何理解和解决复杂工程问题：基于《华盛顿协议》的界定和要求. 高等工程教育研究, （5）：17-26, 38.

刘传正, 温铭生, 刘艳辉. 2017. 汶川地震区地质灾害成生规律研究. 北京：地质出版社.

刘国昌. 1992. 刘国昌工程地质文集：祝贺刘国昌教授 80 寿辰. 西安：陕西科学技术出版社.

罗国煜. 2001. 论工程地质学基本理论. 江苏地质, 25（4）：196-199.

罗国煜, 李生林. 1990. 工程地质学基础. 南京：南京大学出版社.

罗国煜, 刘松玉, 杨卫东. 1992. 区域稳定性优势面分析理论与方法. 岩土工程学报, 14（6）: 10-18.

彭建兵, 等. 2012. 西安地裂缝灾害. 北京：科学出版社.

彭建兵, 兰恒星, 钱会, 等. 2020. 宜居黄河科学构想. 工程地质学报, 28（2）：189-201.

彭建兵, 卢全中, 黄强兵, 等. 2017. 汾渭盆地地裂缝灾害. 北京：科学出版社.

彭建兵, 毛彦龙, 范文, 等. 2001. 区域稳定动力学研究：黄河黑山峡大型水电工程例析. 北京：科学出版社.

彭建兵, 马润勇, 席先武, 等. 2006. 区域稳定动力学的应用实践研究. 北京：地质出版社.

彭建兵, 王启耀, 门玉明, 等. 2019. 黄土高原滑坡灾害. 北京：科学出版社.

施斌. 2005. 我国工程地质学发展战略的思考. 工程地质学报, 13（4）：433-436.

施斌. 2017. 论大地感知系统与大地感知工程. 工程地质学报, 25（3）：582-591.

施斌, 阎长虹. 2017. 工程地质学. 北京：科学出版社.

孙广忠. 1988. 岩体结构力学. 北京：科学出版社.

孙广忠. 1993. 论"岩体结构控制论". 工程地质学报,（1）：14-18.

唐辉明. 2015. 斜坡地质灾害预测与防治的工程地质研究. 北京：科学出版社.

唐辉明, 李长冬, 龚文平, 等. 2022. 滑坡演化的基本属性与研究途径. 地球科学, 47（12）：4596-4608.

王思敬. 1997. 略论工程地质学思维. 工程地质学报, 5（4）：289-291.

王思敬. 1999. 工程地质学的任务与未来. 工程地质学报, 7（3）：195-199.

王思敬. 2009. 论岩石的地质本质性及其岩石力学演绎. 岩石力学与工程学报, 28（3）：433-450.

王思敬. 2013. 工程地质学科的世纪演化与前景. 工程地质学报, 21（1）：1-5.

王思敬, 黄鼎成. 2004. 中国工程地质世纪成就. 北京：地质出版社.

吴冲龙, 刘刚, 张夏林, 等. 2016. 地质科学大数据及其利用的若干问题探讨. 科学通报, 61（16）：1797-1807.

伍法权. 2009. 谈工程地质的学科价值与学科发展. 工程地质学报, 17（2）：175-179.

伍法权, 沙鹏. 2019. 中国工程地质学科成就与新时期任务：2018年全国工程地质年会学术总结. 工程地质学报, 27（1）：184-194.

夏嵩, 王艺霖, 肖平, 等. 2020. 土木工程专业教育中工程伦理因素的融入："课程思政"的新形式. 高等工程教育研究,（1）：172-176.

许兵. 2003. "工程地质基本理论"座谈综述. 工程地质学报, 11（3）：334-336.

许强. 2012. 工程地质学科发展的新趋势：第九届全国工程地质大会学术总结. 工程地质学

报, 20（6）: 1087-1095.

殷跃平. 2008. 汶川八级地震地质灾害研究. 工程地质学报, 16（4）: 433-444.

余谋昌. 2002. 关于工程伦理的几个问题. 武汉科技大学学报（社会科学版）,（1）: 1-3, 7.

张勤, 白正伟, 黄观文, 等. 2022. GNSS 滑坡监测预警技术进展. 测绘学报, 51（10）: 1985-2000.

张勤, 黄观文, 杨成生. 2017. 地质灾害监测预警中的精密空间对地观测技术. 测绘学报, 46（10）: 1300-1307.

张咸恭, 王思敬, 张倬元, 等. 2000. 中国工程地质学. 北京: 科学出版社.

Andrew M, Brynjolfsson E, Davenport T H, et al. 2014. Big data: The management revolution. Harvard Business Review, 90(10): 60-68.

Gundersen L C. 2018. Scientific Integrity and Ethics in the Geosciences. Hoboken: John Wiley & Sons.

Hart J K, Martinez K. 2016. Environmental sensor networks: A revolution in the earth system science? Earth-Science Reviews, 78(3/4): 177-191.

Jane K, Harta K. 2016. Environmental sensor networks: A revolution in the earth system science? Earth-Science Reviews, 78(3-40): 177-191.

Kiersch G A. 2001. Development of engineering geology in western United States. Engineering Geology, 59: 1-49.

Reichstein M, Jung M, Carvalhais N, et al. 2019. Deep learning and process understanding for data-driven Earth system science. Nature, 566: 195-204.

Markus R, Gustau C, Bjorn S, et al. 2019. Deep learning and process understanding for data-driven Earth system science. Nature, 566: 195-204.

Martz H E, Logan C M, Schneberk D J, et al. 2013. X-ray Imaging: Fundamentals, Industrial Techniques, and Applications. Boca Raton: CRC Press.

Peppoloni S, Capua G D. 2015. Geoethics: The Role and Responsibility of Geoscientists. London: Geological Society.

Ramandi H L, Mostaghimi P, Armstrong R T. 2017. Digital rock analysis for accurate prediction of fractured media permeability. Journal of Hydrology, 554: 817-826.

Reid W V, Chen D, Goldfarb L, et al. 2010. Earth system science for global sustainability: Grand challenges. Science, 330: 916-917.

Vermeesch P, Garzanti E. 2015. Making geological sense of 'Big Data' in sedimentary provenance analysis. Chemical Geology, 409: 20-27.

Zoback M D. 2007. Reservoir Geomechanics. Cambridge: Cambridge University Press.

2021—2030 地球科学发展战略研究组. 2021. 2021—2030 地球科学发展战略: 宜居地球的过去、现在与未来. 北京: 科学出版社.

第四章
未来 10 年的发展方向

进入 21 世纪以来，受构造运动、环境污染、生态退化、气候变化等因素影响，以及大规模人类工程活动的强烈干扰，地球浅表层地质环境演化更加复杂、多变、异常，致使地质灾害风险陡增，人地矛盾日益突出，严重影响着人居安全和区域经济社会的可持续发展。就我国而言，"一带一路"倡议、京津冀协同发展、长江经济带发展、黄河流域生态保护和高质量发展、交通强国建设、"双碳"目标的深入推进，以及川藏交通廊道工程等重大工程的加快建设，一方面对全面推进人与自然和谐共生的宏伟目标提出了更高要求，另一方面也为新时代工程地质学科的发展带来了新的机遇与挑战。

面向新时代经济社会发展需求，进一步明确工程地质学科发展方向与发展目标，凝练工程地质学科前沿关键科学与技术问题，探索多元化的研究路径，创新工程地质理论和技术，拓展工程地质服务领域，从学科前沿、需求牵引、综合交叉与技术引领 4 个方面规划工程地质学科未来 10 年的发展方向，既是我国工程地质学科理论取得重大突破并引领国际工程地质学科发展的必经之路，也是实现人与自然和谐共生和社会经济可持续发展的迫切需求（图 4-1）。

分析工程地质学科发展形势，立足工程地质学科发展的新任务，深入开展工程地质学科基础理论研究和应用基础研究，实现原创性理论和方法突破，拟着重开展特殊岩土体灾变理论、岩土体界面灾变理论、滑坡成因与预报理论、多圈层互馈与地质安全及人类世与工程地质协调宜居理论等方面的学科前沿理论研究。

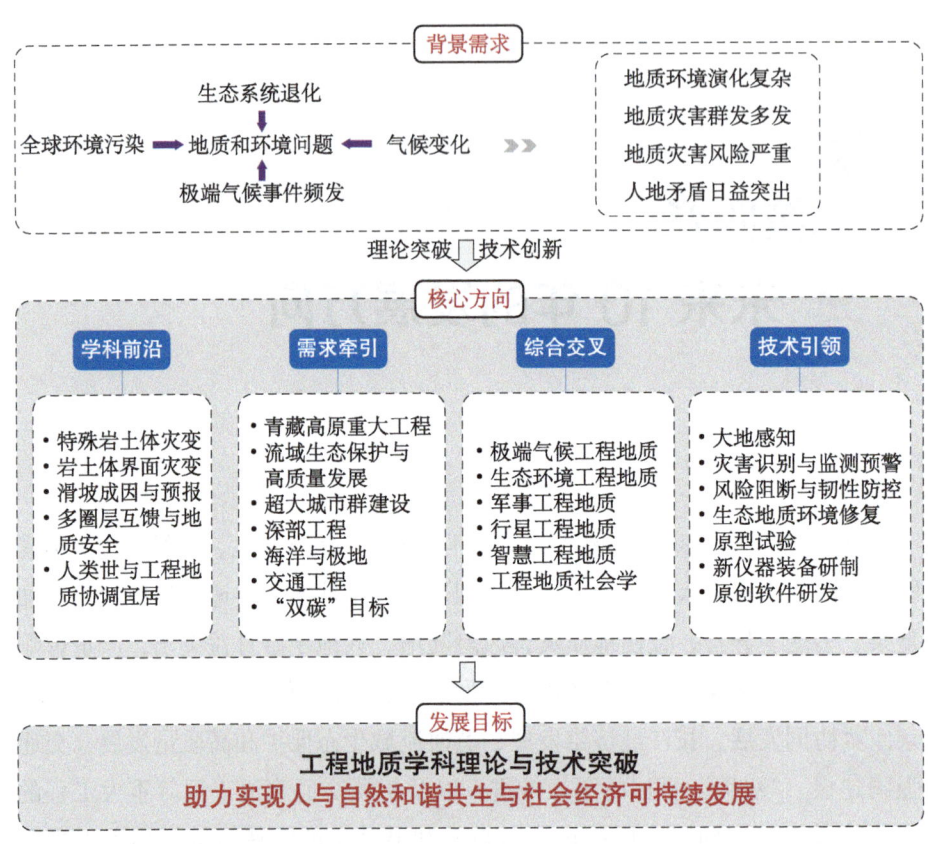

图 4-1　工程地质学科未来 10 年的主要发展方向

围绕国家重大战略和社会经济发展所面临的核心工程地质问题，提出相应的防控措施，是新时代工程地质科技工作者的重要使命。为此，拟重点关注青藏高原重大工程的地质风险、流域生态保护与高质量发展的地质问题、超大城市群建设的地质问题、深部工程地质问题、海洋与极地工程地质问题、交通工程地质问题及"双碳"目标工程地质问题。

在学科综合交叉方面，工程地质学科的未来发展主要体现在极端气候工程地质、生态环境工程地质、军事工程地质、行星工程地质、智慧工程地质及工程地质社会学等方面。拟通过学科交叉融合，揭示极端气候作用下地质体的灾变机制，建立风险管理模型；阐明人类工程活动与生态地质环境互馈机制；建立军事工程地质学评估理论与方法；研发行星原位勘探技术，查明行星工程地质条件；实现地质工程的智能感知、智能分析、智能模拟、智能建造和智能防灾,并形成一套完整的符合中国国情的灾害社会学理论框架体系。

面向目前防灾减灾及生态地质环境修复领域存在的"卡脖子"问题,聚焦大地感知、灾害识别与监测预警、风险阻断与韧性防控、生态地质环境修复,以及工程地质原型试验、新仪器装备研制、原创软件研发等领域,破解多维关键工程地质参数获取、灾害隐患智能识别、风险阻断、生态修复、灾害防控技术难题,构建复杂工程地质体原型试验技术方法体系及适用于工程地质多场耦合复杂问题和大数据分析的软件体系,全面提升我国重大地质灾害风险防控和地质环境保护关键技术的研发水平,为韧性社会建设提供地质安全保障。

第一节 学科前沿

工程地质学科研究地球浅表层与人类工程活动有关的地质问题,是地质学的主要分支,是地球科学的重要组成。在构造运动、气候变化和人类营力等内外动力作用下,浅表层地质环境演化更复杂、更多变、更异常,地质灾害群发多发更普遍,危害风险更严重。随着京津冀协同发展、长江经济带发展、黄河流域生态保护和高质量发展等一系列国家战略的推进,以及川藏交通廊道工程等重大工程的实施,人类工程活动对浅表层的改造日新月异,人地矛盾也日益尖锐。如何积极面对气候变化、人口增长、资源利用、工程活动对自然环境的影响与改造,有效解决人类工程活动与工程地质环境相互制约的问题,落实党的二十大对提高防灾减灾救灾和重大突发公共事件处置保障能力的要求,更好服务于生态文明建设和生态现代化,实现人与自然和谐共生下全社会更可持续的目标,成为工程地质学科发展的重要任务。

地球浅表层作为人类赖以生存的栖息地,提供了工程活动的发展空间。然而,人类赖以生存的地球浅表层是由岩石圈表层及与包围它的大气圈、水圈、生物圈组成的复杂动态体系。当今的人类工程活动强烈地开发着这一复杂巨型系统,其活动深入地渗透与交织到了各圈层的相互作用中,已是改造地球浅表层甚至超过自然营力的一种特殊营力。因而,人类工程活动的实施过程应以维系绿色友好的生态环境为基本前提,同时以营造健康安全的生存空间、提供舒适无忧的生活需求为主要目的，最终构建人类-自然-工程和谐共生的宜居地球。为了全面推进人与自然和谐共生的中国式现代化的宏伟目标，新时代工程地质学科正踏上新征程、面临新挑战、迎接新机遇。

因此，厘清工程地质学科新前沿，分析工程地质学科形势，确定工程地质学科新任务，对于促进新时期工程地质学科发展具有重要意义。本节将重点关注未来10年工程地质学科发展前沿，着重探讨特殊岩土体灾变理论、岩土体界面灾变理论、滑坡成因与预报理论、多圈层互馈与地质安全及人类世与工程地质协调宜居理论（图4-2）。聚焦工程地质学科发展前沿，系统凝练工程地质学科关键科学与技术难题，并精准锚定工程地质学科的研究方向与预期目标。这既是平安中国和美丽中国建设迈向更高水平的迫切需求，也是推动工程地质理论体系创新突破、引领国际工程地质科学发展的重要契机。

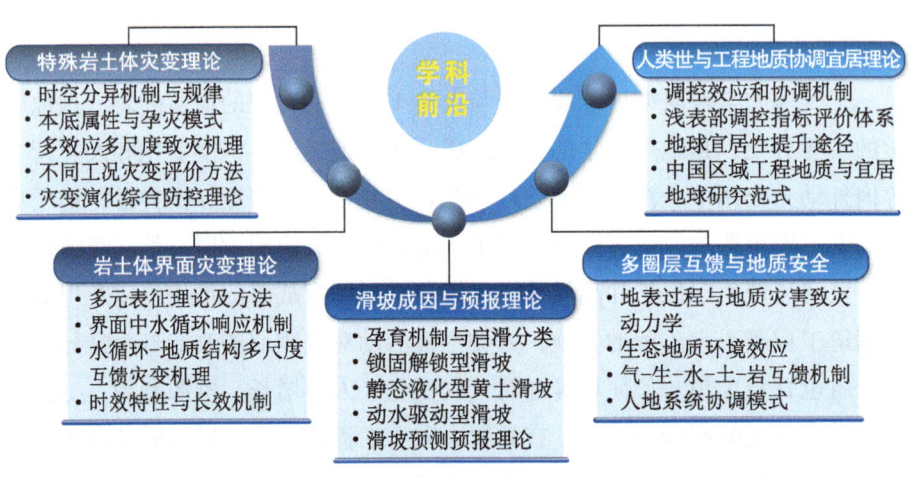

图 4-2　工程地质学科发展战略研究之学科前沿主要研究方向

一、特殊岩土体灾变理论

（一）背景与意义

工程地质体是工程活动与地质环境之间相互作用的主要对象。其中，特殊岩土体是长期备受关注的关键地质体，是国际上地质灾害防治相关计划的主要对象之一，也是我国《2021—2030地球科学发展战略：宜居地球的过去、现在与未来》中自然灾害机理及预测与预防、新构造地形急变带的重大工程、人地耦合与生态安全涉及的具体前沿焦点之一。因此，破解特殊岩土体灾变难题已成为地质灾害防治、工程安全保障、生态环境保护无法回避的科学途径，也是防灾减灾的迫切需要和关键所在。

所谓特殊性岩土是指在特定的赋存环境或人为条件下形成的具有特殊物质组成、特殊结构构造、特殊性质或特殊工程性能的岩土，在岩石圈表层分布广泛，是人类生产生活、工程建造、资源开采等常遇到的一类典型工程地质体，如黄土、红层、软土、膨胀土等。这些特殊岩土体因其在特定地质环境或人为条件下组构迥异而形成了敏感的物理化学力学性质，在灾害性天气、环境失衡和强人类活动等的作用下会发生强烈的以水-岩/土作用为核心的灾变，引发大规模、高强度的地质体突变，导致地基破坏、基础失稳、结构失效、生态环境失衡等重大灾害群发效应，高危风险长期隐伏（图4-3）。这些灾变风险与防控难题，成为国家重大战略具体实施的瓶颈，催生了灾变本底属性与孕灾模式、多效应多尺度致灾机理与灾变演化防控理论等若干前沿重大基础科学问题，而传统的地质体灾变理论和防控技术已经难以适应这种复杂条件下人地失调带来的重大科学技术挑战。如何突破特殊岩土体灾变理论和创新特殊岩土体灾变防控方法这一重大挑战的独特性，也决定了研究成果的原创性。因此，系统研究特殊岩土体灾变理论，构建新一代特殊岩土体灾变防控体系，不仅可以保障特殊岩土体地区人居安全、生态文明建设、社会经济可持续发展和国家重大战略的高效实施，而且将引领国际特殊岩土体防灾减灾研究，对经济社会可持续发展具有重要意义。

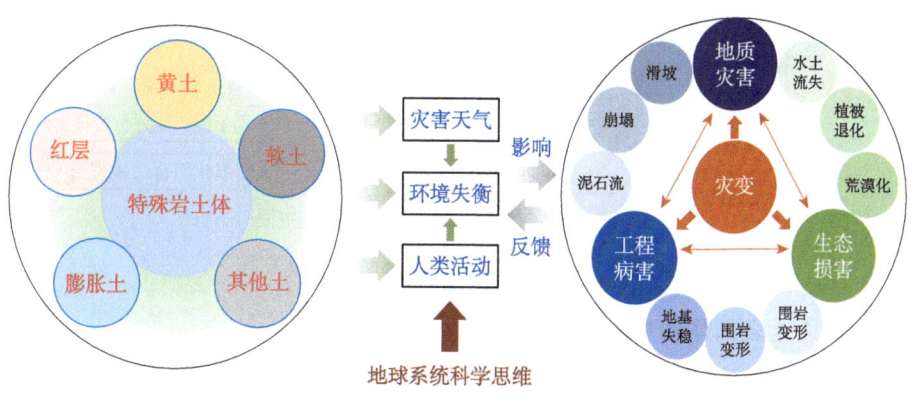

图 4-3 特殊岩土体与灾变效应基本关系图

(二) 关键科学与技术问题

1. 特殊岩土体分异机制及其孕灾模式

弄清特殊岩土体灾变根源必须首先弄清其形成的特殊条件和环境，也就是从大范围的地质环境时空分异、地层组合到具体薄弱岩土体等环境条件中，找到其孕灾基因、孕灾模式及其受时空控制的规律。

2. 特殊岩土体多效应多尺度致灾机理

厘清特殊岩土体如何灾变的细节是其防控的基础。灾变是其物理学、化学、力学等效应从微观-细观-宏观不同尺度演变的综合反映，这需要从多效应多尺度上系统揭示其灾变机理，阐明特殊岩土体致灾本质。

3. 特殊岩土体灾变评价与防控理论方法

灾变防控是特殊岩土体研究的落地目标。这需要在灾害性天气、不同工况等条件下对灾变风险进行量化评价，提出充分考虑其特性的预测预警方法，构建特殊岩土体灾变综合控制理论体系，实现灾害的科学防控。

(三) 研究方向

特殊岩土体灾变理论的关键科学技术问题与研究方向的关系如图 4-4 所示。

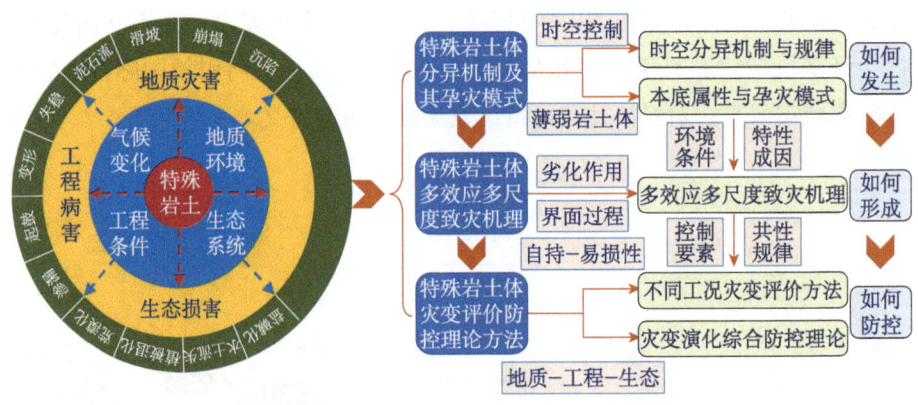

图 4-4 关键科学技术问题与研究方向关系

1. 特殊岩土体的时空分异机制与规律

此方向研究特殊岩土体建造改造过程与时空分布规律及其演化趋势，阐明不同特殊岩土体空间分布特征与受控制机制，揭示代表性特殊岩土体地质结构与灾变演化的关联；研究特殊岩土体赋存区域的典型应力场、渗流场等特征，研究灾害性天气等环境变化对上述特征的影响规律；提出特殊岩土体致灾地质分区方法，揭示特殊岩土体对人类工程活动的响应规律及其对工程安全的影响规律。

2. 特殊岩土体的本底属性与孕灾模式

此方向研究不同特殊岩土体组构规律与工程地质特性，阐明其工程适宜性；提取其易损性薄弱岩土体组合，研究薄弱岩土体的矿物学、物理学、力学、化学属性，揭示流固热化等多场作用下薄弱岩土体的演化规律及其控制机制，阐明其对特殊岩土体水理致灾的控制作用与机理；研究特殊岩土体水理致灾与灾害类型的内在关联，阐明其孕灾模式，建立易损性特殊岩土体结构分级指标体系与辨识方法。

3. 特殊岩土体多效应多尺度致灾机理

此方向研究特殊岩土体在水理作用等条件下其物质结构变化规律与关键控制结构要素，阐明薄弱岩土体劣化过程多效应与灾变临界条件；建立不同工况作用下劣化模型与临界判据，提出灾变判识方法；研究劣化过程中跨尺度多效应规律与界面过程，揭示关键组构对劣化过程的影响机制；建立多尺度多过程耦合作用模型，提出跨尺度多效应判据，揭示薄弱岩土体多尺度多效应致灾机理。

4. 特殊岩土体不同工况灾变评价方法

此方向研究加卸载不同工况中特殊岩土体自持-易损性多尺度演化规律与动态平衡关系，揭示其自持-易损性演化机理；研究灾害性天气、不同工况特殊岩土体灾变全过程时空特性与可视化多尺度重构方法及其精细模拟计算方法，提出不同工况特殊岩土体自持-易损性评价方法；研究动态环境中特殊岩土体动力响应规律，揭示动态环境中岩土体-结构互馈机制，建立不同工况下灾变临界判据。

5. 特殊岩土体灾变演化综合防控理论

此方向研究特殊岩土体灾变非冗余监测技术，提出隐患早期诊断与临界状态辨识方法；研究复杂赋存环境中特殊岩土体灾变演化过程中关键控制参数的非线性演化轨迹，提出灾变演进的综合控制变量，建立特殊岩土体性能演化模型与预测预警理论；研究不同工况特殊岩土体灾变防控原理，提出灾变韧性防控方法，发展生态修复技术，建立基于地质-工程-生态平衡的特殊岩土体灾变综合防控体系。

（四）预期目标

面向特殊岩土体灾变的成因与防治的国际科学前沿和国家重大需求，形成具有国际领先水平的科学研究中心与人才培养基地，在特殊岩土体灾变研究基础前沿方面取得重要理论突破（图 4-5），实现以下具体目标：①揭示特殊岩土体时空分异机制及其孕灾模式；②揭示特殊岩土体多效应多尺度致灾机理；③建立特殊岩土体灾变演化评价与防控理论方法。

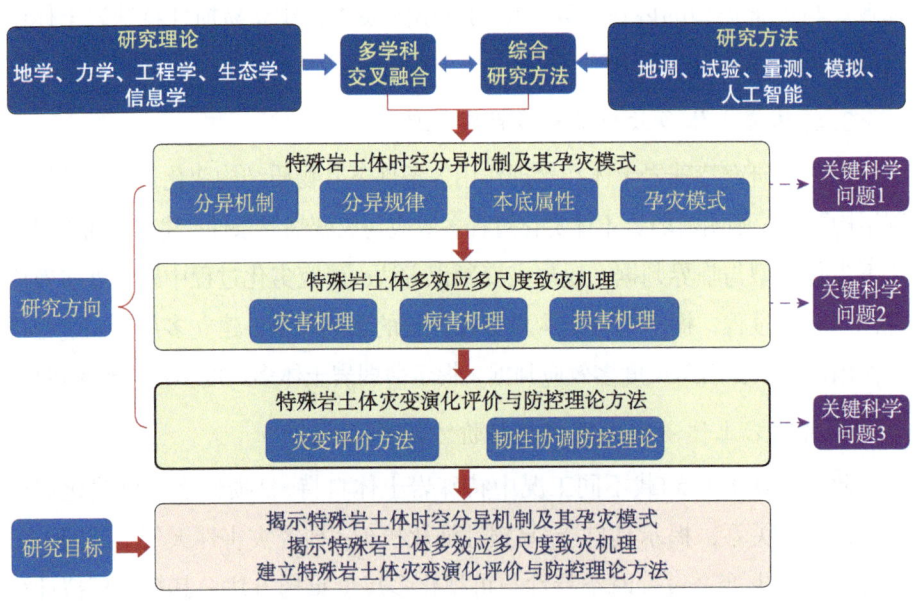

图 4-5　特殊岩土体灾变理论研究框架

上述突破将为特殊岩土体防灾减灾与生态环境保护提供科技支撑，为特殊岩土体地区国家重大战略的高效实施提供重要科技保障。

二、岩土体界面灾变理论

（一）背景与意义

岩土体界面是天然地层中两种或多种介质间的接触面，以及对三相介质迁移、物态变化和岩土体稳定性起控制作用的转换面（朱鸿鹄，2023），如节理面、断层面、入渗锋面、滑移面等。它们随机分布、形态各异，可大致分为物质界面、状态界面和运动界面三类（图4-6）。这些界面在地质灾害的孕育、发展和发生过程中具有控制性作用，主要表现如下：①界面的存在极大破坏了岩土体的整体性、结构性，以及降低了其强度；②岩土体界面为雨水下渗及水分蒸发提供了优势通道，促使地质体在降雨、地表径流、表水入渗、地下水循环等水动力因素的驱动下形成各类地质灾害。目前，国内外研究者已普遍认识到，厘清岩土体的界面强度特征是研究岩土体本体性质及相关岩土工程问题的基础工作之一。在极端降雨条件下，岩土体地下水补给量急剧增加，水循环过程出现强烈的非正常响应，导致岩土材料劣化，并对其孕灾环境产生深远的影响，从而深刻改变了水致灾害的形成机制和演化规律。

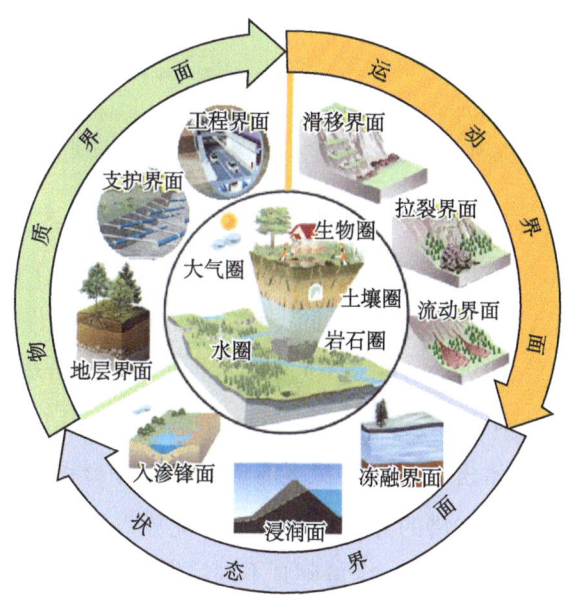

图 4-6 岩土体界面示意图
（朱鸿鹄，2023）

从当前的研究现状来看，岩土体界面特征及其灾变理论仍是工程地质研究的薄弱环节，界面的多元表征、尺度效应和时间效应始终是岩土体界面灾变研究的核心难题（黄润秋等，2017；彭建兵等，2019b）。此外，极端气候和水循环耦合作用下的界面灾变力学机制尚未完全阐明，因此在岩土体界面灾变机理与防控研究方面亟须取得理论突破和技术创新。

（二）关键科学与技术问题

有关岩土界面灾变理论研究的关键科学与技术问题如图 4-7 所示。

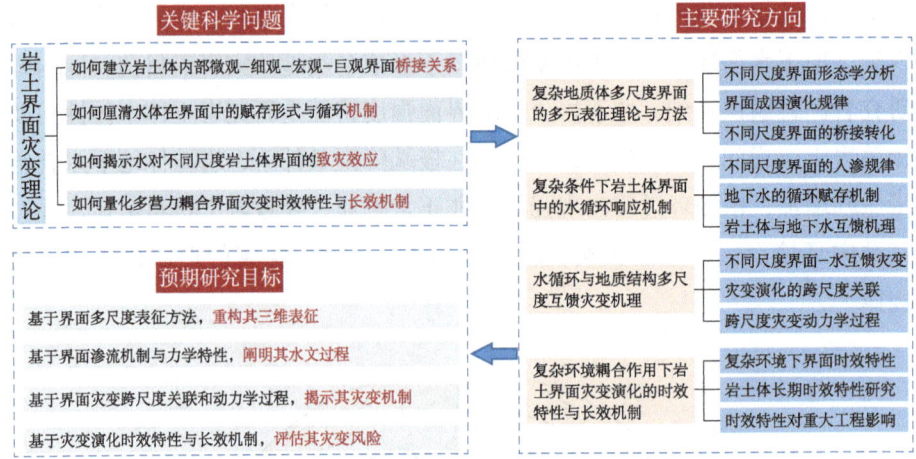

图 4-7 岩土界面灾变理论关键科学问题、研究方向与研究目标关系图

1. 岩土体内部微观-细观-宏观-巨观界面的桥接关系

岩土体内部存在着不同尺度（微观-细观-宏观-巨观）的界面。大量野外调查和监测表明，岩土体内部不同类型的界面在特定条件和环境下可以相互转化（罗国煜等，1992）。建立不同类型界面的转换与桥接关系是岩土界面灾变理论研究的基础。

2. 水体在岩土体宏观-细观-微观界面中的赋存形式循环机制

岩土体内部纵横交错的界面体系为水分优势入渗提供了良好的介质条件，极易形成优先流。因此，定量刻画不同尺度的岩土体水文过程，准确捕捉岩土体内部应力场变化和评价工程稳定性，是岩土体界面灾变研究的重要突破口。

3. 水对不同尺度岩土体界面的致灾效应

水动力的物理学、化学作用显著影响岩土界面微观结构和宏观力学行为，进而引起灾害系统中孕灾环境、致灾因子和承灾体的改变。从界面多尺度角度研究水动力对灾害链的作用规律和相互调控机制，有助于深化灾害发育特征、形成机制和影响程度等理论研究，形成多尺度孕灾和调控机制的理论框架。

4.多营力耦合作用下岩土体界面灾变的时效特性与长效机制

岩土体界面行为的时间效应与其长期稳定性和安全性密切相关。天然岩土体处于缓慢的非平衡演化过程，多营力（地震、气候、人类活动）耦合驱动将导致界面出现时效灾变。研究岩土体界面的时间效应，从多时间尺度揭示其灾变机制，是岩土体界面灾变研究的重要方向。

（三）研究方向

1.复杂界面多元表征理论及方法

目前对岩土体界面的表征主要从产状、规模、隙宽、吻合度和表面粗糙程度等方面着手（黄曼等，2020），缺乏对应力、应变、位移、水分、压力和温度等多元信息的定量刻画手段（何满潮，2016；Ye et al.，2022；朱鸿鹄，2023），已有的表征理论与方法亦难以准确描述原位岩土体工程界面的多尺度特征（Goodman et al.，1968；Desai et al.，1984）。因此，亟须引入先进的光电感测技术，实现对界面多元信息的精准、实时、全面获取，并在此基础上建立多尺度岩土体界面表征理论和方法。

2.复杂条件下岩土体界面中的水循环响应机制

多尺度界面为地表水入渗及地下水运移提供了快速通道，而复杂条件（包括重大工程建设和极端气候）必将显著改变岩土体的水循环响应机制。宏观的优势通道是边坡地表水入渗的主要路径，这使得地表水能下渗至一定的深度，从而影响边坡的稳定性；岩土体中的节理裂隙作为细观界面的代表，深刻影响着岩土体的渗透特性，并进一步影响其强度（Tang et al.，2019；彭建兵，2019a）；微观界面对岩土体内部的水分迁移及溶质的运移也具有重要影响。岩土体中多尺度的优势入渗机制为不同尺度的岩土界面灾变提供了水动力条件。

3.水循环与地质结构多尺度互馈灾变机理

研究水循环和地质结构的灾害孕育的协同控制规律；提出多尺度的水循

环和地质结构的相互作用机理和定量评价方法；建立安全、高效和微改造的岩土材料水循环调控理论，形成优化和干预水循环与地质结构相互作用的技术方法体系。基于上述研究成果，创新遏制水循环作用下岩土材料劣化效应的理论和技术体系，探索水动力作用下岩土体界面灾变成因与防控机制的技术创新与理论突破（Lu and Godt，2013）。

4. 岩土体界面灾变的时效特性与长效机制

从岩土界面的多尺度特征入手，研究岩土界面灾变演化的跨尺度关联和动力学过程；探索复杂环境（高地应力、高渗透水压、高地震烈度、高地温、高环境梯度、反复冻融等）耦合扰动下岩土界面的时效特性和长效机制（Vardoulakis，2000；Scaringi et al.，2018）；在此基础上，基于地质结构与水循环模式，建立岩土体界面灾变力学模型，深刻揭示地质结构与水循环模式共同作用下岩土体介质灾变力学响应机制。

（四）预期目标

岩土体界面灾变过程是一个多尺度、多营力耦合作用的复杂过程。在今后的研究中，其研究内容将逐渐由孤立向互馈转变，研究方法逐渐由单一向多元转变，研究体系逐渐由封闭向开放转变，研究结论逐渐由定性向定量转变。最终，通过系统性的研究与探索，实现以下4个目标。

1. 基于界面多尺度表征方法，重构其三维表征

提出复杂地质体多尺度界面的多元表征技术与方法，重构岩土体界面的三维结构特征，建立岩土体内部微观-细观-宏观-巨观界面的桥接关系。

2. 基于界面渗流机制与力学特性，阐明其水文过程

厘清水体在岩土体微观-细观-宏观-巨观界面中的赋存形式与循环机制，阐明界面条件下的地下水循环响应机制及岩土体-水互馈机理。

3. 基于界面改变跨尺度关联和动力学过程，揭示其灾变机制

揭示水动力对不同尺度岩土体界面的致灾效应，阐明水循环与地质结构多尺度互馈交变机理，揭示界面灾变演化的跨尺度关联与动力学过程。

4. 基于灾变演化时效特性与长效机理，评估其灾变风险

量化多场耦合作用下岩土体界面灾变演化的时效特性与长效机理，评

估界面灾变对重大工程的风险，提出相应的风险评估与灾害防治技术体系基础。

三、滑坡成因与预报理论

（一）背景与意义

滑坡预测预报理论是工程地质和地质灾害防灾减灾核心研究内容之一，是国内外学者公认的世界级难题。科学认识滑坡演化过程与其物理力学机制，是实现滑坡预测预报的关键。国家一系列重大战略和重大工程的实施为社会经济提供了新的发展机遇，同时伴随出现了前所未有的滑坡地质灾害威胁（王思敬和王效宁，1989；彭建兵等，2014；唐辉明，2015）。如何科学地应对滑坡地质灾害带来的挑战、破解滑坡预测预报难题已迫在眉睫，同时这也是国家重大战略实施的重要保障。

尽管国内外学者在滑坡预测预报模型与预报判据方面取得了一些成果（Saito，1965；晏同珍，1985；吴益平和唐辉明，2001；秦四清，2005；许强等，2008），但这些判据存在不充分、不系统等问题。由于滑坡地质体及其演化过程的复杂性，滑坡预测预报核心科学难题迄今仍未破解，诸如地质体易滑机制不明、启动机制不清、过程再现困难等，现有的预测预报模型适用性差、预测预报成功率低。滑坡演化过程具有阶段性、非线性和模式多样性特征，滑坡预测预报的前提是有效实现复杂因素作用下滑坡孕灾模式的确定、物理力学机制的阐明和演化全过程的情景展现。构建基于地质演化和物理力学机制的预测模型是重大滑坡预测预报理论突破的关键（唐辉明等，2022）。

综上所述，滑坡预测预报是维系社会经济可持续发展、筑牢防灾减灾体系、保障重大工程建设安全的迫切战略需求。现有研究表明，基础理论发展滞后已成为制约滑坡预测预报精度跃升的关键瓶颈，其突破将直接决定从灾后应对向灾前防控的范式转变进程。

（二）主要科学与技术问题

1. 滑坡地质体孕灾因素与滑坡启滑的关联机制

滑坡地质环境和内外动力因素不仅决定了滑坡演化过程及孕育时空特

征，而且与滑坡的启滑机制密切相关。因此，滑坡地质体物质组成、地质结构、主控因素与滑坡启滑的关联机制是研究重大滑坡孕育模式与预测预报的关键问题。亟须研究滑坡物质组成及其空间分布、不同地貌过程对滑坡演化的影响，建立物质组成及其表生变化过程、地貌改造过程等因素与滑坡时空分布之间的关系，揭示主控因素与滑坡启滑的关联机制，从而提出科学合理的滑坡启滑分类，为滑坡精准预测预报提供坚实的地质基础。

2. 不同主控因素条件下重大滑坡启滑的物理力学机制

重大滑坡演化过程受不同地质过程和主控因素控制。对主控因素作用下滑坡演化过程与机理的深入研究是解决重大滑坡演化过程与预测预报问题的关键理论支撑。如何基于滑坡物理力学过程构建启动力学模型是重大滑坡物理预测预报的关键。亟须研究降雨、灌溉、库水位波动等因素作用下的多场信息动态变化特征，建立多场多尺度非线性模型，揭示复杂环境下滑坡变形破坏的物理过程。该关键科学问题的解决将为滑坡物理过程预测预报研究提供滑坡演化动力学依据。

3. 基于演化过程和物理力学机制的滑坡预测预报理论

滑坡具有非线性和多变量耦合等复杂特性。当前，滑坡预测主要基于现象预测、经验预测与统计预测，与演化过程和物理机制脱节，遭遇了巨大的理论和技术瓶颈。亟须建立滑坡演化全过程物理力学模型与相应的数值预报模式，建立基于滑坡启滑机制的预测预报判据，构建集演化阶段预测模型、地质判据、启滑判据、阈值体系和数值预报模式于一体的重大滑坡预测预报理论，实现基于演化过程和物理力学机制的重大滑坡预测预报（图 4-8）。

（三）主要研究方向

1. 重大滑坡孕育机理与启滑分类

针对重大滑坡孕育机理与启滑分类基本科学问题，从滑坡地质体物质组成、地质结构、地下水作用入手，揭示重大滑坡地质体物质致滑、结构控滑与地下水孕滑机理和滑坡孕育过程控制性因素-滑带孕育演化机制。基于滑坡孕育模式、滑带演化机制、启滑主控因素，提出启滑分类标准并开展滑坡启滑分类。

第四章 未来10年的发展方向

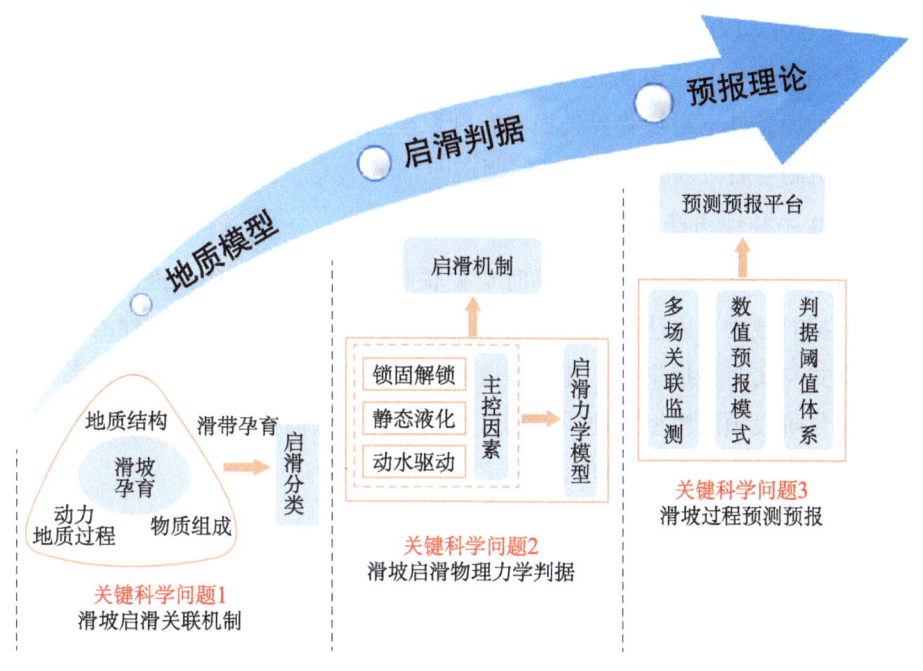

图 4-8 滑坡成因与预报理论关键科学问题关系图

2. 锁固解锁型滑坡启滑机制与判据

以典型锁固解锁型滑坡案例为研究对象，剖析该类滑坡锁固段的结构、赋存形式和分布，揭示易赋存锁固段的滑坡结构特征。建立锁固解锁型滑坡判识模型，刻画多尺度结构锁固段损伤，揭示该类滑坡启滑机制，提出滑坡启滑判据，为解决锁固解锁型滑坡预测预报问题提供地质基础、力学基础和物理依据。

3. 静态液化型黄土滑坡启滑机制与判据

从水-土相互作用耦合机理出发，开展水作用下结构控滑、水入渗、层带软化、水压驱动变形、静态液化启滑研究。阐明黄土静态液化失稳过程中的结构控滑、水入渗、渗透潜蚀与土体特征的互馈效应，揭示层带软化机制与水压驱动变形机制，突破水作用下黄土静态液化机制与启滑机理，构建基于物理力学机理的静态液化型黄土滑坡启滑判据。

4. 动水驱动型滑坡启滑机制与判据

以堆积层滑坡和含软弱夹层的潜在顺层岩质滑坡为主要研究对象，研究降雨-库水水动力条件下滑坡渗流关键特征参量时空演化规律，厘清滑（软弱）带结构演变与强度劣化机理。揭示滑坡动水响应规律与启动力学机制，构建水动力条件下滑坡临界失稳状态判识模型与启滑判据，解决重大滑坡动水响应机制与启滑判据关键基础问题。

5. 基于物理力学过程的滑坡预测预报理论

构建滑坡预测预报立体多场时空关联监测技术方法体系；提出滑坡多源监测数据时域融合方法。建立滑坡演化全过程物理力学模型，创建滑坡数值预报模式与实时预报平台。建立滑坡演化阶段预测模型与预报判据体系，构建集演化阶段预测模型、地质判据、启滑判据、阈值体系和数值预报模式于一体的重大滑坡预测预报理论。

（四）预期目标

面向滑坡预测预报国际科学前沿和国家防灾减灾重大需求，系统开展滑坡预测预报的基础研究，在重大滑坡预测预报理论方面取得重要理论突破（图4-9），实现以下具体目标。

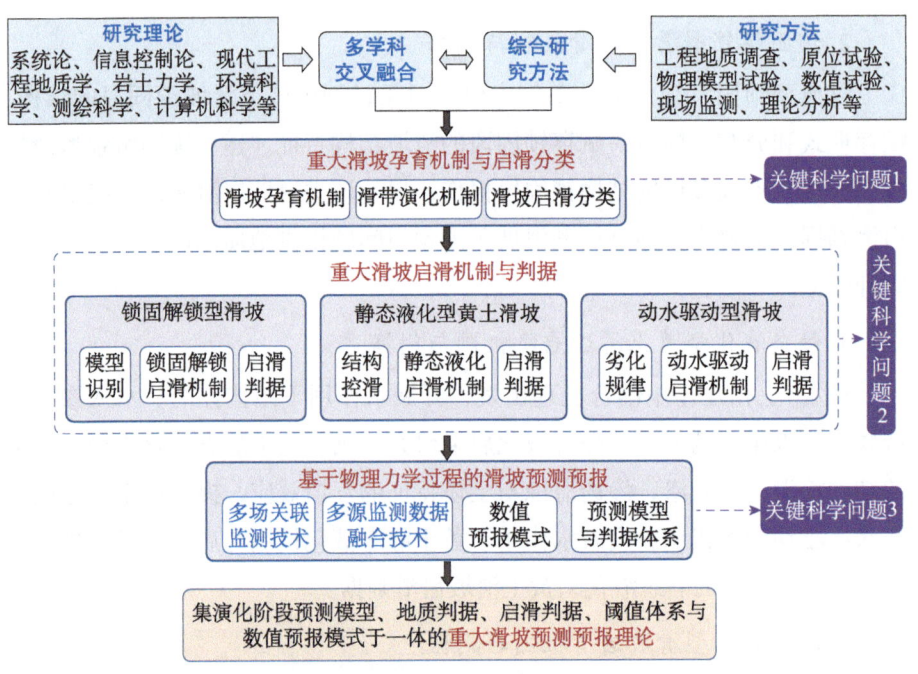

图 4-9　滑坡成因与预报理论研究内容和预期目标

（1）构建基于锁固解锁、静态液化和动水驱动启滑机制的滑坡预测预报判据，建立基于演化过程和物理力学机制的滑坡预测预报理论。

（2）创建滑坡演化多场多传感器监测体系，实现滑坡多场特征参量时间和空间维度的关联监测，构建基于多场耦合机制的滑坡演化阶段判识方法体系，创立与滑坡演化模式、演化阶段相对应的滑坡过程预测判据，实现基于演化过程和物理力学机制的重大滑坡预测预报。

（3）建立切实可行的滑坡灾害预报判据和科学支撑服务体系，保障社会可持续发展和国家战略的安全有效实施，从而更好服务国家防灾减灾重大需求。

四、多圈层互馈与地质安全

（一）背景与意义

地球是一个由内部圈层（地壳、地幔、地核）和外部圈层（大气圈、水圈、岩石圈、生物圈）共同构成的多圈层动力系统，地球多圈层互馈是涉及综合系统性研究的重大科学问题，已经成为学术界关注的前沿焦点和热点（Buytaert et al.，2014；Verburg et al.，2015）。2004年，王思敬先生提出"地圈动力学"，指出地圈系统的相互作用和动力过程直接决定着人类生存和活动所依赖的环境、所承受的灾害及工程建设的问题和条件，地圈动力学研究应是工程地质作用评价、过程预测的基础。早在2009年，国际上已推出"未来地球"计划（Reid et al.，2010），旨在推动理解生物圈、岩石圈、大气圈、水圈与社会系统复杂的内在联系，认识全球变化对地表动力学过程、生态地质环境及其区域灾害效应的影响规律及反馈机制，探寻减缓、适应和可持续发展的科学途径。

随着全球变暖、极端气候增多和人类工程活动加剧，高海拔地区冰川消融、陆地生态环境退化，加剧了地球各圈层之间的相互作用，导致地表动力学过程复杂化，并诱发一系列区域灾害效应，如区域大气污染、区域地质灾害、区域生态安全等，对重大工程建设与人居安全构成严重威胁（王思敬，1997；彭建兵等，2004）。然而，我国基于多圈层互馈和人地协调理念的地质安全风险防控研究尚处于起步阶段，对地壳运动-构造隆升、河流下切、气候变化、人类工程活动等多动力耦合作用下灾害链生与致灾机理尚无明确的系统科学认知。因此，科学应对多圈层互馈作用下地表动力学过程和生态地质环境改变及区域灾害带来的地质安全挑战，保证人居环境与工程活动免受各种地质作用的威胁迫在眉睫（彭建兵和兰恒星，2022）。

综上所述，科学认识多圈层互馈机理是保障国家重大工程地质安全、国土空间地质安全、生态文明地质安全、城市建设地质安全和资源开发地质安全的迫切战略需求，亟须以地球系统科学思维为指导，开展多圈层互馈、多动力耦合作用下地表动力学过程、生态地质环境效应及区域地质灾害效应研究（图4-10）。这不仅是国际地球科学界关注与研究的前沿热点科学问题，亦对保障全球经济建设与社会可持续发展具有重大的理论与指导意义。

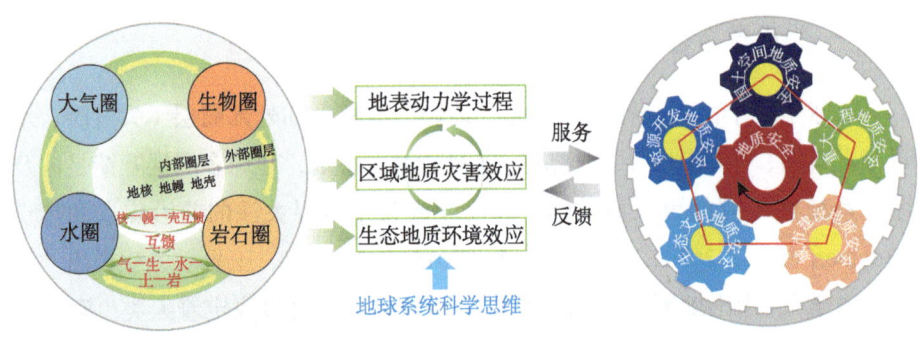

图 4-10 多圈层互馈与地质安全基本关系图
（彭建兵和兰恒星，2022，有修改）

（二）关键科学与技术问题

1. 多圈层互馈作用下区域地质灾害致灾动力学

地球多圈层互馈决定着地表动力学过程，控制着区域地质灾害的形成与演化，是导致特大地质灾害（链）致灾机理不明、成灾模式复杂的重要原因，是复合链生灾害风险防控面临的挑战性难题，严重威胁着区域地质安全，亟须揭示多圈层互馈作用下不同层次、不同时空尺度地表动力过程发生机理和区域地质灾害致灾动力学机制。

2. 多圈层互馈、多动力耦合作用下生态地质环境响应与演化机制

气候变化、构造运动、人类活动等对生态地质安全产生了一系列重大地

质安全风险，影响着宜居地球的构建，因此，亟须开展生态环境系统、地质环境系统与灾害环境系统之间的动态平衡机制与模式、互馈关系与递进演化过程研究，揭示多圈层互馈、多动力耦合作用下生态地质环境响应与演化机制。

3. 多动力耦合作用下气-生-水-土-岩互馈机制与人地系统协调模式

人地系统是一个气-生-水-土-岩各要素相互影响的复杂动态系统，不同动力作用下各要素之间的响应关系控制着大区域范围、长流域跨度、多时间序列的重大地质灾害触发模式与致灾放大效应，因此，亟须揭示多动力作用下气-生-水-土-岩各要素互馈机制及其与地质环境灾变的内在联系，助力人地系统协调发展。

（三）主要研究方向

1. 多圈层互馈作用下地表过程与地质灾害致灾动力学

以多圈层互馈机制为主线，以地球浅表部造山带、盆岭构造和盆地构造为研究对象，研究其几何学、运动学和动力学过程，厘清区域稳定性分区分带特征，揭示地壳深部壳幔结构及其动力过程和浅部壳内运动对区域稳定性的影响机制；研究构造-地表-气候多动力耦合作用下区域地质灾害的发育规律与成因机理，揭示区域地质灾害链的链生过程与衔环机制，以及特大地质灾害链孕灾与成灾动力衍生机制，构建区域地质灾害结构与地质安全的相关关系。

2. 构造隆升-气候变化-地质灾害叠加下的生态地质环境效应

聚焦青藏高原构造隆升对生态地质环境的影响，研究多圈层互馈下青藏高原隆升机制，厘清青藏高原构造隆升下区域地形地貌、构造应力场、全球气候等的演化规律；研究青藏高原及其周缘盆山地区重大地震地质灾害及特大滑坡、泥石流等重大地质灾害的时空分布特征，阐明青藏高原构造隆升、气候变化、地质灾害叠加作用下生态地质环境响应规律，揭示青藏高原构造隆升过程中生态环境系统、地质环境系统与灾害环境系统之间的动态平衡机制与模式、互馈关系与递进演化过程。

3. 多动力耦合作用下的气-生-水-土-岩互馈机制

聚焦气-生-水-土-岩相互作用下黄河流域和长江流域的演化，研究河流溯源侵蚀与演化过程及其灾害效应,揭示大江大河沿岸地质灾害分布规律及演化机理;基于长时序水-河-湖演化过程与机制和多过程动力演化与互馈机制,厘清重大地质灾害的发生和链生演化规律,揭示不同动力耦合下跨时间与空间尺度下重大地质灾害触发模式与致灾放大效应;研究多动力、长时序作用下生态地质环境的破坏与修复过程,揭示多动力耦合下气-生-水-土-岩多圈层互馈机制及生态损害效应。

4. 多圈层耦合下人地系统协调模式

研究重大工程活动对气-生-水-土-岩多圈层的作用与互馈效应,分析资源开采、水电工程建设、城镇化建设及"一带一路"重大交通工程等人类工程活动改造地表其他圈层的正负效应,揭示多圈层多动力耦合作用下人地互馈机制,构建重大工程灾害风险评估及防控理论与技术体系;研究时空演化背景下区域人口分布、城市化、环境污染中自然过程和人文过程的相互作用机制,构建人地互馈数学模型,判识人地协调系统关键指标,探索人地系统协调发展模式。

(四)预期目标

瞄准多圈层互馈作用下地质地表过程、生态地质环境及人地系统协调模式研究前沿,以青藏高原构造隆升、气候变化和人类工程活动等多圈层、多动力耦合作用下地质灾害动力学机制,气-生-水-土-岩多要素互馈机制及致灾机理为研究重点,预期达到以下目标。

(1)揭示多圈层互馈与多动力耦合作用下区域地质灾害链的链生过程与衔环机制,以及特大地质灾害链孕灾与成灾动力衍生机制,服务地质安全。

(2)揭示青藏高原构造隆升、气候变化、地质灾害叠加下生态地质环境响应机制,以及生态环境系统、地质环境系统与灾害环境系统之间的动态平衡机制与模式、互馈关系与递进演化过程。

(3)建立多圈层多动力耦合作用下气-生-水-土-岩多要素互馈关系定量模型,提出基于地质安全的人地系统协调发展模式,形成地球多圈层互馈作用下的地质灾害防控理论与技术体系。

多圈层互馈与地质安全研究方向、关键科学问题及目标如图 4-11 所示。

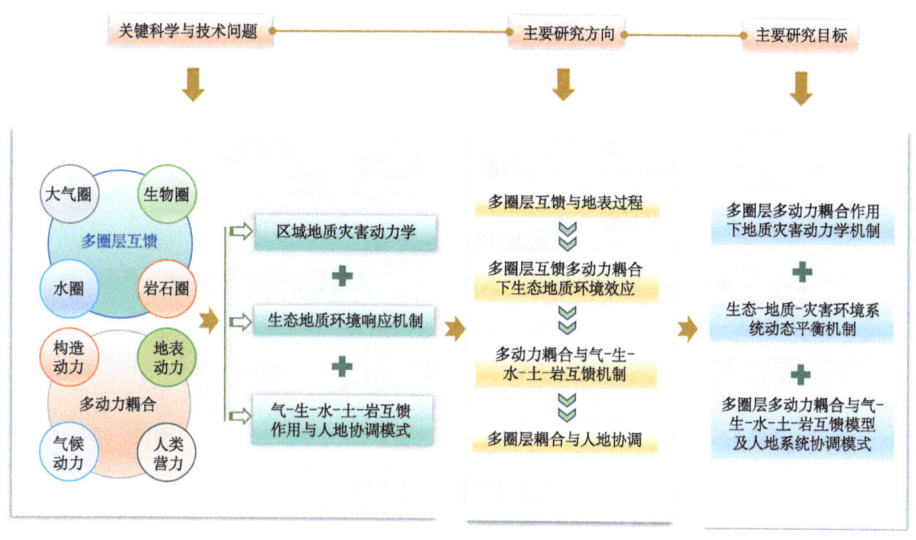

图 4-11　多圈层互馈与地质安全研究内容与目标

五、人类世与工程地质协调宜居理论

（一）背景与意义

地球是一个由人与自然及其相互作用组成的复杂人地耦合系统。地球进入人类世，意味着人类已成为地球系统演变的重要驱动力。地球浅表部作为人类赖以生存的栖息空间，为人类工程活动提供发展空间，成为工程地质学科重要的研究空间。因此，以理解人地耦合涌现系统机制、调控指标评价体系、宜居地球提升途径为目标开展相关研究，对最终构建人类-自然-工程的和谐共生地球具有深远意义。

在人类世，工程活动强烈地开发、改造着地球浅表部这一复杂动力系统，其对地球浅表部的影响深入地渗透与交织到了各圈层的相互作用中，工程活动已成为改造地球浅表部的一种特殊营力。同时，人类-自然-工程作为调控宜居地球浅表部的共生系统，理解它们的耦合过程是深入认识宜居地球浅表部调控机制的关键，是实现提升地球宜居性的前提（图4-12）。然而，对人类工程活动与多圈层相互作用的耦合运行模式及其长期效应尚缺少系统认识和全面评价。因此，构建人类世与工程地质协调宜居理论，将是国内外工程地质尚未涉足的新方向，也将催生多学科交叉研究的新领域。

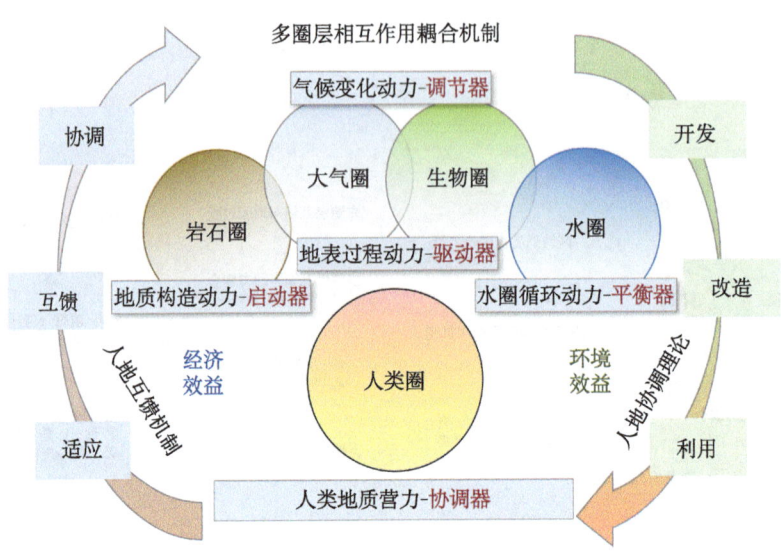

图 4-12 人类世与工程地质协调宜居理论体系

（二）主要科学与技术问题

1. 人类世工程活动与多圈层相互作用的耦合模式

人类工程活动是人类世中独有的地球营力，在地球浅表部形成了最具变化和独具特色的人类圈。研究人类工程活动作为一种特殊地球营力在地球浅表部宜居性中的调控作用、耦合机制、运行模式，阐明人类工程活动在改造地球浅表部过程中与其他圈层物质与能量的传输路径、交换模式、交互过程，揭示人类工程活动对自然环境演化的影响机制，是认识人类世中工程活动与多圈层耦合互馈下人地协调机制的关键。

2. 人类-自然-工程共塑宜居地球的指标评价体系

人类工程活动是人类世中宜居地球建设重要的一环，不同于自然系统的结构与功能，然而人类生存又与自然环境紧密相连。这就亟须将工程活动充分植入人类的社会系统与地球的自然系统中，充分考虑工程活动对人类生存与自然环境的改造与调控，梳理人类工程活动与自然环境相互依存联系的指标体系，构建人类工程活动对自然环境影响的评价体系，获取人类工程活动对自然环境扰动的阈值，为实现人类-自然-工程的和谐共生提供重要的科学参考。

3. 人类工程活动影响下宜居地球人地耦合机制

人类工程活动是人类世中最具可调控、可适应、可变化的力量。分析人类工程活动对人类生存和自然环境的影响，构建人类世中国区域工程地质活动的原点及时空演进规律，预测人类工程活动作用下生态地质环境的演化趋势，重点分析超大型组合工程对地球浅表部系统影响与演化趋向，形成人类工程活动影响下宜居地球人地耦合研究的新理论与新方法，为人类赖以生存的空间安全和宜居地球提供长效的决策服务。

（三）研究方向

1. 揭示人类工程活动对自然环境影响的调控效应和协调机制

以地球系统科学理论为指导，分析人类工程活动加剧自然环境复杂性和变异性影响的调控效应，厘清人类工程活动次生演化过程对生态地质环境叠加影响的链生效应，分析生态地质环境对人类工程活动响应的特点、规律、作用，揭示人类工程活动与多圈层耦合互馈下人地协调机制，促进人类工程活动与自然环境的和谐。

2. 构建人类工程活动对宜居地球浅表部调控指标评价体系

以智慧数字地球为目标，构建全球人类工程活动与人类和自然环境耦合关系的大数据库，利用人工智能技术从经验中学习，高效挖掘不同人类工程活动对浅表部地球影响和改善的调控机制；针对我国近年来人类工程活动的新特点，加快各类工程信息的规范化、标准化、存储化的建设，以满足未来人类工程活动对宜居地球调控信息化、数字化、智能化的需求，形成多指标、多尺度、多层次的动态非线性评价体系，从而提高人类工程时空发展的有效性、适应性、安全性，认识人类工程活动调控自然环境的韧性，推动顺应自然法则的管理体系和方针政策。

3. 建立人类工程活动对地球宜居性的提升途径

发展人类-自然-工程共生演化过程的多物理场实时观测系统，优化适应多信号、多频率、自适应的采存传数据集成技术，开发基于模型的和数据驱动的演化过程预测模型，实现监测数据与模拟结果互馈的智慧管理决策系统，建立人类-自然-工程系统可持续发展的临界阈值评价模型，形成基于自然解决方案的人地调控系统理念,发展环境友好的新技术、新方法、新材料,加强生态地质保护、地质灾害防治、工程活动建设等法规与可持续发展政策的协同研究,形成地球自我修复与人类工程改善的工程地质新理念,保障人类-自然-工程和谐共生,维系地球长久宜居。

4. 打造人类世中国区域工程地质与宜居地球的研究范式

从工程地质学角度探讨人类世起点的标志,厘定长尺度时间跨度下人类工程活动对区域地球浅表部系统产生显著影响的起始时间节点;研究新中国成立以来,工程活动特别是重大工程活动的频度与强度,及其对中国区域地球浅表部系统的环境累积效应、演化速率趋势;在现有人类工程活动综合效应基础上,考虑未来深海、深地、深空等重大国家战略性工程对地球的影响,构建综合考虑人类活动效应、地球系统响应的"人类世工程活动"综合管理体系,建设服务于宜居地球目标的中国区域工程地质研究力量。

(四)预期目标

以地球系统科学理论为指导,利用多学科交叉技术方法,开展人类世与工程地质协调宜居理论的研究(图4-13),实现以下具体目标。

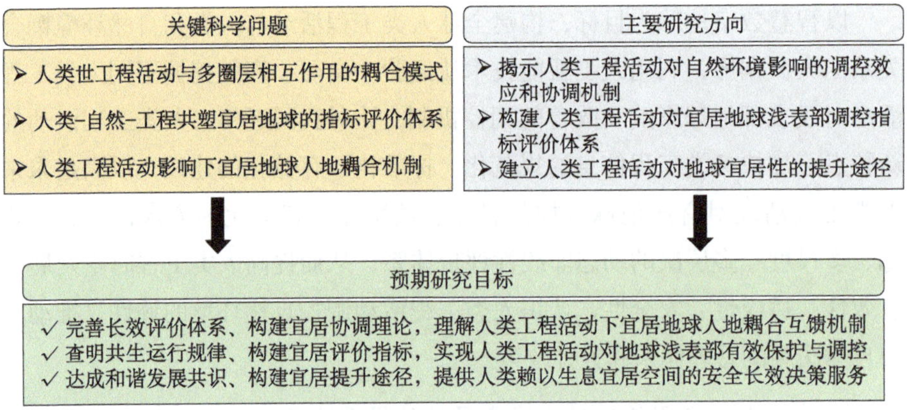

关键科学问题	主要研究方向
➢ 人类世工程活动与多圈层相互作用的耦合模式 ➢ 人类-自然-工程共塑宜居地球的指标评价体系 ➢ 人类工程活动影响下宜居地球人地耦合机制	➢ 揭示人类工程活动对自然环境影响的调控效应和协调机制 ➢ 构建人类工程活动对宜居地球浅表部调控指标评价体系 ➢ 建立人类工程活动对地球宜居性的提升途径

预期研究目标
✓ 完善长效评价体系、构建宜居协调理论,理解人类工程活动下宜居地球人地耦合互馈机制 ✓ 查明共生运行规律、构建宜居评价指标,实现人类工程活动对地球浅表部有效保护与调控 ✓ 达成和谐发展共识、构建宜居提升途径,提供人类赖以生息宜居空间的安全长效决策服务

图4-13 协调宜居理论关键科学问题、研究方向与研究目标关系图

(1)完善人类工程活动对生态地质环境影响的长效应评估体系,构建人类世与工程地质协调宜居理论,理解人类工程活动下宜居地球人地耦合机制。

（2）查明人类-自然-工程共生系统的运行规律，构建体系完善的地球宜居性评价指标，实现人类工程活动对地球浅表部自然环境的有效保护与调控。

（3）达成延长地球宜居寿命的人地和谐发展共识，构建人类工程与自然环境的共生体系，进而为人类赖以生息的宜居空间提供科学、长效的决策支持。

第二节　需求牵引

面向国家重大需求是习近平总书记提出的"四个面向"的重要组成，科技创新坚持面向国家重大需求是新中国成立后科技工作者的优良传统。当前，科技创新在我国仍面临着一系列亟须解决的短板和难题，国家对战略科技支撑需求比以往任何时期都更加迫切。工程地质学科涉及灾害、能源、环境、生态等多个领域，紧密围绕国家重大战略、社会经济发展、人民生命安全等领域需求，攻克许多长期没有解决的难题，是新时代工程地质科技工作者的重要使命。

近年来，我国实施了"一带一路"倡议、长江经济带发展、黄河流域生态保护和高质量发展、京津冀协同发展、深地深海深空和极地、川藏交通廊道工程、"双碳"目标等一系列国家重大需求与重大工程。这些重大需求和重大工程的持续推进与不断实施，亟须工程地质研究工作提供理论基础与技术支撑。新时代发展形成工程地质学科新的需求牵引，主要研究方向包括青藏高原重大工程的地质风险、流域生态保护与高质量发展的工程地质问题、超大城市群建设工程地质问题、深部工程地质问题、海洋与极地工程地质问题、交通工程地质问题、"双碳"目标工程地质问题（图4-14）。面向需求牵引的工程背景与科学意义，探索多元化研究路径，提出关键科学技术问题与主要研究内容，并进一步明确预期目标，从而更好地支撑国家战略和社会经济发展。

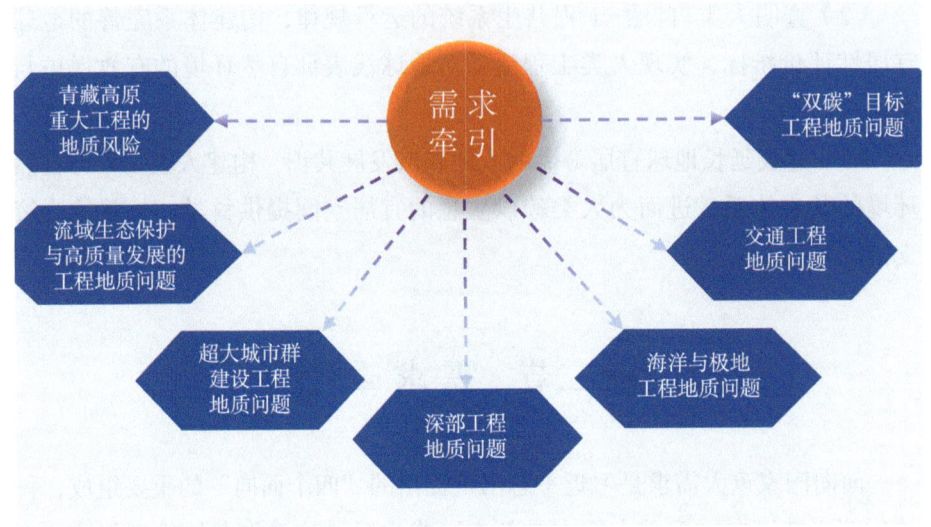

图 4-14 工程地质学科发展战略研究之需求牵引主要研究方向

一、青藏高原重大工程的地质风险

（一）背景与意义

青藏高原是地球上独一无二的自然地域单元，被称为世界屋脊、地球"第三极"，是地球各圈层相互作用最强烈的区域，也是对全球气候变化最敏感的区域，被称为气候变化的"感应器"和"放大器"（姚檀栋，2019；Bhattacharya et al., 2021）。青藏高原板块构造活跃，活动断裂发育，地形高差显著，河流切割强烈，气候条件恶劣，是世界上典型的高地震烈度、高地应力、高位能、高寒低温的地区（彭建兵等，2004；崔鹏等，2019）。随着川藏交通廊道工程、川藏高速公路等一大批重大工程上马，青藏高原面临着前所未有的发展机遇和巨大挑战（Cui et al., 2022）。在如此极端复杂的地质环境条件下实施重大工程，如何保障工程顺利施工与长期运营安全，面临一系列重大工程地质难题和挑战（图 4-15）。

因此，按青藏高原重大工程地质风险技术路线图（图 4-16），聚焦对青藏高原重大工程产生影响的地质灾害，为重大工程建设和运行安全提供科学理论基础与技术支撑，树立全球复杂艰险区重大工程理论与技术创新典范。

第四章 未来10年的发展方向

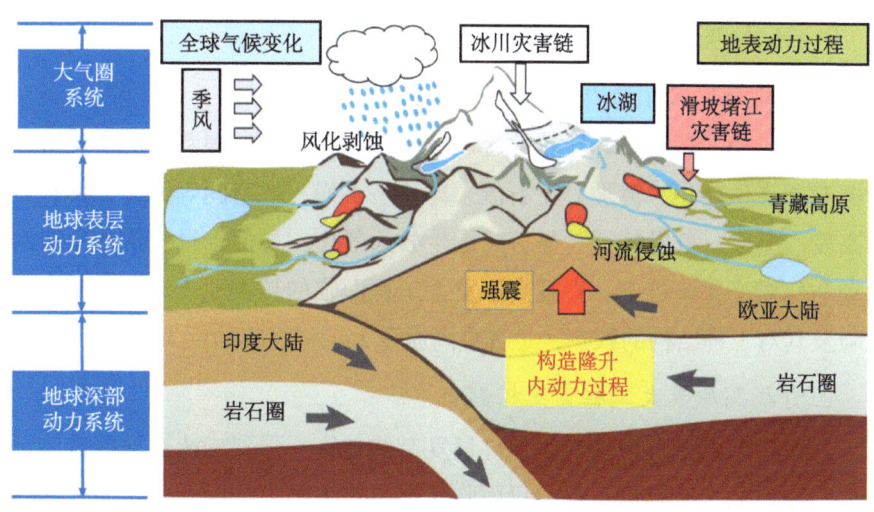

图 4-15 内外动力耦合作用下的青藏高原地质灾害（链）动力过程
（Morgan，1968，有修改）

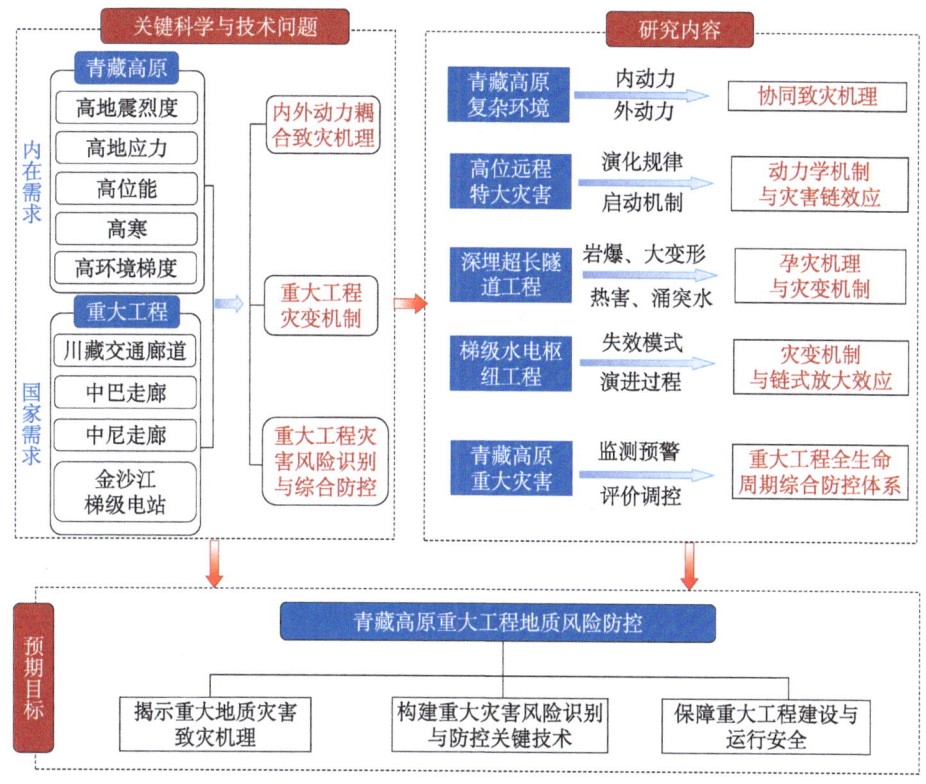

图 4-16 青藏高原重大工程地质风险技术路线图

（二）关键科学与技术问题

1. 青藏高原内外动力耦合致灾机理

构造活动、高原隆升导致的区域地质环境、地形地貌和气候变化造成的青藏高原高位崩塌、滑坡、泥石流、冰（雪）崩、堰塞湖等灾害，具有典型的高发、突发、群发特征与显著的链生放大效应。如何定量评价和预测构造运动与气候变化条件下，青藏高原重大工程面临的超大地质灾害与灾害链生风险及其对工程结构的影响，是青藏高原重大工程面临的巨大挑战。

2. 青藏高原重大工程灾变机制

青藏高原东缘是全球地质条件最复杂的地区。强烈构造对深部岩体影响显著，使川藏交通廊道工程不仅面临断层位错下的灾变问题，还面临深埋隧道的高地应力、水热灾害、硐室破坏等工程风险；使水电工程面临河谷深厚覆盖层可能产生的地震液化、坝基失稳及深部工程稳定等工程难题。因此，亟须研究极端复杂地质和气候条件下重大工程灾变机制，突破大坝、隧道与地下工程建设的瓶颈难题。

3. 青藏高原重大工程灾害风险识别与综合防控

实现从"灾后被动救灾"到"灾前主动防灾"的转变，提升灾前科学预测预报与防控能力，对降低青藏高原重大工程地质风险至关重要。这需综合利用立体观测、数值模拟、模型实验、人工智能等技术方法，构建灾害风险数据同化与信息共享平台，实现重大灾害前兆信息智能感知、识别与预警的理论与技术，研究灾害情景模拟与风险预测模型，提出重大工程全生命周期灾害风险综合防控理论与方法体系。

（三）主要研究方向

1. 青藏高原复杂环境内外动力耦合和协同致灾机理

厘清青藏高原地质构造环境与历史构造运动期次，揭示青藏高原构造动力孕灾背景与灾害时空演化规律、地震次生灾害时空发育规律与长期效应；研究构造动力累积作用下的岩体结构损伤与破碎机理；揭示重大灾害对气候变化的响应机制与规律；剖析高原隆升、地震、气候耦合作用下青藏高原表生改造过程；揭示内外动力耦合作用下的青藏高原重大灾害动力学机制。

2. 高位远程特大灾害形成动力学机制与灾害链效应

研究高海拔极寒山区岩体结构的损伤破碎机理与动态演化规律，剖析特大规模高位山体和冰雪体的突发启动与高速远程运动的动力学机制；揭示重大高位崩塌和滑坡、冰崩碎屑流、特大规模泥石流、冰湖溃决，以及巨型灾害链孕灾、成灾、致灾的全过程机理；建立高原隆升、地震、气候变化跨尺度耦合作用下巨灾链生效应演进预测模型。

3. 深埋超长隧道工程灾变机制

研究挤压—隆升区高地应力成因机制与时空演化规律，建立区域-工程-围岩尺度的高地应力评价方法；建立缝合带、断裂带等构造复杂区隧道工程硬岩岩爆和软岩大变形的地质力学模式，揭示岩爆和大变形条件下的灾害孕育机理；查明高寒型岩溶、深大断裂带和高温热害发育分布规律，阐明隧道高压涌突水和高温热害致灾机理。

4. 高山峡谷区梯级水利枢纽工程灾变机制

针对高山峡谷区梯级水利枢纽工程区域地震活跃、地质灾害高发、高水头流量大、灾害链生效应强等特点，研究极端地震荷载作用下枢纽系统的潜在失效模式与灾变机理，建立水利枢纽系统的溃坝灾害模拟预测模型；研究梯级水利枢纽群超标洪水的演进过程、致灾机制与链式放大效应。

5. 青藏高原重大灾害风险识别与防控关键技术

针对青藏高原重大工程，研究巨灾及其灾害链隐患早期识别理论与技术方法体系，研制适用于青藏高原高海拔、高寒等特殊条件下的智能化预警与数据传输仪器设备；建立山地灾害、深部工程灾害、洪水灾害等实时智慧监测系统与预警模型；揭示青藏高原重大灾害与工程结构体相互作用的耦合机制，建立不同类型灾害对重大工程结构的易损性与风险动态评价模型；构建青藏高原重大工程全生命周期灾变综合防控体系与人地协调模式，提升灾害韧性防治科技水平。

（四）预期目标

（1）揭示内外动力耦合作用下重大地质灾害的时空演化规律与动力学机制。

（2）剖析重大地质灾害链动力过程与致灾机理，揭示深埋隧道工程、高山峡谷区梯级水电工程灾变机制。

（3）构建重大灾害风险识别与防控关键技术。

二、流域生态保护与高质量发展的工程地质问题

（一）背景与意义

长江与黄河横跨我国三大地势阶梯，流域内地质构造活跃、地貌演化过程迅速、气候分异特征显著，是我国地质环境最复杂、生态环境最脆弱、地质灾害最频繁的区域（张信宝等，2018；彭建兵等，2020）。通常，流域地质灾害突发性快、链生性强、致灾性重，影响流域生态环境和重大工程，制约流域生态保护和高质量发展。

长江与黄河流域是一个复杂巨系统，串起了三大地质、地貌单元递次关联"链接关系"、地震灾害-地质灾害-气象灾害互馈叠加"链生关系"、河流演化-中华文明发展同步演进"协同关系"。流域重大灾害表象于河，形成于域，根植于地（彭建兵等，2020）。然而，目前长江与黄河流域的地质、地表、气候长时间序列耦合作用过程及其联动链生机制不清，已无法满足流域多区域、多灾种、多主体联动的综合风险防控需求。亟须以流域重大灾害效应与生态安全的"地球系统科学"理论方法为支撑（图4-17），揭示地球圈层相互作用下流域"大区域范围、长流域跨度、多时间序列"的重大灾害效应与生态安全问题。

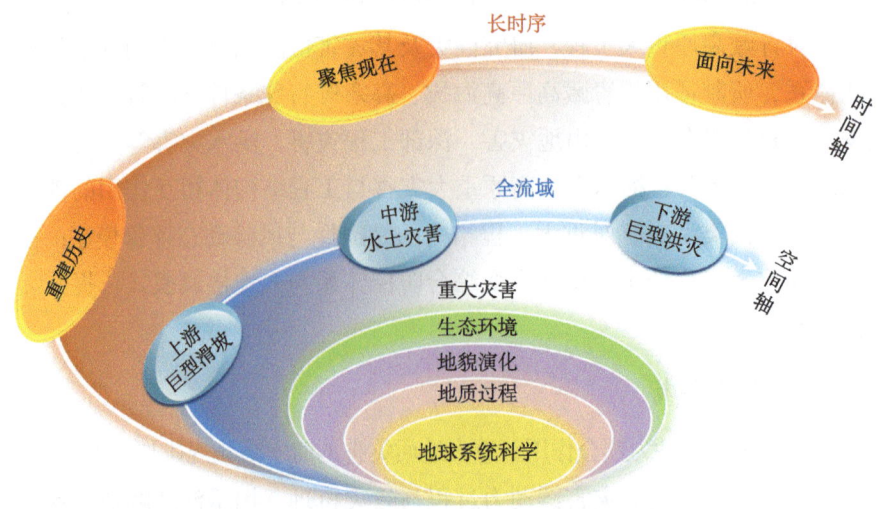

图4-17 流域重大灾害效应与生态安全的"地球系统科学"内涵

因此，建立流域地质、地表、气候过程与重大灾害的关联机制，查明流域重大灾害链生与生态互馈效应，建立基于人地协调的流域重大灾害风险综合防范理论技术体系，以解决流域生态保护与高质量发展中的重大工程地质问题（图 4-18）。

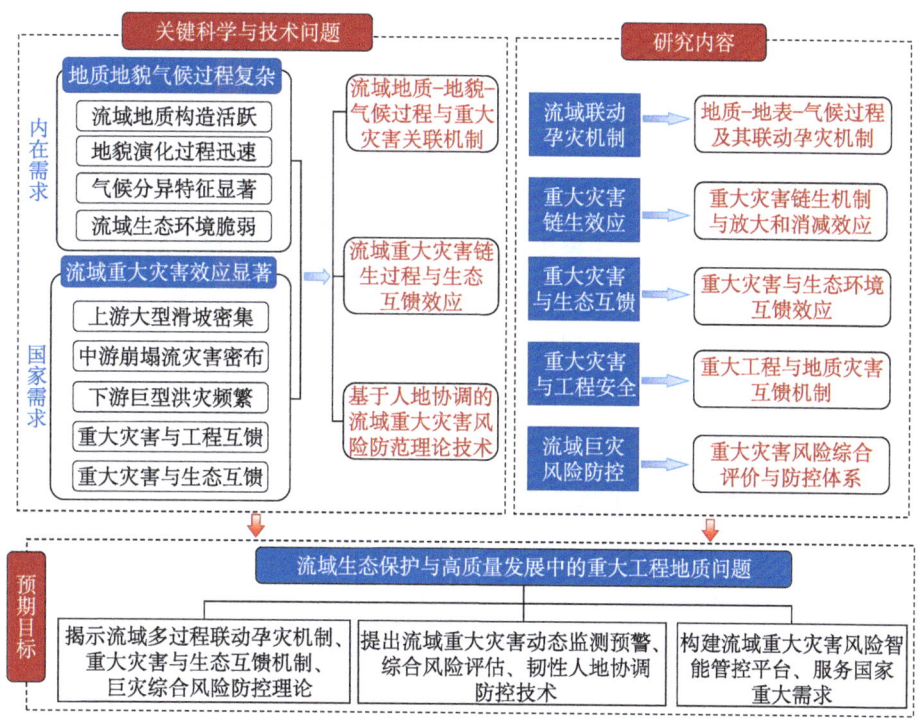

图 4-18 流域生态保护与高质量发展工程地质问题研究技术路线图

（二）关键科学与技术问题

1. 长江与黄河流域地质、地表、气候过程与重大灾害的关联机制

长江与黄河流域地质、地表、气候过程与重大灾害响应关系面临"时序重建困难"与"联动机制不清"问题，因此如何揭示地质、地表、气候过程及其耦合联动孕育巨灾机制，是需要首先突破的关键科学问题。

2. 长江与黄河流域重大灾害链生与生态互馈效应

长江与黄河流域重大灾害链生和生态互馈效应难以准确评价，因此如何诠释地球动力系统跨尺度耦合作用下流域重大灾害链动力学过程与致灾效应，建立重大灾害与生态互馈理论，是亟须突破的关键科学问题。

3.基于人地协调的流域重大灾害风险综合防范理论技术体系

长江与黄河流域重大工程与灾害的正负互馈效应不明，重大灾害风险面临"源辨不准、量化不足""巨灾风险防范智能化低"等问题，建立基于重大工程与灾害互馈、人地协调的流域重大灾害风险综合防范理论技术体系，是需要重点突破的关键科学问题。

（三）主要研究方向

1.流域地质、地表与气候过程及其联动孕灾机制

揭示基于"重建历史—聚焦现代—展望未来"时间轴尺度的流域构造隆升与新构造运动时空演变规律、流域形成与地貌演化过程、现代地质环境格局；重建基于地球系统科学理念的流域重大灾害时空分布与地质、地表和气候的响应时序关系；阐明地球动力系统跨尺度耦合作用下流域重大灾害联动过程、地质-地貌-气候耦合联动孕灾机制。

2.流域重大灾害链生机制与放大、消减效应

揭示基于"地-域-河"空间轴尺度的流域重大灾害区域模式，建立流域重大灾害链式结构及动力学过程；查明不同结构灾害链的灾变临界条件，建立灾害链时空演化的评价方法体系；探索重大灾害链的致灾模式与互馈效应，建立灾害链放大效应预测模型与消减理论体系模型。

3.流域重大灾害与生态环境互馈效应

明晰流域重大灾害类型、规模与地形地貌、生态格局的空间耦合关系，提出生态环境与重大灾害双向作用的互馈模式及评价技术方法；建立降水入渗蒸腾与植物根系的互馈模型，提出重大灾害与生态环境互馈理论；研发基于生态工程的防灾减灾技术方法，提出基于生态与灾害互馈效应评价的韧性生态减灾技术。

4.流域重大工程与工程地质灾害互馈效应

揭示人类世以来流域重大工程诱发重大工程地质灾害的区域模式、时空分布与演化规律，建立基于灾害演化过程的重大工程适宜性与风险评价方法；构建流域重大工程与生态环境互馈效应理论，提出基于互馈效应评价的

重大工程保护与快速修复技术方法体系。

5. 流域重大灾害风险综合评价与防控体系

重构流域历史重大灾害序列及评估未来发生情景，识别流域重大灾害风险的关键致灾因子；构建流域重大灾害天-空-地立体探测与监测系统，建立流域巨灾综合风险评估与预测模型；构建流域重大灾害预警智能化平台，实现重大联动应急管控和智能防范技术。研发复杂地质环境灾害快速勘察治理一体化智能装备、工程地质环境灾害加固新材料，提出流域工程地质环境灾害的韧性防控对策。

（四）预期目标

（1）创新理论体系，揭示"上中下游联动、多过程互馈"的流域孕灾机制，创建重大灾害与生态互馈理论和重大灾害综合风险防控理论。

（2）突破技术瓶颈，提出流域重大灾害风险综合评估技术，建立基于人地协调的流域重大灾害风险防范技术方法体系。

（3）服务国家重大需求，构建流域重大灾害风险大数据与综合智能管控平台，实现海量灾害风险综合智能管控。

三、超大城市群建设工程地质问题

（一）背景与意义

随着我国社会经济的快速发展和城市规模的日益扩大，超大城市群已经成为中国城镇化的新常态，成为区域经济社会发展的重要载体。2018年11月18日，《中共中央 国务院关于建立更加有效的区域协调发展新机制的意见》明确指出，建立以中心城市引领城市群发展、城市群带动区域发展新模式，推动区域板块之间融合互动发展。

伴随超大城市群更显著的资源聚集效应，城市建设引起的工程地质问题更突出，人类工程活动对地质环境改造和破坏更严重。超大城市群建设具有多维性、复杂性、系统性等特点。然而，目前针对超大城市群建设工程地质问题的系统研究尚处于起步阶段（图4-19），亟待建立多学科交叉融合的工程地质理论体系和技术方法。

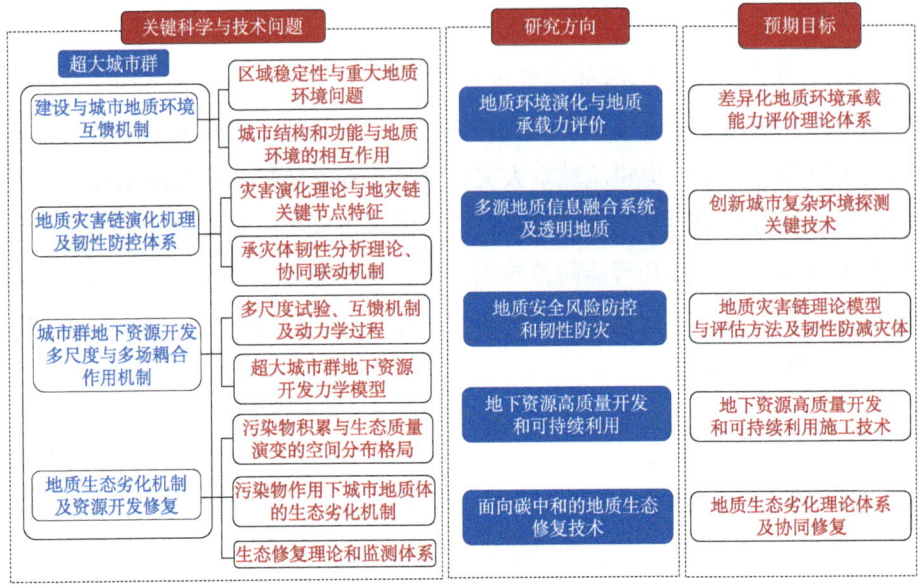

图 4-19 城市群建设工程地质问题

因此，开展超大城市群建设工程地质问题研究（图 4-20），对完善城市群地质灾害韧性防控体系、提高资源开发与可持续利用能力、实现人地和谐并加快推进智慧城市建设与发展等都具有重要意义。

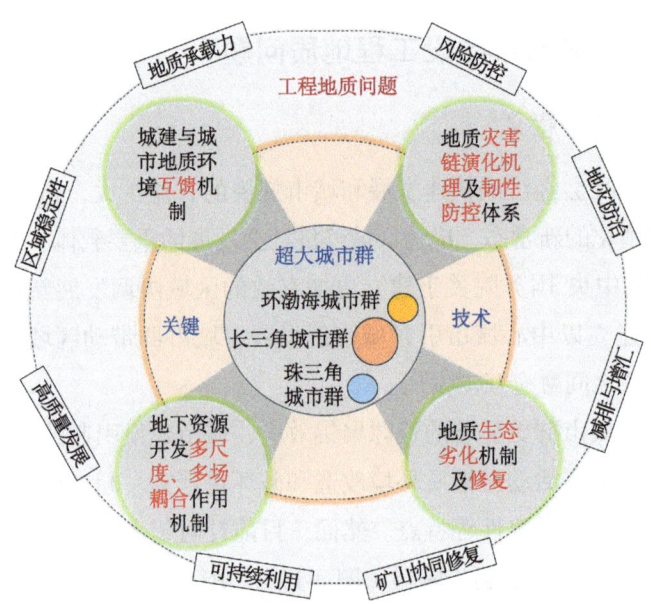

图 4-20 超大城市群建设工程地质问题研究技术路线图

（二）关键科学与技术问题

1. 超大城市群建设与城市地质环境互馈机制

城市地质环境决定了超大城市群各类建构筑物的建设适宜性及全生命周期的地质安全性，超大城市群地区的各类基础设施建设又不断改变和改造着城市地质环境。因此，开展超大城市群建设与城市地质环境互馈机制，以及二者的交互胁迫效应的研究，既是当前地球系统科学研究的前沿领域，也是超大城市群建设工程地质问题研究的核心科学问题。

2. 超大城市群地质灾害链演化机理及韧性防控体系

我国幅员辽阔、地形地貌及地质条件千差万别，主要城市群面临着差异性的地质灾害风险，不同类型城市群对地质灾害的承灾能力和抗灾韧性各不相同，亟须研究不同城市群地质灾害演化机理和建立多尺度、多维度的承灾体韧性分析理论，形成超大城市群综合防灾减灾理论与防控体系，为超大城市群地质安全风险防控和韧性防灾提供科学依据。

3. 超大城市群地质生态劣化机制及资源开发修复

超大城市群人为活动影响下的城市区域、工业场区、矿业地区和河流域等场地环境条件复杂，填埋场、污水处理厂等重要基础设施区域污染性强。如何诠释不同污染物作用下城市地质体的生态演化规律与劣化机制，阐明超大城市群地下资源开发多尺度、多场耦合作用机制，研发面向碳中和的地质生态修复技术与可持续利用施工技术，建立污染土壤、湿地的生态修复理论和多参数多维度的地质生态监测体系，是亟须突破的关键科学与技术问题。

（三）主要研究方向

1. 超大城市群地质环境演化与地质承载力评价

开展超大城市群区域稳定性与地质安全评价及监测，以及超大城市群"空间、资源、环境、灾害"全要素动态城市地质调查；构建地质环境承载能力关键要素识别与评价方法体系；研究地质环境对城市开发建设活动的适宜性和敏感性及互馈机制；建立资源环境承载能力监测预警分级机制。

2. 超大城市群多源地质信息融合系统及透明地质

研发城市复杂环境下高精度抗干扰地下空间探测技术及多源异构、多尺度、多分辨率探测监测信息融合技术与方法，构建地质环境实时监测技术及监测指标体系；研发非规则采集观测系统的 3D/4D 智能数据处理方法及软件，构建基于大数据的城市地下空间探测和监测动态数据库及智能分析平台；建立复杂环境下城市三维透明地质模型与智慧数字城市平台。

3. 超大城市群地质安全风险防控和韧性防灾

揭示超大城市群地质灾害链演化机理、灾变特征与链生机制，构建超大城市群的地质灾害及次生灾害链大数据体系；建立超大城市群响应地质灾害链的脆弱性、鲁棒性与恢复性韧性评估理论，提出承灾体安全隐患点的辨识、定位与量度方法；开展超大城市群地质灾害链监控与超前地质预报，研发超大城市群工程韧性补强与提升技术。

4. 超大城市群地下资源高质量开发和可持续利用

开展地下资源调查和开发利用适宜性评价，构建地下资源开发三维立体规划理论和协同规划体系；建立地下资源开发多尺度、多场耦合作用机制及力学模型，提出地下资源开发利用全寿命可持续设计理论和韧性风险防控措施，研发地下资源高质量开发和可持续利用施工技术。

5. 面向碳中和的超大城市群地质生态修复技术

构建城市地质生态演化与碳排放的理论机制与量化模型，探索"减排"和"增汇"在地质生态修复领域的协同途径，研发"减排-增汇"型地质生态修复材料，提出生物与无机碳汇的协同修复技术；揭示修复技术的碳汇过程机制与演化规律，建立减碳生态修复技术的工程效益评价方法。

（四）预期目标

（1）厘清影响承载能力的关键地质环境问题，构建差异化地质环境承载能力评价理论体系，为"多规合一"的城市空间立体规划提供科学依据；创新城市复杂环境抗干扰、高精度地下探测关键技术，构建全要素、透明化城市三维透明地质模型，搭建超大城市群共享地质信息平台，实现智慧数字城市功能。

（2）揭示超大城市群地质灾害的多因素耦合作用、时空效应、链式效应，提出超大城市群响应地质灾害链的理论模型与韧性评估方法；构建超大城市群承灾体的隐患锁定、智慧监测、超前预报、韧性防控的防灾减灾技术体系。

（3）揭示超大城市群地下资源开发多尺度、多场耦合作用机制，构建地下资源三维立体规划理论、全寿命可持续设计理论和韧性风险防控体系，研发超大城市群地下资源高质量开发和可持续利用施工技术。

（4）揭示污染物对城市地质体的生态劣化规律与机制，构建超大城市群地质生态劣化理论体系，创新"减排"和"增汇"在地质生态修复领域的协同修复技术。

四、深部工程地质问题

（一）背景与意义

习近平总书记于2016年在新华网发表的"为建设世界科技强国而奋斗"讲话中提出："向地球深部进军是我们必须解决的战略科技问题。"[①] 深部矿产资源开发、新能源开发、地下储能和核废料处置等重大工程的国家需求和发展，要求突破深部工程地质的基础理论、关键技术和核心装备等难题。随着科技发展和人类社会进步，向地球深部开发的深度在不断加深。目前世界上深钻、深采、深埋等深地工程从数百米到超万米（谢和平等，2015）。深部地质体处于高地应力、高渗透压、高地温、复杂水化学、复杂地质构造、潜塑状态等地质环境中，工程地质属性较浅部差异显著（图4-21）。

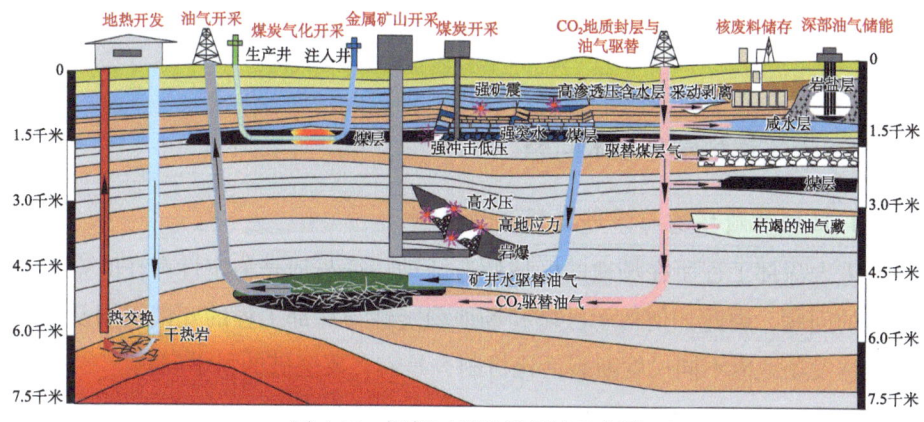

图4-21 深部工程地质环境示意图

---

① 习近平：为建设世界科技强国而奋斗. https://www.most.gov.cn/ztzl/qgkjcxdhzkyzn/xctp/201705/t20170526_133095.html[2025-03-10].

因此，开展重大深部工程场地稳定性与科学选址，深部工程地质环境属性特征规律，深部工程扰动地质环境演化与灾变机理，深部工程多场模拟监测、灾害预警及防控技术等研究，是涉及我国和世界深部工程"卡脖子"关键技术的基础科学前沿课题（图 4-22）。

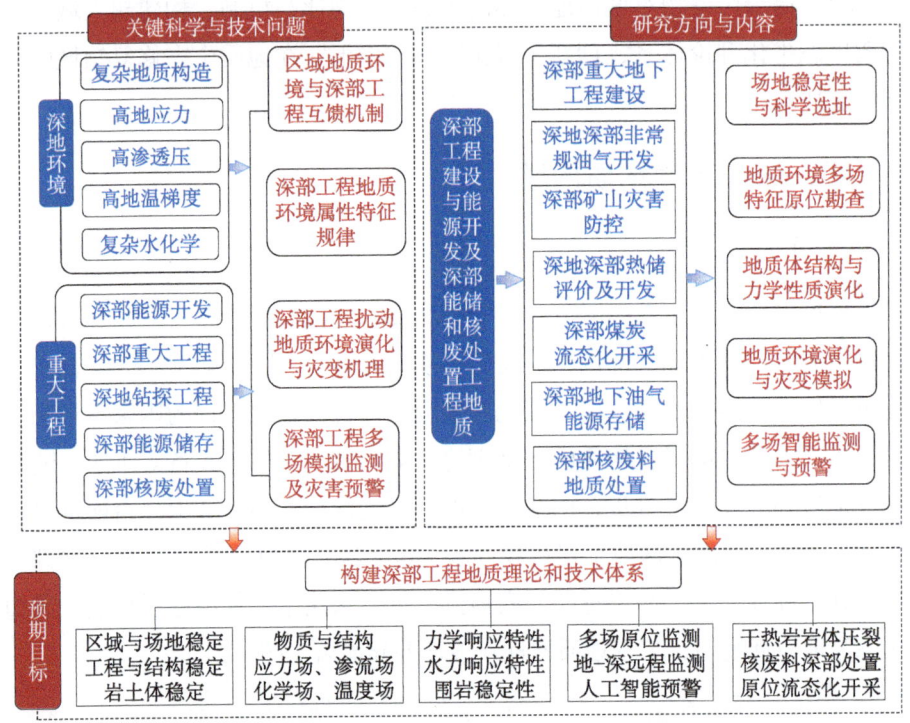

图 4-22　深部工程地质研究技术路线图

（二）关键科学与技术问题

1. 区域地质环境与深部工程互馈机制

重大深部工程所在场地的区域构造活动特征与地壳稳定性存在时空效应不清的问题，因此如何揭示区域和场地稳定性与深部工程的互馈机制及深部工程诱发场地内不同尺度断裂活化机制，是需首要突破的科学问题。

2. 深部工程地质环境属性特征规律

天然状态下深部工程地质属性特征规律难以准确获知，因此如何诠释静水压高地应力作用下地质体结构效应、地质体弹性-潜塑性-塑性转变机制、孔隙-裂隙渗流场"高渗压低渗透"特性，研发深部工程地质属性原位精细勘察技术，是亟须突破的技术难题。

3. 深部工程扰动地质环境演化与灾变机理

深部工程扰动条件下应力场、化学场、渗流场、温度场的时空演化规律及其互馈效应不清楚、难评价，因此如何阐明深部地质体水-化-力耦合下变形破坏机制，建立深部围岩稳定性分析理论与评价方法，是需重点突破的科学问题。

4. 深部工程多场模拟、监测及灾害预警

重大深部工程存在大埋深，以及复杂地质环境条件下监测难、预警难的问题，因此研发重大深部工程地质环境演化与灾变机理模拟技术及装置，揭示深部工程扰动是极其复杂的多场耦合与工程地质体相互作用的非线性变化过程，实现超埋深传感器精准安装，是亟须突破的技术难题。

（三）主要研究方向

1. 区域地质环境与重大深部工程互馈机制及场地稳定性

揭示重大深部工程开发区域-场地多尺度、多时域的工程地质特征动态演化规律，查明深部工程与地壳地质营力的互馈作用机制，研究深部工程的区域-场地稳定性定量评价理论与方法及工程建设适宜性评价方法；揭示深部地质体与场地地质环境互馈机制构建深部工程所在区域-场地-地质体-岩土体多尺度互馈模型及系统稳定性评价方法。

2. 深部工程地质环境属性特征及原位勘察技术

查明深部工程地质体岩性、矿物组成，以及地质成因和演化过程，研究高温、高地应力、高渗压及化学场等多场作用下微-细-宏观不同尺度结构演化及结构效应变化特征规律与表征方法，揭示深部地下水运移和演化规律及深部孔隙-裂隙岩土体渗流场差异性分布特征规律；研究深部钻探、地球化学探查和地球物理探测原位属性精细综合探查为一体的深部工程地质的技术与装备。

3. 工程扰动深部地质体结构-力学性质演化机理与防控技术

研究深部工程建设与能源资源开发工程及深部储存和封存工程扰动下岩

体动力学特性，揭示深部地质体多相介质跨尺度多场耦合渗流理论、地下水动力过程与地质体形变过程的耦合机理；阐明深部地质体变形特征与破坏准则，探索贮存地质体结构演化规律及其中封存液、气相物质的泄漏风险及贮存安全性评价机制；研发环境耐受力强、清洁、高效的埋藏质泄漏封堵和灾害防控新材料与新技术。

4. 重大深部工程地质环境演化与灾变模拟技术及装置

研发适合深地环境的多场耦合矿井水驱替深部油气开采试验系统、大尺寸高温高压下干热岩压裂模拟试验系统、深地条件下渗流-应力耦合封装模拟试验系统、多相环境多种作用机制的多物理场耦合模拟深部原位流态化开采模型试验系统、深部能源储库围岩复杂裂隙多相流体渗流模拟试验系统、高精度声发射定位-高精度温控-地震波速度与岩石电阻率测试等功能的先进真三轴测试系统。

5. 深部工程多场耦合原位智能监测与灾害预警

研发适应深部高水压、高地温、高放射性等复杂赋存环境原位监测传感技术和材料，以及配套的超埋深传感器安装埋设技术；研制高精度、低能耗、性能稳、远程无线监测与自动采集的监测手段，研发深地探地质雷达、深地电法、深地人工激发三维地震等地球物理地表监测系统；建立互联网+深部工程安全监测预警决策平台，建立全国深地监测数据互联共享中心。

（四）预期目标

（1）建立区域地壳-工程场地-地质体-岩土体多尺度系统稳定性评价方法，揭示深部工程物质与结构、应力场、渗流场、化学场、温度场等地质环境属性特征规律。

（2）探索深部工程扰动地质环境演化与灾变机理，分析力学响应特性、水力响应特性、围岩稳定性，突破深部工程地质勘察、评价和灾害防控关键技术。

（3）构建深部工程地质理论和技术体系，开展多场原位监测、地-深远程监测、人工智能预警，实现干热岩岩体压裂、核废料深部处置、原位流态化开采等深部工程灾害识别、风险评估与全过程防控。

五、海洋与极地工程地质问题

（一）背景与意义

我国是海洋大国，大陆濒临南海、东海、黄海与渤海，拥有约 1.8 万公里长的海岸线、约 300 万平方公里的海洋国土。深海大洋和极地是海洋最庞大的组成区域，其中矿产、生物等资源储量丰富，是未来人类社会持续发展的基本依托。2021 年发布的《中华人民共和国国民经济和社会发展第十四个五年规划和 2035 年远景目标纲要》提出要"深度参与全球海洋治理，积极拓展海洋经济发展空间，提高参与南极保护和利用能力"，这表明瞄准深海、极地领域，突破关键核心技术，事关国家安全和能源发展布局。作为"一带一路"倡议的重要组成部分，海上丝绸之路和冰上丝绸之路的不断建设，促使我国海洋事业在深度和展向上向深海和两极推进。近年来，海洋与极地工程建设（海底隧道、跨海大桥、港口码头、海上风电、极地海缆）、油气资源开发（极地石油、极地油气、可燃冰）、矿产资源勘探（海洋稀土、锰结核、富钴结壳）等开发利用活动的顺利实施均离不开海洋与极地工程地质理论、方法的支持和保障（图 4-23）。

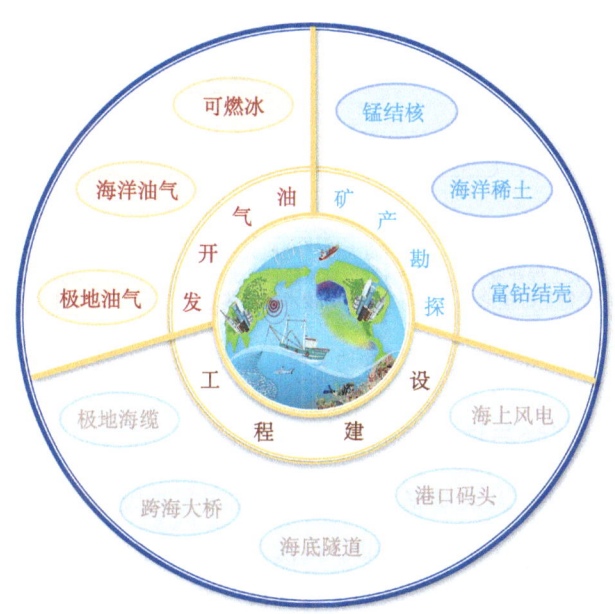

图 4-23　海洋与极地工程开发活动（Smail et al.，2019，有修改）

尽管我国在海洋与极地工程地质研究领域已取得长足进展与成就，但是当前仍处于初期阶段（刘晓磊等，2017）。随着工程活动日益趋于深远海域、极地冰区等极端工程地质环境，新的工程地质问题不断涌现。因此，开展海洋与极地工程地质问题研究（图4-24），应立足国家重大战略需求，坚持源头自主创新，加强国际合作交流，切实解决制约我国海洋与极地发展的诸多重大科技难题。

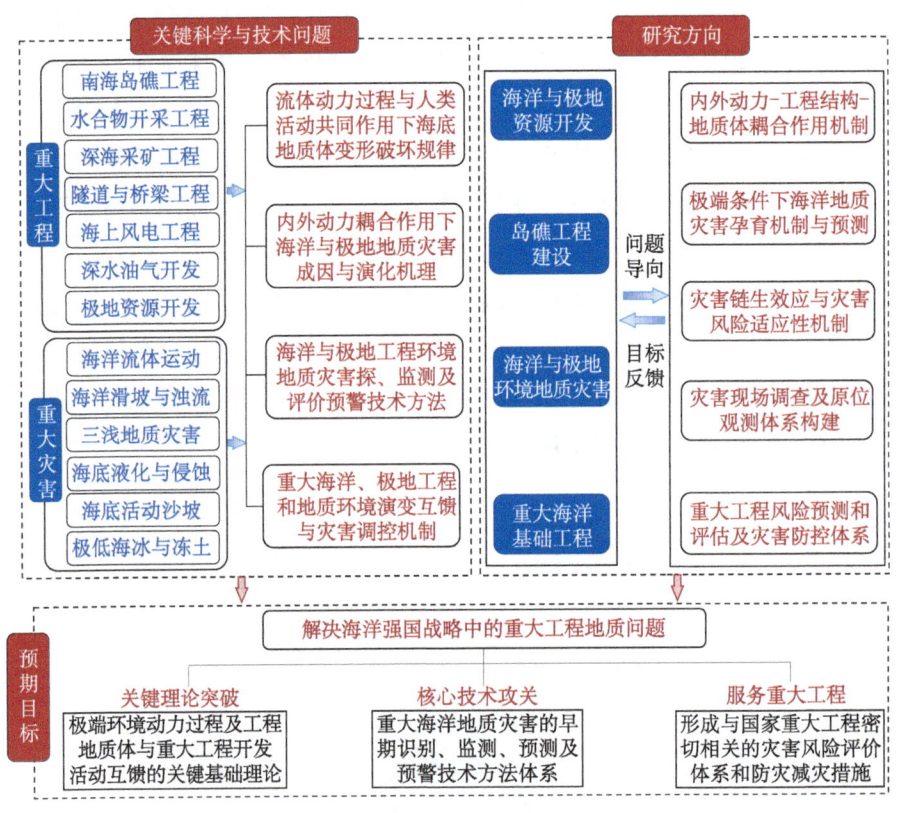

图 4-24 海洋与极地工程地质问题技术路线图

（二）关键科学与技术问题

1. 流体动力过程与人类活动共同作用下海底地质体变形破坏规律

全球海洋乃至两极海域表面波、内波、海流等流体运动与人类活动共同作用所导致的海底地质体的变形特点与强度变化规律，是海洋与极地工程地质学科研究的重要科学问题。根据典型工程地质条件，建立考虑流体动力过程的三维地质与力学模型，揭示人类活动与风、浪、流、水位等水动力环境关键要素及地质体相互作用关系，是系统认识海洋与极地工程地质环境与灾害过程的基础。

2. 内外动力耦合作用下海洋与极地地质灾害成因与演化机理

以海水为介质的外动力荷载和以深部海床为介质的内动力荷载，是控制海床稳定性与触发各类海洋与极地地质灾害的主要因素。通过系统的观测、试验和分析，揭示灾害地质体形成过程与区域动力地质作用过程的响应规律，探明控制海洋与极地地质灾害演化过程的动力学机制，仍是重要的学术挑战。

3. 海洋与极地工程环境地质灾害探、监测及评价预警技术方法

突破海洋水动力、水深及极地海冰、冻土限制，研发基于海洋环境水力学、海洋土力学、地球物理学等的探测技术，建立多技术综合集成的海域水体环境、极地气候环境、海水-沉积物界面、沉积物工程特性的评价方法理论；针对海域典型地质灾害，研发多尺度动态信息的灾害发生过程原位监测技术，建立多源监测数据的风险评估和预测预警体系，切实提高海洋地质灾害预警能力。

4. 重大海洋、极地工程和地质环境演变互馈与灾害调控机制

重大海洋工程的兴起将海洋与极地工程地质研究推向新的高潮。揭示南海岛礁工程、深水与极地油气开发及天然气水合物开采、海底隧道与跨海桥梁工程、海上风电、极地海缆、深海采矿等重大工程与地质环境的相互作用影响规律，提出应对潜在环境灾害风险的调控理论与方法，是可持续进行海洋与极地开发的必经途径。

（三）主要研究方向

1. 海洋与极地资源开发中的工程地质问题

揭示波浪、海流、海冰、地震等内外动力作用下海洋风机、海洋油气及水合物开采相关基础设施与地基土的相互作用机理，建立内外动力作用下海床稳定性评价方法与计算模型；探明深水油气、水合物开采引起地质灾害的过程机制，提出灾害原位监测技术与早期预警技术方法；研发基于极地环境气候耦合效应的灾害监测预警技术，服务极地油气、水合物开采重大工程；揭示海底采矿中巷道突水、涌水机理，构建海底采矿工程中地质环境监测、

风险评估与生态保护的技术方法。

2. 岛礁工程建设中的工程地质问题

探明珊瑚礁地层岩性分布、特征、分类，以及吹填钙质砂力学参数、承载力、蠕变、液化等工程地质属性，揭示吹填岛礁地下水过程机制，提出各类岛礁构筑物及其钙质砂地基在波浪、地震作用下安全稳态保障及定量评价方法，构建吹填岛礁地下空间开发与利用的技术方案体系。

3. 重大海洋基础工程结构物安全稳态保障中的工程地质问题

提出场地工程地质勘察及海洋与极地原位测试、取样、室内测试技术的新方法、新理论，揭示海洋结构物及其地基在极端波浪、海冰、设防地震作用下的失稳灾变机理；开发海洋结构物及其地基在环境荷载作用下安全稳定性评价的数值计算模型，建立近、远海重大海洋基础工程设施地基服役性能长期原位观测的新方法与新技术。

4. 典型海洋与极地环境地质灾害防控中的工程地质问题

明晰极端风暴事件下海底沉积物侵蚀再悬浮、海床液化的发生过程，形成极端风暴事件触发地质灾害的评价方法、原位监测预警与风险防控措施；揭示大型海底滑坡与浊流的成因与演化机制，构建滑坡及浊流的探测、识别、试验模拟、原位监测与早期预警技术方法体系；提出海底浅层气液的探测、溢出风险评估与防控措施，探明海洋与极地地质灾害链生效应与灾害风险的适应性机制。

(四) 预期目标

1. 关键理论突破

揭示海洋与极地地质灾害的诱发及演化机理，突破极端环境动力过程、工程地质体与重大工程开发活动互馈的关键基础理论，为系统认识海洋与极地工程地质灾害过程及其致灾效应奠定基础。

2. 核心技术攻关

基于多学科、理论交叉融合的思想，构建海洋与极地工程地质环境的原位探测、监测、模拟技术，创新重大海洋地质灾害的早期识别、监测、预测及预警技术方法体系。

3.服务重大工程

形成与国家重大工程密切相关且切实可靠的灾害风险评价体系和防灾减灾措施，服务未来国家在深海和极地的油气、水合物资源开发及海底采矿等重大战略需求。

六、交通工程地质问题

（一）背景与意义

国家要强盛，交通须先行。交通强国建设确立了我国建设"安全、便捷、高效、经济、包容、韧性"的现代综合交通运输体系发展方向。然而，复杂地形地貌、特殊地层岩性、强烈构造活动、极端气候环境等，为交通建设和运营安全带来了严峻挑战（Cui et al., 2022）。交通建设与工程地质学科发展相辅相成。工程地质学科作为保障交通安全、绿色发展的重要学科，在交通基础设施可靠性设计建造、全生命周期性能演化、生态环境保护与修复等方面均扮演着重要的角色，已成为我国交通飞速发展的重要支撑。在川藏交通廊道工程、深中通道、渤海海峡隧道等特殊交通工程中，以及海底悬浮隧道、超高速轮轨等未来交通系统中，新的工程地质问题为工程地质学界带来了新挑战（图4-25）。

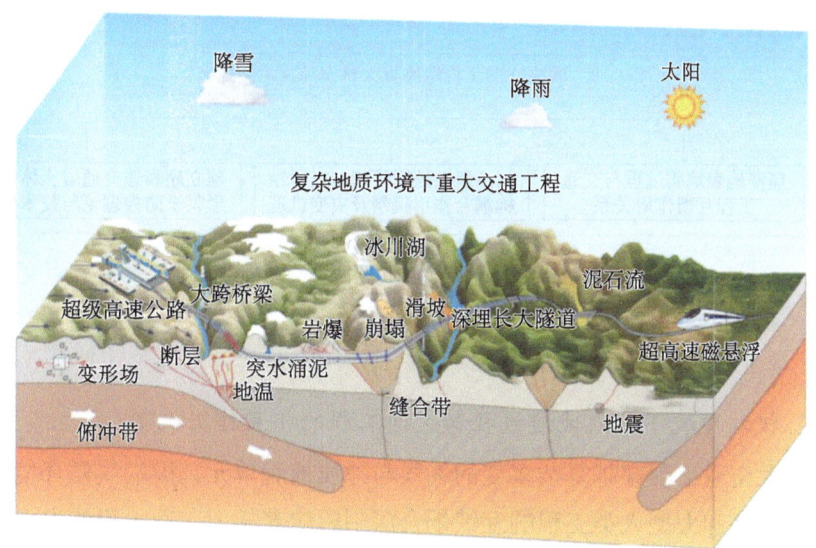

图 4-25　交通工程地质问题

（彭建兵等，2023，有修改）

交通建设与工程地质学科相辅相成,面对特殊建设环境与未来交通模式变革,解决交通工程地质重大科学与技术问题的研究(图 4-26)将聚焦于复杂地质地表过程与交通工程互馈、极端环境与多场耦合、超高速交通地质稳定等方面,开展地质过程与交通工程相互作用、复杂环境多场耦合、岩土体性能演化等方面的研究。

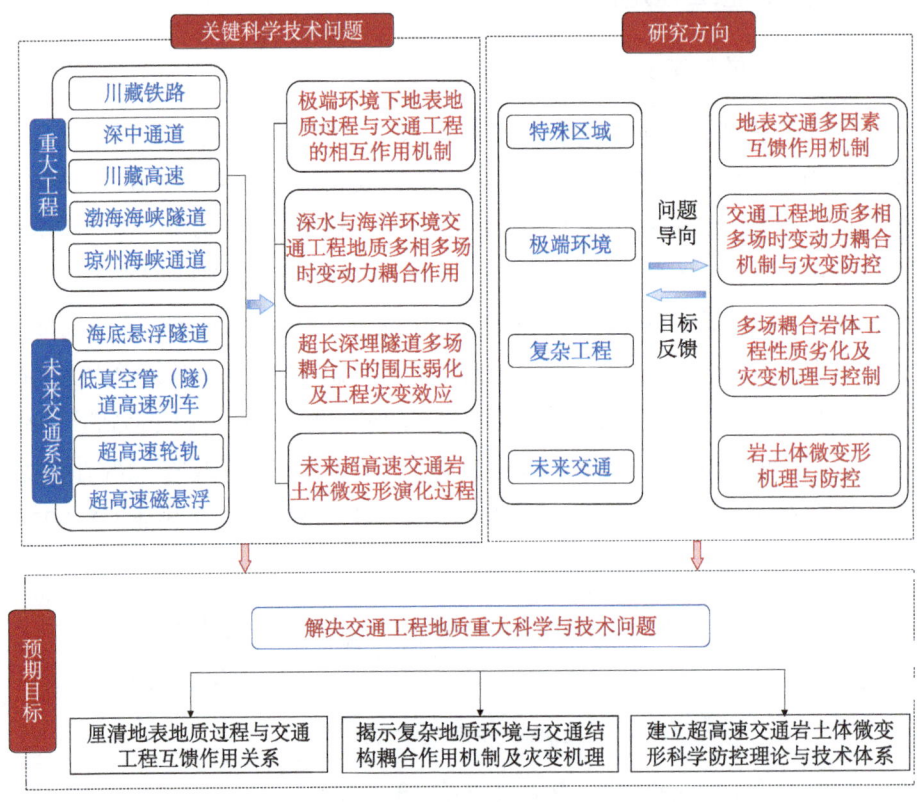

图 4-26 交通工程地质问题研究技术路线图

(二)关键科学与技术问题

1. 极端环境下地表地质过程与交通工程的相互作用机制

长大交通工程穿越复杂多变的气候与地质地貌单元,极端气候环境、复杂地质条件和大型人类工程的互馈耦合深刻影响着长大交通工程的安全建设和健康运营,阐明地表地质过程与交通工程相互作用机制已成为一项关键任务。

2. 深水与海洋环境交通工程地质多相多场时变动力耦合作用

深水与海洋环境条件下交通工程建设所面临的地质体复杂多相且具时变动力演化特征，目前尚无理论对波浪-河床/海床-多相地质体-结构间时变动力耦合过程的力学状态、运动形态等做出精确描述，对多相、多场、多时体系的动力耦合作用机理也仍需深入探索。

3. 超长深埋隧道多场耦合下的围岩弱化及工程灾变效应

超长深埋山岭隧道和深水隧道面临高地应力、破碎带、高水压、强富水、高地温等复杂水文地质条件引发的围岩弱化问题，给超长深埋隧道安全建设和运营带来了严峻挑战，如何揭示多场耦合下围岩弱化及工程灾变效应已成为亟须突破的关键科学问题。

4. 未来超高速交通岩土体微变形演化过程

未来超高速交通工程面临的重大挑战之一是"小变形、大风险"的地质灾害，在极端气候与交通荷载等多因素叠加作用下这类灾害更为凸显，控制岩土体微变形是最为关键的问题，亟须建立适用于岩土体微变形的科学防控理论与技术体系。

（三）主要研究方向

1. 极端环境下地表交通多因素互馈作用机制

构建跨气候与地质单元的交通选线选址灾害风险表征体系，建立面向交通选线选址的地表地质灾害识别及风险评价理论与技术；揭示跨地质与气候单元条件下长大交通工程的地质灾害孕育机制及演化规律；开发针对单体、群发、灾害链等不同类型地质灾害的预警关键技术，发展面向交通工程保通的新型防治技术。

2. 深水与海洋环境交通工程地质多相多场时变动力耦合机制与灾变防控

建立波浪作用下非均匀河床/海床演化跨尺度理论，构建长期作用下海洋地质与交通工程结构多相多场时变动力耦合模型；揭示波浪作用与高水压环境下地质体—结构物动力耦合体系的致灾机理；建立深水与海洋环境交通基础设施地质体的健康监测、评估体系及监测预警与防控技术。

3. 超长深埋隧道多场耦合岩体工程性质劣化及灾变机理与控制

阐明开挖扰动下隧道围岩系统的动态劣化过程与演变规律，厘清复杂地质条件下隧道工程灾害的孕灾机制、成灾模式、成因机理、演化行为及灾害链响应过程；揭示多场耦合下隧道与地质要素间互馈作用机制与多场耦合作用效应；建立超长深埋隧道全生命周期安全状况评价、灾变监测预警及防灾减灾理论与技术。

4. 未来超高速交通岩土体微变形机理与防控

阐明超高速交通穿越特殊岩土体区域的微变形机制；建立交通荷载与极端自然营力共同作用下岩土体多相动力渗流理论；揭示复杂动力环境岩土体回弹/湿陷/振陷等耦合微变形机理；建立全生命周期超高速交通岩土体微变形诱发灾害的成灾模式及其防控理论体系。

（四）预期目标

（1）厘清地表地质过程与交通工程互馈作用关系，揭示复杂地质环境与交通结构多相多场时变动力耦合机制及灾变机理，实现交通工程地质研究理论新突破。

（2）揭示复杂地质环境与交通结构耦合作用机制及灾变机理，建立面向复杂和极端环境的交通工程灾害防控技术，创新交通地质安全综合评价方法，构建交通工程地质防灾减灾技术体系。

（3）面向未来超高速交通变革，建立岩土体微变形控制理论，构建保障运营安全的精细化评价技术与方法，支撑未来超高速交通建设的管理决策。

七、"双碳"目标工程地质问题

（一）背景与意义

化石能源燃烧作为温室气体排放的主要来源，引发的全球气候变化对各国社会经济发展和生态环境影响深远（Trisos et al.，2020）。我国将提高国家自主贡献力度，采取更加有力的政策和措施实现"双碳"目标。

"双碳"目标必将改变我国以化石能源为主的能源结构。我国碳捕集、利用与封存（carbon capture, utilization and storage，CCUS）是目前实现化石能源低碳利用的唯一技术选择,是实现碳中和目标的重要技术保障。CO_2 地质利用和海陆域地质封存是 CCUS 技术的重要环节。然而,CO_2 地质利用与封存涉及场地表征与筛选、储层封存能力评估、超临界 CO_2 高效注入技术、物质泄漏多源信息融合风险监测与预警等大量工程地质问题(图 4-27)。

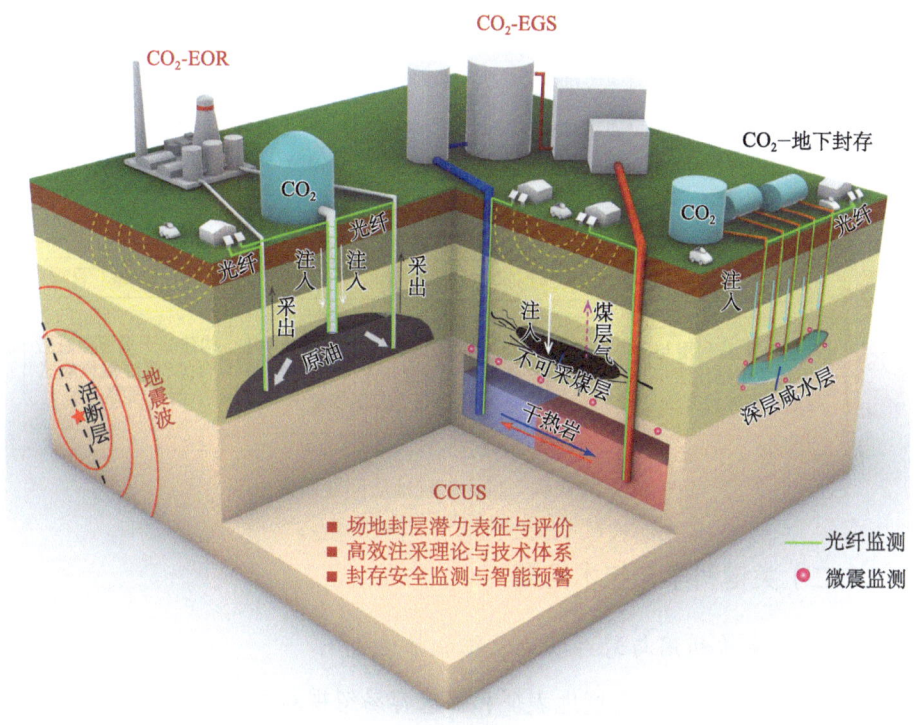

图 4-27 "双碳"目标工程地质问题

我国 CO_2 地质利用与封存技术仍处于研发示范阶段,面临着深地 CO_2 封存基础理论薄弱、选址科学依据不足、高效埋存关键技术缺失、泄漏监测与安全评价方法匮乏等诸多难题;面临 CO_2 地质利用与封存场地选取、深地 CO_2 封存多场耦合理论、碳封存与资源增采协同方法、CO_2 泄漏风险监测预警技术等前沿问题;通过"双碳"工程地质问题研究框架(图 4-28),对这些难题和问题逐一攻关,确保我国在 CO_2 地质利用和封存技术产业的核心竞争力。

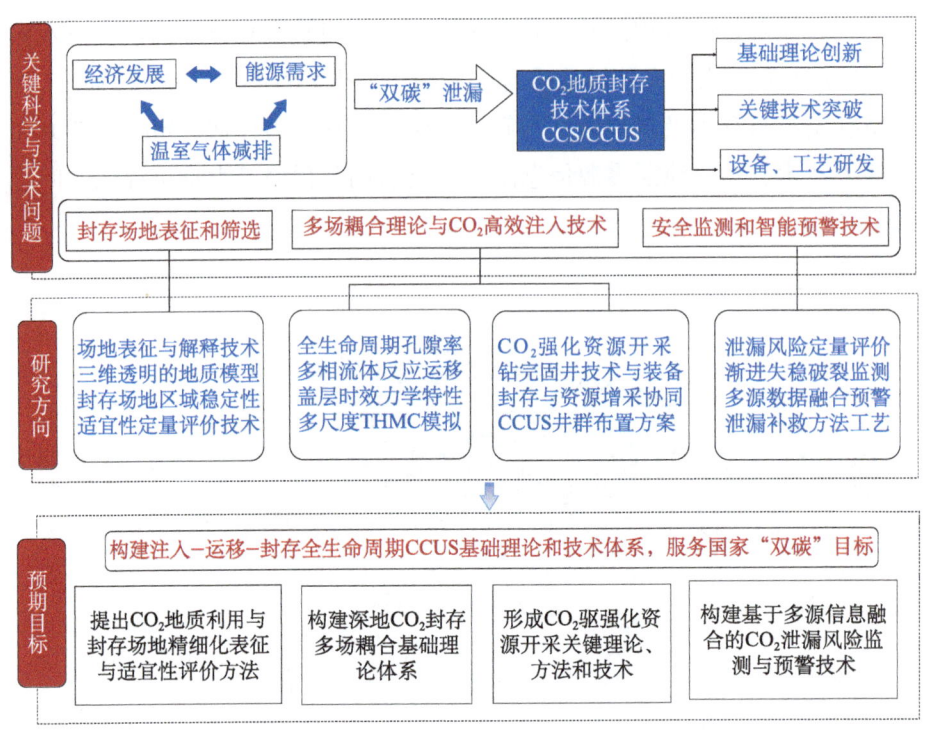

图 4-28 "双碳"目标工程地质问题研究框架

(二)关键科学与技术问题

1. CO_2 地质利用与封存场地表征和筛选

CO_2 地质利用与封存场地表征和筛选容易忽视对关键指标数据来源准确性的判断,因此如何对潜力封存场所的地质结构进行精细化定量表征和数据化分析,提高场地适宜性评价的准确性,是需要首先突破的关键科学问题。

2. 深地 CO_2 封存多场耦合理论与高效注入技术

深地 CO_2 利用和封存工程中的热流固化多场耦合理论尚不完善,因此如何构建深地 CO_2 封存多场耦合基础理论体系,厘清多相流体长时运移埋存机理和复杂应力下盖层长期力学特性,建立超临界 CO_2 高效注入工艺、动态调控方法及井群布置方案,是亟须突破的关键科学问题。

3. 深地 CO_2 封存安全监测和智能预警技术

深地 CO_2 封存工程中 CO_2 泄漏风险面临"难以溯源""时效不准""智能

化低"等问题,因此如何结合现场监测数据、模型计算结果等动静态数据,实现融合大数据分析及监测反演解释成果的模型驱动工作流,建立 CO_2 埋存过程的实时风险预警与控制体系,是需要重点突破的关键技术问题。

(三)研究方向

1. CO_2 地质利用与封存场地精细化表征与适宜性评价

开发高精度的场地表征技术,厘清地层结构的空间展布特征和区域内地质缺陷的分布规律,精细描述区域内水文地质和工程地质情况;分析内外动力作用下封存场地的区域稳定性,探究构造活动对盖层长期稳定性的影响;确定场地表征关键评价指标,建立埋存场地适宜性定量评价精细化评价体系;研发场地性能模拟与地层评价的技术、软件与综合平台。

2. 深地 CO_2 封存多相流体与地质体的长时耦合作用

揭示 CO_2 注入-运移-封存全生命周期储层孔隙率演化规律与多相多组分流体运移规律;建立流固化耦合作用下盖层岩体的真三轴破坏准则及强度理论,揭示 CO_2 聚集压力下盖层岩体时效损伤变形规律及渐进式破坏机理;探索 CO_2-盐水淋滤作用对井筒腐蚀效应,厘清井筒腐蚀诱致越层泄漏机制;建立深地 CO_2 封存热流固化多场耦合数学模型,开发多尺度多相流体热-水-力耦合数值模拟技术。

3. CO_2 驱强化资源开采关键理论与技术

研究水油藏中 CO_2-水-油-岩的微观作用,揭示高含水油藏封存 CO_2 后流体重新分布及长期封存机制;实现不同类型储层 CO_2 驱精细地质描述技术,提出 CO_2 驱储层筛选评价方法,阐明不同类型储层 CO_2 驱提高采收率机理;实现 CO_2 注入条件下钻井、完井、固井与修井技术,研发 CO_2 驱腐蚀控制技术;研究工业级 CCUS 井群布置方案,优化注采设计工艺,提高碳封存与资源增采协同效率。

4. 基于多源信息融合的 CO_2 泄漏风险监测与预警技术

建立岩体破裂定位和成像技术,提出精细化地质封存系统泄漏风险定量评价方法;建立融合大数据分析及监测反演解译成果的模型驱动工作流,建立 CO_2 泄漏监测和预警远程控制平台,完善突发灾害应急响应机制;研究大规模注入诱发地震监测与风险评估等技术；研发基于精细表征的导向钻完井技术和相应装备，提出井筒和盖层 CO_2 泄漏补救方法和工艺。

（四）预期目标

（1）基于地震勘探技术及数据解释技术，建立封存地质体三维透明地质模型，提出 CO_2 地质利用与封存场地精细化表征与适宜性评价理论和方法。

（2）基于多尺度多场耦合实验和模拟技术，构建深地 CO_2 封存多场耦合基础理论体系，揭示多相流体与地质体的长期耦合作用。

（3）基于多尺度实验和理论分析，建立多类型储层 CO_2 封存与资源增采协同技术，形成 CO_2 驱强化资源开采关键理论与技术体系。

（4）基于地震反演和数据聚合技术，建立基于多源信息融合的 CO_2 泄漏风险监测与预警技术，提出 CO_2 注入动态调控方法与应急对策。

第三节 综合交叉

"一带一路"倡议的全球拓展，长江经济带发展、黄河流域生态保护和高质量发展、京津冀协同发展等区域协调战略的纵深推进，以及川藏交通廊道工程等世纪工程的全面建设，是工程地质学科发展的重要历史机遇，也使学科面临重大挑战。在工程规模日趋增加、工程地质条件越发复杂、环境和安全要求不断提升的背景下，一些重大工程地质问题的解决涉及多学科理论和方法，具有典型的学科交叉特征，是综合性极强的研究课题，传统的工程地质理论和方法已难以满足解决该类问题的需求。因此，为了系统性解决重大工程建设所面临的关键科学技术难题，亟须开展学科综合交叉研究，拓展工程地质服务领域，创新工程地质环境保护与灾害防控新理论和技术，提升工程地质科学水平，服务新时代国家战略和重大工程建设需求。

当前具有交叉学科属性的工程地质问题很多，本节着重关注未来 10 年需要重点解决的问题，主要体现在以下几个方面：①全球气候变化导致极端气候事件频发，进而诱发一系列地质灾害，给传统工程地质研究带来许多新的挑战；②大规模人类工程活动对地球生态环境产生了前所未有的干扰，对地球环境的宜居性和人类社会的可持续发展产生严重威胁；③现代战争的胜败及国防设施的安全性，越发依赖对复杂战场工程地质环境的深入了解和多元战场空间信息的掌握；④我国密集的深空探索计划的实施，对工程地质学科提出了全新的要求；⑤从问题驱动到数据驱动研究范式的转变，迫使工程地质学与人工智能等现代信息技术更紧密地结合；⑥工程地质灾害不仅会导致经济损失和人员伤亡，也会影响社会行为，然而，这方面的研究十分匮乏，不利于社会治理可持续发展。

针对上述问题，本节提出了六大综合交叉优先发展方向（图4-29）。研究旨在揭示极端气候作用下地质体的灾变机制，建立灾害风险管理模型；阐明人类工程活动与生态地质环境互馈机制；建立军事工程地质学评估理论与方法；研发行星原位勘探技术，查明行星工程地质条件；实现地质工程的智能感知、智能分析、智能模拟、智能建造和智能防灾；形成一套完整的符合中国国情的灾害社会学理论框架体系。

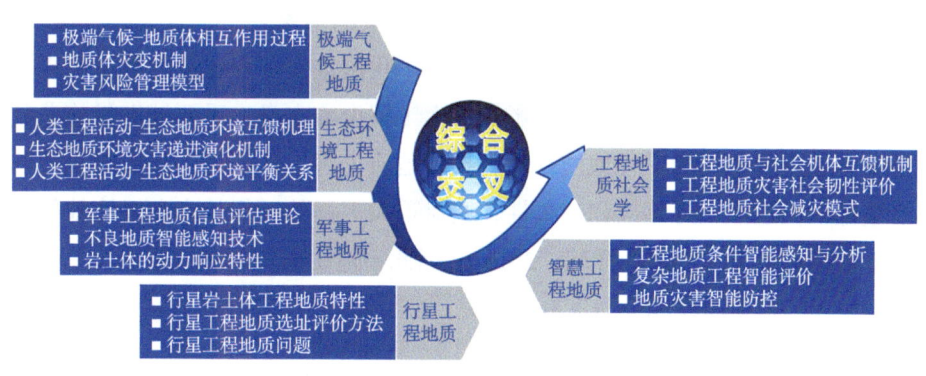

图4-29　工程地质学科综合交叉优先发展方向

一、极端气候工程地质

（一）背景与意义

联合国政府间气候变化专门委员会（Intergovernmental Panel on Climate Change，IPCC）于2021年8月9日发布的全球气候变化研究报告指出，当前整个气候系统的变化规模和现状在许多世纪到数千年范围内是前所未有的，尤其是人类活动造成的气候变化已经影响到全球每个地区，并导致各种极端气候事件发生的频率、强度、影响范围及持续时间都呈显著加剧趋势。这类极端气候事件会给工农业生产和生态环境带来巨大负面影响，且严重制约世界各国的经济社会发展，阻碍全球可持续发展目标的实现，甚至影响社会稳定和国家安全策略（秦大河，2015）。

在工程地质领域，极端气候会对地质体施加干、湿、冷、热等各种影响，导致工程地质条件严重恶化、工程地质作用和过程加剧、岩土体工程性质快速劣化、地下水位大幅度变化和地貌演化过程加速等工程地质问题和环境地质问题，并诱发一系列地质灾害，摧毁基础设施，造成人员伤亡和巨大的经济损失。因此，近年来欧盟、美国、加拿大等发达国家和组织在地质、岩土工程领域相继启动了一系列与全球气候变化及灾害相关的重大研究计划项目。与此同时，气候变化与工程地质防灾减灾也越来越成为许多国际学术活动的热门主题，极端气候工程地质也成为现代工程地质研究的重要发展方向（唐朝生，2020；Jardine，2020）。

我国是全世界极端气候事件及灾害最严重的国家之一，且灾害种类多、强度大、频率高，危害严重。近几十年来，我国重大工程建设的数量和规模不断增加。极端气候事件会通过影响重大工程设施本身、重要辅助设施尤其是重大工程所依托的工程地质环境，导致地质灾害，从而进一步影响工程的安全性、稳定性、可靠性和耐久性，并对重大工程的运行效率和经济效益产生重要影响（丁一汇和杜祥琬，2016）。因此，迫切需要开展气候变化尤其是极端气候工程地质作用及防灾减灾研究。

（二）关键科学与技术问题

极端气候-地质体相互作用及灾变过程非常复杂，主要体现在气象因素的复杂性（风、霜、雨、雪、辐射等）、地质体响应的复杂性（干、湿、冷、热、蒸发、入渗、径流、冻融等）、影响因素的复杂性（地形、地貌、岩性、构造活动等）、作用方式的复杂性（长期性、周期性等）几个方面，今后非常有必要开展多学科交叉及多部门协同研究，并着重考虑多种极端气候事件的交替作用和长期周期性作用，聚焦极端气候-地质体相互作用机制与灾害风险，通过解决以下关键科学问题，支撑极端气候工程地质灾害防控研究（图 4-30）。

第四章 未来10年的发展方向

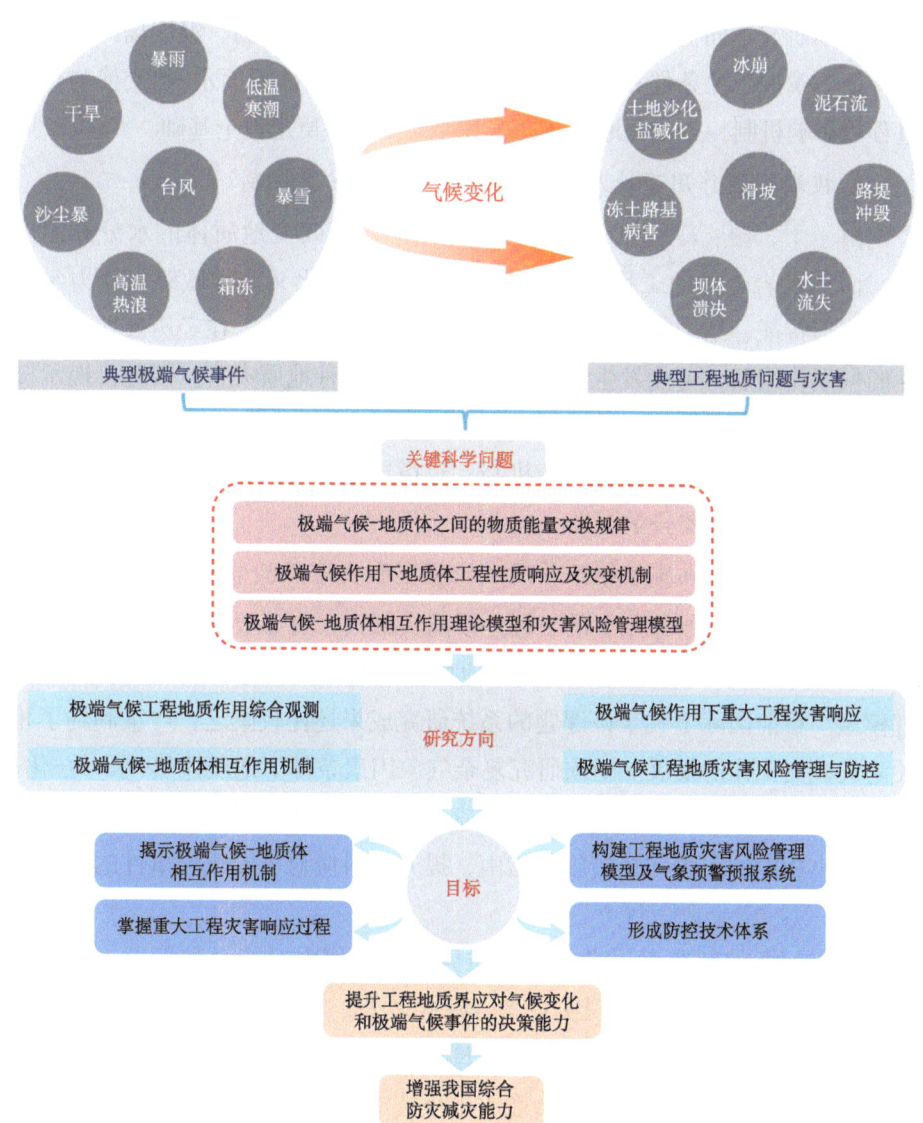

图 4-30 极端气候工程地质研究框架

1. 极端气候-地质体之间的物质能量交换规律

地质体在极端气候作用下之所以会发生灾变,根本原因是极端气候与地质体界面之间发生了一系列物质能量交换,从而显著改变地质体的水分和温度场,进而导致工程性质发生变化,诱发灾害。因此,极端气候-地质体之间的物质能量交换是致灾前提,揭示其中的规律,是开展防灾减灾工作的基础。亟须研究不同极端气候及其交替作用下地质体水分场、温度场的时空演化特征，掌握气象条件和工程地质条件对大气-地质体界面水-热交换与传输过程的影响机制，为工程地质界防治极端气候灾害奠定理论基础。

2. 极端气候作用下地质体工程性质响应及灾变机制

由于干、湿、冷、热等极端气候作用会显著改变地质体的水分和温度场，而地表岩土体的工程地质对水分和温度的变化又非常敏感，其力学强度、变形特征、结构特征、物相成分等会发生相应变化，在经历长期或周期性的气候作用后，可能发生灾变，从而演化出各种地质灾害。因此，揭示极端气候作用下岩土体工程性质的响应特征，阐明极端气候-人类工程活动-构造活动耦合作用下岩土体的灾变机制，对指导全球气候变化背景下的工程地质防灾减灾具有重要科学意义。

3. 极端气候-地质体相互作用理论模型和灾害风险管理模型

要实现极端气候作用下的工程地质防灾减灾，有必要开展多学科交叉和多部门协调研究，建立起极端气候-地质体相互作用理论模型和灾害风险管理模型。目前国际上关于该课题的系统研究成果还比较匮乏，严重制约了相关防灾减灾工作的发展。亟须研究复杂气象因素条件下地质体热-水-力-化-生多场多尺度耦合作用模型、灾变响应模型、灾害风险早期识别与预警模型等，提出相应的灾害防控措施和指南，提升学科应对极端气候事件的综合决策能力。

这些问题的解决对提升工程地质界气候变化应对能力和指导工程地质防灾减灾具有重要理论和现实意义。除此之外，还应该加强相关技术研究，如多圈层综合观测技术、分布式光纤感测技术、基于自然解决方案（nature-based solutions，NBS）的微生物地质工程技术、大数据与云计算技术、人工智能等，为极端气候作用下的工程地质防灾减灾提供先进的技术支撑。

（三）研究方向

1. 极端气候工程地质作用综合观测

极端气候工程地质作用过程非常复杂，涉及大气圈、水圈、生物圈及土壤圈等多个圈层之间的相互作用，要开展这方面的研究，必须依赖可靠的观测数据。因此，在今后相当长一段时间内，工程地质学科应该在一些典型气候区和气候变化敏感地区陆续建设一批具有代表性的地球系统综合观测站，对气象、地表生态及岩土体多场参数开展长期精细化观测，为深入研究极端气候工程地质作用积累第一手数据资料。

2. 极端气候-地质体相互作用机制

通过野外长期观测及大尺度室内物理模型试验，对极端干、湿、冷、热气候条件和交替作用下岩土体蒸发、入渗及冻融过程开展系统研究，揭示极端气候-地质体之间物质能量交换规律，掌握极端气候作用下岩土体工程性质响应特征，基于工程地质学、岩土力学、大气科学、物理学等多学科理论，揭示极端气候-地质体相互作用机制，并构建相应的理论模型。

3. 极端气候作用下重大工程灾害响应

全球气候变化导致的高温、强降雨和干旱等极端气候事件频发，会普遍通过影响重大工程的设施本身、重要辅助设施尤其是其所依托的地质环境，进而影响工程的安全性、稳定性、可靠性和耐久性，最后导致灾害的发生。因此，针对不同类型和规模的重大工程，在研究其对极端气候事件的适应能力时，还应该综合考虑其所处地质环境的气候敏感性，系统揭示极端气候作用下重大工程的灾变过程及灾害响应机制，并建立重大工程灾害气象预警预报系统，提出极端气候对重大工程影响的适应对策。

4. 极端气候工程地质灾害风险管理与防控

极端气候通过与地质体之间发生一系列物质能量交换，显著改变地质体的工程力学性质，是许多工程地质灾害的直接诱因，如崩塌、滑坡、泥石流、地裂缝、地面沉降等。因此，有必要基于极端气候条件在工程地质灾害风险形成过程中的作用机制及风险理论，进行致灾因子-灾害过程-风险对象关联分析，对极端气候作用下工程地质灾害风险识别、风险形成过程、风险分级开展细致研究，构建极端气候工程地质灾害风险管理模型。除此之外，针对不同的灾害类型和工程地质条件，结合国家"双碳"目标，研究基于自然解决方案的工程地质极端气候适应策略与减缓措施，构建相应的防控技术体系，指导工程地质防灾减灾。

（四）预期目标

在我国典型气候分带区和重大工程实施区内建立若干原位地球系统综合

观测站,重点对气象、水文和地质体多场参数进行长期精细观测,获取高质量观测数据。在此基础上,运用工程地质学、大气科学、非饱和土力学等多学科理论,揭示极端气候-地质体物质能量交换规律及相互作用机制,掌握极端气候作用下岩土体工程性质演化规律及重大工程灾害响应过程,构建工程地质灾害风险管理模型及气象预警预报系统,并提出基于自然解决方案的调控措施,形成防控技术体系,从而提升工程地质界应对气候变化和极端气候事件的决策能力,增强我国综合防灾减灾能力(图4-30)。

二、生态环境工程地质

(一)背景与意义

2018年5月18日,习近平总书记出席全国生态环境保护大会并发表重要讲话,指出:"生态兴则文明兴,生态衰则文明衰。生态环境是人类生存和发展的根基,生态环境变化直接影响文明兴衰演替。"[①] 近半个世纪以来,随着全球经济的高速发展,人类社会对地球生态环境产生了前所未有的干扰,众多指标超过地球环境安全运行的边界,对地球环境的宜居性和人类社会的可持续发展造成严重威胁。近年来,地球科学家倾向于将20世纪50年代人类影响地球环境的大加速时期作为"人类世"的起点,指示着人类营力在某种程度上已超过自然营力,成为影响地球生态环境的主导力量(Lewis and Maslin, 2015; Waters and Turner, 2022)。大规模人类工程活动作为一种重要的营力,其影响的空间和规模正在不断扩大,产生的生态环境问题日益突出,已成为影响区域和全球可持续发展的重大问题之一(王思敬,1997;彭建兵和兰恒星,2022)。当前,人类工程活动与生态环境的相互作用关系及可持续发展问题应受到高度重视。

众所周知,今天人类赖以生存的环境是多圈层相互作用构成的复杂体系,这些圈层之间相互渗透与交织、相互作用与联系(黄润秋,2001)。位于地球浅表层的生态地质环境系统,是人类工程活动直接改造和影响的对象(陈梦熊,1999)。生态地质环境系统包括生态环境系统、地质环境系统

---
① 习近平:生态兴则文明兴. 2018. http://env.people.com.cn/GB/n1/2018/0521/c1010-30002135.html[2025-06-20].

和灾害环境系统，三者相互耦合、共同作用（彭建兵和兰恒星，2022）。未受扰动条件下，山体、岩体、土壤、植被、水等生态地质环境要素处于动态平衡状态，即使受到一定程度的外界干扰或内部产生一定的变化，系统也具有自愈功能；然而，如果受大规模人类工程活动的影响，生态地质环境系统遭受过度损害，乃至引发地质灾害，超过系统的自愈能力，系统再平衡过程（图4-31）将受到极大阻碍。

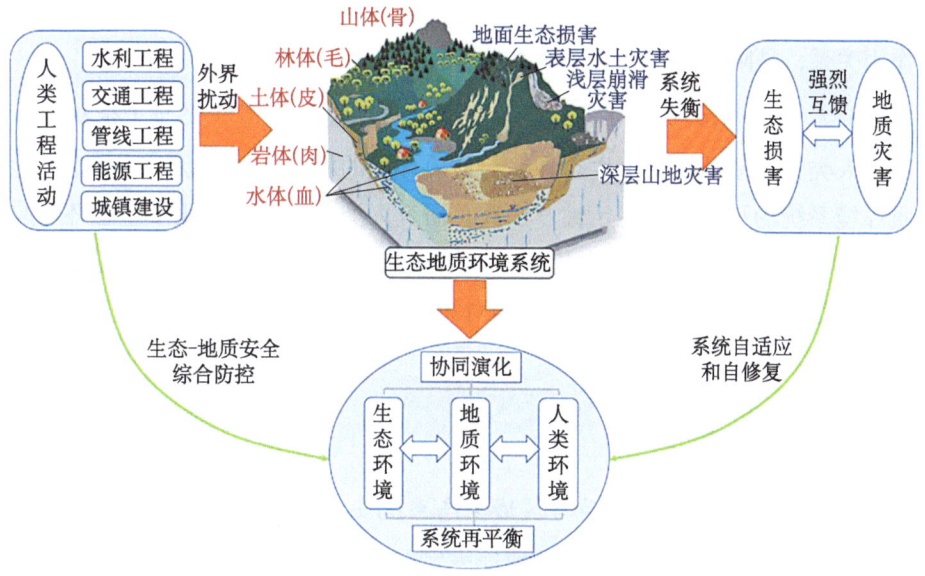

图 4-31 人类工程活动作用下生态地质环境系统动态平衡过程

同时，生态损害与地质灾害过程之间存在着强烈的互馈作用，影响人地关系的协调。因此，生态环境工程地质的内涵是研究生态环境-地质环境-人类环境的互馈作用及其动态平衡机制，促进区域人地关系的协调，服务经济社会可持续发展（彭建兵和兰恒星，2022）。

（二）关键科学与技术问题

1. 人类工程活动解耦生态地质环境系统要素互馈的影响机理

生态地质环境系统包括山体、林体、土体、岩体和水体五个组成部分，"五体"之间处于动态平衡状态。人类工程活动破坏了生态地质环境系统的整体性，解耦了"五体"之间的耦合互馈关系。因此，研究人类工程活动对生态地质环境系统失衡的影响机理，揭示"五体"的失衡过程和解耦机制，是阐明生态环境工程地质问题的基础。

2. 人类工程活动触发生态损害-水土灾害-地质灾害递进演化的机制

人类工程活动作用下，生态地质环境系统发生灾变的类型包括地面生态损害、地表水土灾害和浅/深层地质灾害三种类型。三种灾害的发生不是孤立的，其破坏机制具有层层递进和不断演化的特征。研究人类工程活动作用下生态损害-水土灾害-地质灾害的递进演化机制，揭示三种灾害发生的互馈作用关系，是阐明生态环境工程地质问题的核心。

3. 人类工程活动作用下生态环境与地质环境的协同演化与平衡机理

人类工程活动改变了生态环境与地质环境的相互作用关系，破坏生态地质环境系统的平衡性和稳定性。因此，研究人类工程活动作用下生态环境与地质环境的协同演化与平衡机理，厘清生态环境-地质环境-人类环境之间的平衡关系，提出科学合理的调控对策，是解决生态环境工程地质问题的关键。

（三）研究方向

1. 大规模人类工程活动与区域生态系统安全

大规模人类工程活动通常导致地表生态系统严重受损，植被剥离，区域景观生态格局、过程和生态系统服务功能发生剧烈变化。因此，区域生态系统安全是人类工程活动需要关注的核心问题。应研究重大工程建设前后生态系统格局、过程和服务功能的变化，揭示陆地和河流生态系统受损的区域、烈度和辐射范围，探索不同生态受损区保护和修复机理，构建生态系统安全保护和修复模式。

2. 大规模人类工程活动与区域水土资源安全

大规模人类工程活动导致生态受损后，地表水土资源首当其冲受到破坏，直接导致水土流失和面源污染加剧，威胁区域水土资源安全。应研究重大工程建设后水土灾害的发生机理，揭示水土资源受损的范围、强度及其与生态损害的互馈关系，提出不同区域水土灾害阻控的机理和模式，控制灾害加剧和扩大的风险，保护重大工程建设区水土资源的安全。

3. 大规模人类工程活动与区域生态地质安全

自然条件下，生态地质环境系统是一个具有演化功能的动态平衡体系。大规模人类工程活动破坏生态环境与地质环境的平衡关系，导致系统失衡，地质灾害加剧。应研究重大工程建设与生态地质环境系统的相互作用关系，揭示生态损害-水土灾害-地质灾害的共生互馈机制与递进演化过程，提出重大工程建设的生态地质环境适宜性对策。

4. 大规模人类工程活动与区域人地关系协调

人与自然和谐共生是新时代我国生态文明建设的核心内涵。因此，人地关系协调是工程地质学发展的新目标和新任务。在联合国可持续发展目标框架下，应研究生态环境-地质环境-人类环境的动态平衡关系，提出大规模人类工程活动与区域人地关系协调的科学调控对策，推动人类作用下生态地质环境系统走向良性循环的轨道，实现人与自然的和谐共生。

（四）预期目标

（1）阐明大规模人类工程活动导致生态地质环境系统解耦失衡的机理，构建高强度人类营力作用下生态地质环境系统重构模式与演化体系。

（2）厘清大规模人类工程活动触发生态损害-水土灾害-地质灾害共生互馈机制与递进演化过程，提出三类灾害风险的防控策略。

（3）揭示大规模人类工程活动作用下生态环境-地质环境-灾害环境的协同演化与再平衡机制，提出基于人地协调的生态地质环境调控对策。

三、军事工程地质

（一）背景与意义

当今世界正处于百年未有之大变局，战争由冷兵器、热兵器时代进入机械化、热核时代，战争的胜败在很大程度上将取决于对复杂战场环境的深入了解和对包括地质信息在内的多元战场空间信息的掌握和娴熟运用程度。军事工程地质学是研究与军队行动和军事工程构筑有关的地质问题的交叉学科，其主要任务是调查、研究预定战场的地质构造、水文地质、工程地质，为军事行动和军事构筑物（如障碍物、道路、桥梁、地下工程等）的建造提供地质信息。

1937年，陈继承、朱熙人合著了《军事地质学》；1954年、1993年、1986年，王仁权、傅家豪等也相继出版了两部《军事工程地质学》和一部《阵地工程地质学》。此后，军事工程地质学成为中国人民解放军工程技术院校的课程之一。近年来，国内外学者在军事工程地质学研究方面取得了一系列成果（Leith，2002；Caldwell et al.，2004；Hausler，2015；唐金荣等，2016；刘晓煌等，2017），但是战场环境信息获取的困难与现代战争新式武器的出现，对军事工程地质学研究提出了新要求。例如，军事工程地质信息快速获取、潜在地质灾害识别与防控、军事地下工程构筑的适宜性评价和建造、军事行动的地质环境评估等。

随着多学科的交叉融合，现代军事工程地质学成为智能感知地质环境、综合运用战场地质环境的基础学科。未来研究方向聚焦军事工程地质四大关键技术问题，通过多技术联合方法开展系统性研究，力求在地质灾害规避及防控、地下目标智能快速探测、军事行动工程地质评估与战场岩土体毁伤评估等方面取得突破（图4-32）。

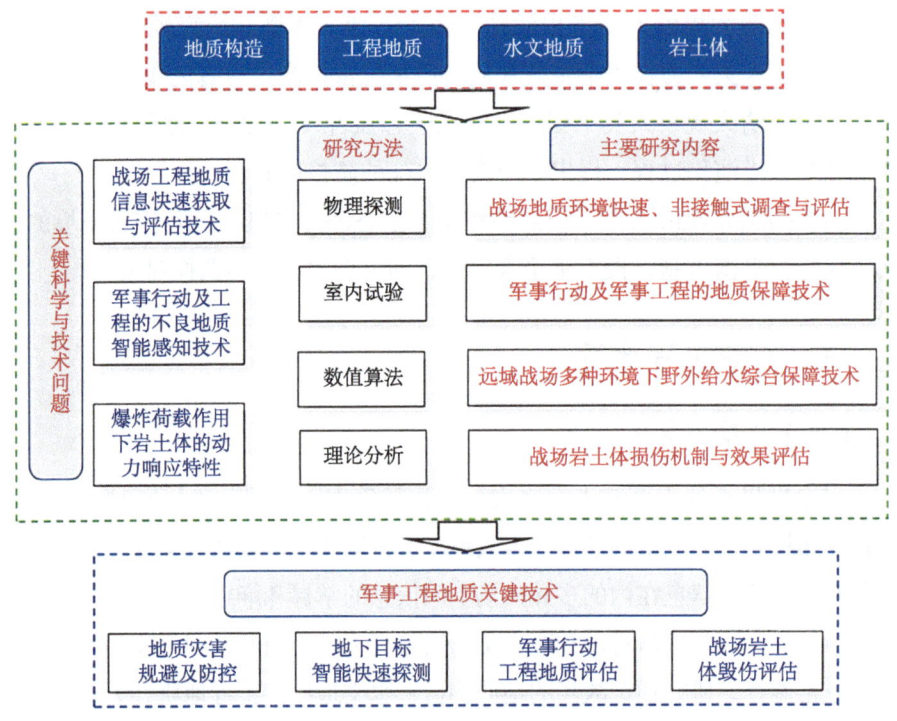

图4-32 军事工程地质关键技术研究方案

（二）关键科学与技术问题

1. 战场工程地质信息快速获取与评估技术

研究基于物探、遥感、地面综合调查、信息检索、民用数据军用改化等方法的战场地质环境信息获取技术，研究工程地质条件对军事行动的危害评估，研究岩土体性质与工事稳固性和抗打击性的关系，建立军事工程地质学评估理论、方法与技术。

2. 军事行动及工程的不良地质智能感知技术

研究基于战场工程地质环境的军事行动路线的规划理论、快速探测技术，以基于多源地质信息融合框架的承载能力、通行能力的智能评估方法；研发具有自主知识产权的不良地质信息超前智能探测成套技术装备，构建基于多源地质信息融合框架的军事地下工程施工风险管控和智能决策平台。

3. 爆炸荷载作用下岩土体的动力响应特性

研究爆炸荷载作用下岩土体的动力响应特征，构建和提出周围岩土体-地下工程结构协同防护理论和技术，实现军事地下空间结构性能精准评估。

（三）主要研究方向

1. 战场地质环境快速、非接触式调查与评估

研究非接触式调查技术，建立战场地质环境空-天-陆-海一体化的调查技术体系与方法；研究岩土体性质与军事行动、工事构筑、武器选配和防御目标优选的量化关系，建立军事工程地质学评估理论与方法；建立打击条件下地质灾害对军事行动的影响效果评价指标体系，研发武器冲击荷载条件下地质灾害数值仿真系统，研究地质灾害对军事行动的风险评估技术。

2. 军事行动及军事工程的地质保障技术

针对军事行动的选线及军事地下工程的选址需求，确定评判岩土体质量的控制性指标，构建多要素评价体系，提出基于军事行动需求的地质适宜性分级和分区标准；针对军事地下工程建造需求，研发地下空间地质信息快速获取和编录技术，形成工作面前方近-中-远场不良地质信息智能探测成套技术装备，建立基于人工智能和云计算的军事地下工程施工风险管控和决策系统。

3. 远域战场多种环境下野外给水综合保障技术

针对平原、高原、山区等多种远域战场环境，研究基于综合地球物理勘探方法的浅层、中深层地下水源探测技术，研制多功能、高效的地下水源和水质探测与检测一体化装备；根据现代战争的战场环境及用水量标准，研究不同水文地质条件下战场野外给水保障决策模型，建立战场野外给水保障方案的评价指标体系。

4. 战场岩土体损伤机制与效果评估

针对巨型钻地打击武器的爆轰效应，研究侵彻和爆炸诱发冲击与振动作用对岩土体及构筑物的损伤破坏机制与评估方法，揭示高压、强冲击等极端条件下岩土体及构筑物的响应特征及强度劣化性能，提出岩土体及构筑物在不同火力武器攻击下相应的加固措施和抗打击效果评价方法，同时建立不同类型岩土体及构筑物的精确打击武器弹药选配标准。

（四）预期目标

（1）研发战场工程地质信息快速获取与野外给水综合保障装备。

（2）建立军事工程地质学评估理论与方法。

（3）构建战场岩土体毁伤效果评估模型和武器冲击荷载条件下地质灾害数值仿真系统。

（4）提出军事地下工程地质综合保障技术。

四、行星工程地质

（一）背景与意义

从嫦娥五号、嫦娥六号月球取样返回和天问一号火星着陆探测，到天问二号小行星取样任务的成功发射，我国深空探测任务正如火如荼的开展，并计划将于2029年实现载人登月，2030年前后实现火星取样返回，同时与俄罗斯等国合作建立长期自主运行、远景有人参与的国际月球科研站（国家航天局，2021，2023，2024）。

这些密集的深空探索计划的实施，对工程地质学科提出了全新的要求和挑战，同时也为行星工程地质学的发展提供了历史机遇。

与地球相比，行星表面地质体在物质、结构与环境三个方面存在较大差异（陈薪硕等，2021），决定了行星地质体工程特性与地球具有很大的不同。例如，与地球土壤相比，火壤铁氧化物、钛氧化物含量高，月壤则还具有干燥无水且矿物成分单一的特征；结构差异体现在月壤和火壤均粒度细、结构松散（科万科等，2013），环境差异体现在重力、气压、温度和辐照差异等方面。作为行星地质学与行星工程学的交叉学科，行星工程地质学主要任务为：查明资源开发与工程建设场址的工程地质条件，包括地形地貌、行星土壤与岩石建造及其物理力学特性、物理地质现象等方面，解决行星资源开发与工程建设面临的工程地质问题，支撑未来资源利用、基地建设和人类移居。行星工程地质学将直接支撑我国小行星探测与取样、月球科研站与基地建设、火星探测与基地建设等重大科学问题（李守定等，2019；李守定等，2024）。

（二）关键科学与技术问题

1. 行星土体与岩石物理力学特性

查明行星表面土体与岩石的物理力学特性，是行星工程地质学最基础和最重要的科学问题，其研究意义不仅在于了解行星表面物质特性本身，更在于为其他工程地质学研究工作的开展提供数据基础。由于行星表面环境与地球大不相同，行星表面土体和岩石，目前尤其指月球与火星表面的地质材料，其物理力学特性与地球上的差异巨大。例如，月球的真空和无液态水环境导致月壤层风化主要受机械破碎控制，即微陨石撞击，因此其磨圆度较差，棱角分明，内摩擦角显著高于地球土壤的平均水平，且表面月壤受太空风化效应影响严重。火星的古海洋的存在及现今较为干燥的大气环境，决定了表层火壤疏松干燥强度较低，但次表层火壤强度相对较高。差异巨大的行星表面环境及演化历史，决定了行星表面物质差异巨大的物理力学特性。行星土体与岩石物理力学特性可以通过搭载在着陆器或巡视器上的力学载荷原位测试获得。美国"阿波罗"任务中宇航员在月球表面开展了静力贯入测试，苏联月球任务也携带贯入仪进行了力学测试，但能够携带力学载荷的探测任务少之又少。尽管人们已经开展了上百次月球与火星探测任务，但目前关于行星表面物质物理力学特性的数据仍然十分稀缺，这对相关方向的研究造成了很大的障碍。因此，行星着陆器和巡视器与表面物质相互作用的相关数据也成为重要分析对象之一。具体相互作用形式包括着陆器着陆时发动机羽流与表面相互作用、巡视器行进时车轮与行星表面物质相互作用等（Chen et al., 2024; Ding et al., 2022）。着陆器着陆时，发动机羽流冲击、破坏、侵蚀行星表面土壤材料，形成侵蚀着陆坑，并暴露表层土壤剖面信息。巡视器行进时，车轮前方的表层土壤被剪切破坏，并发生沉陷变形。关键问题主要聚焦在基于相互作用结果数据，正演和反演行星表层物质物理力学特性及结构信息。

除此之外，样品试验或模拟物试验也是直接获取行星土体和岩石物理力学特性的直接方法。由于行星土体和岩石长期暴露在真空、低重力、温差等特殊环境中，其物理力学参数指标甚至是力学行为都与地球岩土体相差巨大。研发能够满足行星特殊环境的试验设备并开展特殊环境下的样品力学试验也成为研究的重点。

针对月球或火星表面环境与地球的差异，行星土体与岩石物理力学特性的科学与工程问题主要聚焦以下几个方面：①多方法多尺度（原位测试、样品试样、相互作用正演反演等）获取行星表面土体与岩体物理力学参数；②高真空、低重力、大温差、太空暴露等环境下，月壤月岩的物理力学特性研究；③低气压、低重力、微量水汽等环境下，火壤的物理力学特性研究。

2. 行星科研站和基地工程地质选址评价方法

查明行星地质工程条件，建立行星科研站与基地建设选址的综合评价方法是行星工程建筑安全可靠、经济合理和正常运行的保障。目前关于行星选址与评价方面的研究主要聚焦于着陆探测任务，目的在于确保探测器在行星表面安全着陆并顺利完成既定探测任务，而针对科研站与基地建设的选址评价研究较少。并且，由于行星表面环境与地球差异巨大（Williams et al., 2017），需要针对性地重新建立工程地质条件分析与建设场地选址的方法和体系。从工程地质角度出发，行星科研站与基地的建设场地选择需要重点考虑行星表层物质的力学性质、地形地貌、温度环境、光照能源供给、原位建造材料等多个方面。同时，对于未来可能建造的服务于资源开采的行星基地来说，建设场地附近的各种矿产资源和能源资源的分布也是必须要考虑的因素。对于未来行星工程建设需要，应聚焦以下科学问题：①外部极端温度、太阳辐射、真空低重力等特殊环境条件下，行星工程地质条件对行星表面工程建筑建设的影响；②行星工程地质条件的分析评价方法及行星表面工程建设选址评价体系的探究和建立。

3. 行星资源开发与利用

地外行星，如月球和火星，其本身蕴含着丰富的矿产能源资源，发现和解决开发利用这些行星资源时面临的工程地质问题，对安全开发利用起着至关重要的作用。月球表面蕴含丰富的钛铁矿、稀土、He^3等矿产和能源资源（欧阳自远，2005），火星表面存在丰富的金属资源（Starr and Muscatello，2020），各类小行星也蕴藏着可供开采的金属非金属资源。这些资源可用于建设行星科研站及其他原位设施，甚至高价值资源有可能被运回地球加以利用。开发利用这些资源需要克服着微重力或低重力、真空、极端温度、辐射、粉尘等恶劣环境，开采设备同时还受限于功耗、体积、质量等各个方面，各种技术难题仍待解决（Jakhu et al., 2017）。此外，开采时可能还会发生和地球上类似的崩塌、滑坡、塌陷等工程地质灾害，需要提前查明开发区域的工程地质条件，分析人类资源开发活动对天然地质体的扰动影响，确保资源利用安全合理有序。主要科学与工程问题主要聚焦在资源开发工程地质条件勘察、行星复杂环境下人类开发活动与天然地质体的相互影响关系。

4. 行星人类移居

随着深空探测技术的迅速发展，同时为实现科学、生存、军事、政治等多方面目的，人类未来移居地外行星并非遥不可及。除了与恒星距离适宜、自身体积大小合适等不可控因素外，在行星表面建立适宜人类生存的基础设施也对工程地质提出了全新的挑战。对于目前最具移居潜力的火星来说，马斯克于2024年在演讲中提出需要考虑六大方面的建设工作，包括能源供给、水冰资源开发、火箭燃料生产、长期生存环境保障、建构筑物建造、星际通信与导航。

（三）主要研究方向

1. 行星岩土体工程地质特性测试

行星岩土体工程地质特性测试方向以行星岩土体为研究对象，研发行星岩土体原位测试载荷，研究行星岩土体物理力学特性。主要研究方向包括：①行星工程地质原位测试载荷研制；②行星岩土体物理力学性质正演与反演方法；③行星岩土体在低重力（微重力）、低气压（高真空）、大温差等特殊环境下的力学行为研究。

2. 行星样品采取与封装

行星取样与封装方向以行星取样探测任务为服务对象，研究样品地外采集与运输的方法与技术。主要研究方向包括：①低功耗小体积高效的取样钻具与样品封装研制；②取样钻具与行星岩土体的相互作用动力学过程研究。

3. 行星表面行走与巡视

行星表面行走方向重点关注巡视器、宇航员甚至探测机器人在行星表面行走的安全性和稳定性问题。主要研究方向包括：①行星行走时设备与表面相互作用及岩土体的力学响应机制；②巡视器车轮等行走设备的设计与优化。

4. 羽流与行星表面相互作用评价与控制

羽流与行星表面作用评价与控制方向，主要研究相互作用的动力学机制，以降低探测器着陆风险。主要研究方向包括：①羽流与行星表面相互作用的气固热耦合多相流动数值模拟；②羽流与行星表面相互作用的物理模拟试验与作用机制研究。

5. 行星采矿

行星采矿以资源开采为目标，研究地外天体上资源勘探与开采的方法与技术。主要研究方向包括：①行星资源勘探技术与储量评估方法；②适应极端恶劣环境的小体积低功耗开采设备研制；③资源开采对行星岩土体的不利影响及潜在灾害风险。

（四）预期目标

运用行星科学的基础理论，利用行星观测、探测及开发技术方法，开展行星工程地质研究，预期目标包括：①研发行星就位测试技术，建立空地一体化行星工程地质勘探方法体系；②查明行星工程地质条件，厘清行星复杂地形及特殊地质构造的分布规律、形态特征、演化机制，获得行星岩土体在极低温低重力环境下的物理力学性质，揭示不良地质现象发育特征和规律；

③定性和定量评价行星工程场址稳定性，给出工程地质选址建议；④阐明极端温度、太阳辐射、真空低重力环境等特殊外部条件对工程建设的影响，以及工程建筑物对场址地质环境的影响，预测其发展趋势并提出对地质环境合理利用和保护的建议；⑤探究行星内外动力作用下地质灾害的孕育、形成、演化和风险防控，为行星资源开发和工程建设提供地质安全保障，为人类移居及可持续永久开发提供基础理论和关键技术支撑（图4-33）。

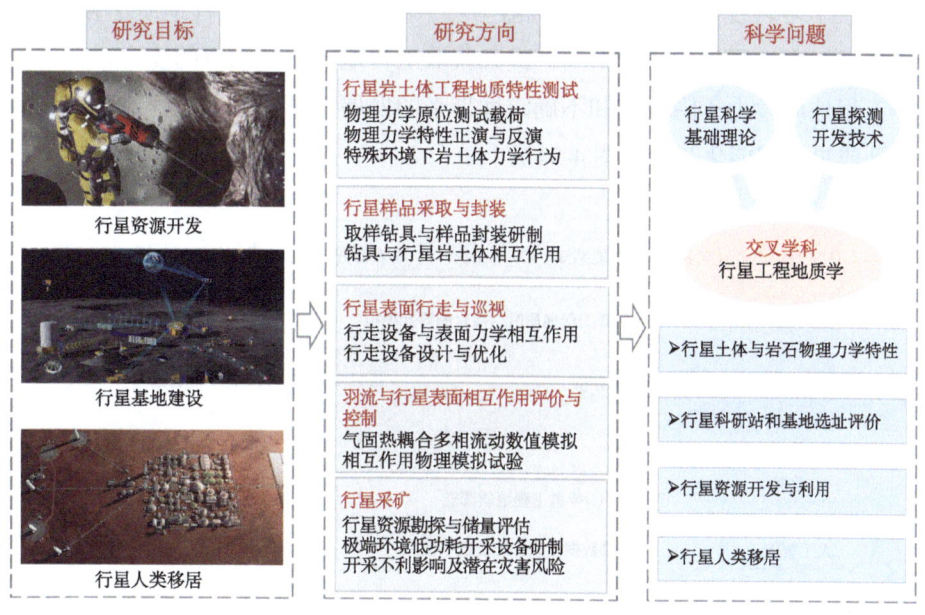

图4-33　行星工程地质学科架构
（国家航天局，2021；Musk，2017）

五、智慧工程地质

（一）背景与意义

随着大数据、人工智能和机器学习时代的到来，海量数据的产生逐步影响和改变人类认识和研究世界的思维方式，数据密集型知识发现成为继理论科学、实验科学和计算科学后科学研究的第四范式。为抢抓人工智能发展的重大战略机遇，构筑我国人工智能发展的先发优势，加快建设创新型国家和世界科技强国，国务院于2017年印发了《新一代人工智能发展规划》，提出到2030年力争人工智能理论、技术与应用总体达到世界领先水平。

工程地质学是研究地质环境与人类工程活动之间相互关系的一门学科，是地质学的一个分支。地质学是通过对地球自然现象的观察，发现观测数据中内在的规律性的学科，本质上是一门信息学科，是典型的数据密集型科学。大数据、人工智能技术给工程地质学的发展带来前所未有的机遇，将促使工程地质学的两大转变：①从问题驱动到数据驱动研究范式的转变，从寻求地质问题现象的复杂因果关系转到相关性的去因果化；②从基于人为认知的专家学习转变为人工智能的机器学习。将人工智能与工程地质学相结合，将拓展工程地质学的认知空间，提升获取工程地质学新知识的能力，突破传统工程地质学由于隐蔽性和不确定性带来的发展瓶颈，促进工程地质研究范式到成果的智能化革命（图 4-34）。

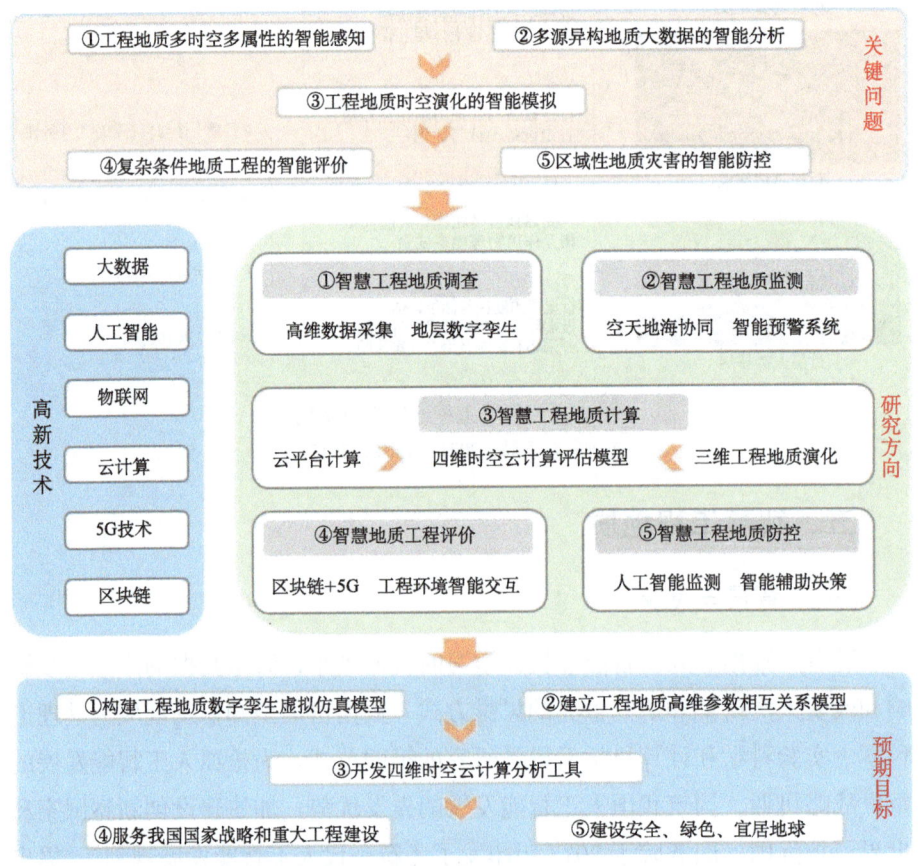

图 4-34 智慧工程地质问题研究框架

（二）关键科学与技术问题

1. 工程地质多时空多属性的智能感知

工程地质涉及人类工程活动和多圈层地质环境耦合作用，具有多重时间（成岩、风化、沉积等）、多重空间（天空、陆地、海洋等）和多重属性（温度、应力、渗流等）特征。然而，现有对工程地质状态及其演化规律的感知技术相对离散、片面，在科学指导工程建设、防治地质灾害等方面存在很大的局限性。实现多物理量智能感知，研发相应的智能传感器、探测设备、数据高速存储和传输技术，是实现工程地质多时空多属性智能感知的关键。

2. 多源异构地质大数据的智能分析

地质大数据涉及天-空-地-海等多场多相的海量信息，而对地质体的描述会因空间尺度、时间演化、工程属性等的差异形成语义鸿沟；同时，不同的数据采集、传输和存储平台也造成了地质大数据的严重异构。如何从机器学习理论和算法上寻找突破，实现多源异构地质大数据的高维数据特征挖掘的机器学习分析方法，是值得突破的关键科学问题。

3. 工程地质时空演化的智能模拟

工程地质时空演化涉及多物理场的复杂耦合作用，受传统软硬件计算能力限制，现有数值模拟不得不引入大量假设进行简化处理，使得计算结果难以完全揭示实际规律。云计算技术的突飞猛进，使实现大区域地质工程和地质灾害演化四维时空计算成为可能。如何开发能充分调用最大计算能力的数值分析工具，实现对大型地质工程、区域地质灾害，甚至地球演化等大科学问题接近真实的模拟，是值得突破的关键科学问题。

4. 复杂条件地质工程的智能评价

随着"一带一路"倡议、川藏交通廊道工程、"三深一土"工程等的积极推进，工程建设不可避免地进入以往认为不宜开展的复杂地质条件区域，如何拓展已有经验规范，保证工程安全和性能是需要解决的关键问题。大数据、人工智能、物联网、区块链、5G技术等高新技术为解决这一问题提供了新手段，如何充分利用高新技术，融合多源地质参数，智能耦联多技术平台，实现复杂地质条件下工程建设中地质灾害的智能评价，是亟须解决的关键问题。

5. 区域性地质灾害的智能防控

区域性地质灾害具有隐蔽性、不确定性等特点，许多已发生的重大地质灾害并不属于已知的隐患点，区域性地质灾害的识别和防控难度大。在气候变化、人类工程活动等因素作用下，区域地质条件也会发生时域上的演变。如何根据多源信息和智能框架，动态实时地精准智能预测区域地质体的性能演化，实现区域地质灾害的智能识别和防控，是亟待解决的关键问题。

（三）研究方向

1. 智慧工程地质调查

主要研究内容包括：研发多物理场（电、磁、声等）智能地质勘探设备；提出多物理场勘探信号智能解译和成像算法；构建多源异构地质大数据集成的地质云技术；建设工程地质基础数据信息系统共享平台；基于数字孪生技术的工程地质仿真虚拟模型构建。

2. 智慧工程地质监测

主要研究内容包括：研发多物理量高精度智能监测设备；构建"天-空-地-海"立体协同、多维耦合、智能耦联的区域地质灾害智能监测模型；研发海量监测数据高速存储、集成和传输技术；构建多源异构工程地质监测数据集成与共享云平台；建立耦合物理力学原理和多源监测信息的智能算法；研发工程地质全天候、全时域智能监测和预警系统等。

3. 智慧工程地质计算

主要研究内容包括：研发适应于区域性地质工程和地质灾害数值计算的云计算硬件和混合计算软件；开发四维时空区域地质工程和地质灾害演化分析模型；建立工程尺度的多场多相全耦合智能模拟方法；构建四维时空云计算分析数字孪生模型等。

4. 智慧地质工程评价

主要研究内容包括：基于多技术平台的重大工程项目建设中地质灾害的

智能评价；工程建造中融合多源地质参数的大数据、工智能、物联网、区块链、5G技术等高新技术的智能耦联；复杂工程地质环境与工程建设的智能交互。

5. 智慧工程地质防控

主要研究内容包括：建立地质灾害大型案例数据库；建立基于机器学习理论的地质灾害评估方法体系；区域地质灾害危险性的中长期智能防控；构建区域地质灾害动态演化智能分析和多属性动态智能决策体系。

（四）预期目标

智慧工程地质目标是通过大数据、物联网、人工智能、云计算、区块链、5G通讯等高新技术，实现对地质工程的智能感知、智能分析、智能模拟、智能建造和智能防灾，具体包括如下几个子目标。

（1）基于大数据、物联网技术实现工程地质多时空多属性智能感知，构建数字地球和数字孪生虚拟仿真模型。

（2）基于人工智能技术实现多源异构地质大数据的智能分析，建立工程地质高维参数相互关系模型，揭示工程地质动态演化趋势。

（3）基于人工智能与云计算技术实现工程地质时空演化的智能模拟，建立大型地质工程、区域地质灾害四维时空云计算分析模型。

（4）基于区块链、人工智能和5G通信技术，实现复杂条件地质工程的智能规划，服务我国国家战略和重大工程建设。

（5）基于大数据、人工智能、物联网等技术，实现区域性地质灾害的智能评价，建设安全、绿色、宜居地球。

六、工程地质社会学

（一）背景与意义

工程地质社会学是一种具有工程地质属性的，运用社会学观点与方法研究工程地质灾害（问题）的新兴交叉学科，旨在探究工程地质灾害（问题）与社会发展之间相互影响、相互作用的过程、特点和规律。受地质环境因素影响，工程建设过程中常会遭受或引发工程地质灾害（Cui et al., 2022），工程地质灾害会对人类社会的秩序稳定造成破坏性冲击。由于对工程地质灾害（问题）灾害链生社会灾害的过程与机制认识不足，加之社会韧性水平及其评价体系落后，工程地质灾害（问题）常常不能得到及时、合理、有效的解决，灾害事件的连锁效应、叠加效应、放大效应逐渐凸显，使得带有工程地质属性的社会灾害孕育而生（童小溪和战洋，2020），给工程地质行业和社会机体良性发展带来严峻挑战。

近年来，我国在灾害防控领域投入了大量资源，提升了社会在面对工程地质灾害（问题）时的预防、应对和恢复能力，在一定程度上降低了工程地质灾害所造成的社会损失（刘传正和陈春利，2020）。然而，现有的工作多是以工程地质灾害本身作为主体开展的，少有立足社会学视角将社会作为研究主体的工作（杨君和何茜，2020；周利敏和谭妙萍，2021），这也造成了对工程地质灾害影响下的社会心理、社会行为重视不足，对工程地质—社会灾害链的成因机制认知不清，缺乏简单、快捷、有效的防治对策等问题（刘传正，2024）。实际上，自古至今，人类在灾难思想、灾难政治、应急管理、灾害社会工作、灾害心理干预、灾害经济学等多角度、多学科已经开展了一些工作，但是这些工作都是在工程地质社会学理论研究基础相对薄弱的情况下开展的，带有明显的灾后应激反应痕迹（刘红旭，2018）。可以说，到目前为止，工程地质社会学仍处在学科建设的初级阶段，尚未形成系统的学科体系。因此，当下应加快推进工程地质社会学的学科建设，完善既有学科体系，充分发挥社会学理论在工程地质学科建设中的提升作用，从社会的整体性、综合性，以及各种系统之间的结构性、功能性出发，认知工程地质及工程地质灾害（问题）对社会及社会发展的影响，为降低工程地质灾害（问题）孕育社会风险概率，消除工程地质灾害（问题）链生社会灾害环境提供理论支持。

综上，工程地质社会学是在工程地质灾害（问题）日益尖锐复杂的背景下产生的。它立足社会学观察角度，关注工程地质与社会发展的多面关系和工程地质与社会机体的互馈机制。通过工程地质社会学理论体系建设，可为工程地质学科良性发展和韧性社会建设提供科学支撑，为社会机体良性运行和协调发展提供理论借鉴，将"工程减灾"拓展至"社会减灾"，实现工程地质与社会和谐、可持续发展（图4-35）。

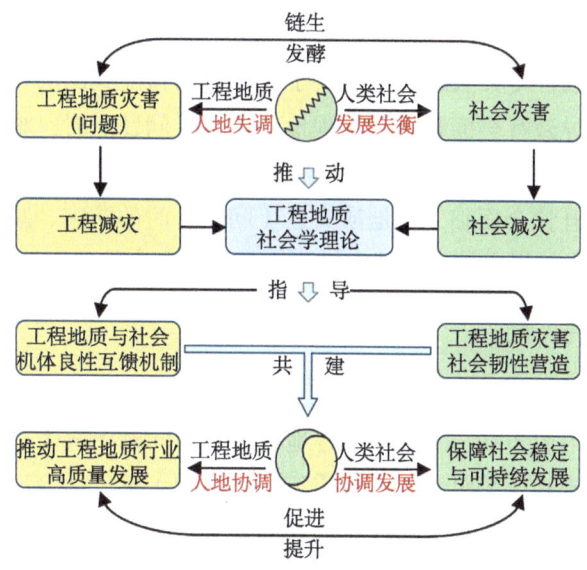

图 4-35 工程地质与人类社会协调发展关系图

（二）关键科学与技术问题

1. 工程地质与社会机体的相互作用特征与互馈机制

工程地质灾害作为一种社会现象，需要研究它对社会发展、社会进步的影响，研究它本身是如何被社会反馈和制约的。因此，将社会学理论嵌入工程地质研究，综合运用自然科学和社会科学的理论、方法，全面探索工程地质与社会机体的相互影响、内在联系及其规律，揭示工程地质与社会机体的互馈机制，是首要突破的关键科学问题。

2. 工程地质灾害（问题）作用下社会韧性的评价系统

社会韧性是社会系统面对灾害风险压力和承受灾害冲击时体系内部的能动反应机制和自我恢复能力。由于社会韧性影响因素庞杂、反馈机制复杂，社会韧性在工程地质灾害治理中的积极作用少有评价。评估体系为理解社会韧性这个复杂概念提供了一个窗口，这个窗口使其成为一个可测量的构念，而可测量对社会韧性现状评价及制定针对性社会减灾战略和行动计划至关重要。因此，遴选和建立合理的评价指标和权重，构建可靠的社会韧性评价模型，开展科学有效的社会韧性评估，厘清工程地质灾害（问题）作用下社会韧性水平的时空演化，是亟须突破的关键科学技术问题。

3. 基于韧性营造的社会减灾模式

提高社会韧性是社会减灾的重要手段,然而目前我国的相关研究仍处于起步阶段,这导致社会面临重大工程地质灾害(问题)时,难以有效降低社会灾害爆发的概率。因此,基于社会韧性评价结果,针对性地强化社会韧性薄弱环节,提升社会面临工程地质灾害(问题)时的防灾、减灾、救灾能力和风险管理水平,提出精细化减灾模式,是亟须解决的关键技术问题。

(三)研究方向

1. 工程地质与社会机体相互作用特征

主要研究内容包括:①查明工程地质灾害(问题)链生社会灾害的一般过程、特点和规律;②厘清工程地质灾害(问题)链生社会灾害的量度指标与阈值界限;③明确具有工程地质属性的社会灾害的科学内涵、类型划分和属性特征;④查明工程地质灾害(问题)的社会发展过程(历史)。

2. 工程地质与社会机体的互馈机制

主要研究内容包括:①查清工程地质灾害(问题)作用下的社会宏、微观层级行为表现;②揭示微观层级社会行动和宏观层级社会系统在工程地质灾害(问题)作用下的统一协调机制;③阐明工程地质与社会发展的互馈机制。

3. 工程地质灾害(问题)作用下社会韧性的评价系统

主要研究内容包括:①遴选工程地质灾害(问题)作用下社会韧性量测指标,建立社会韧性的评价指标体系(明确原则、评价因子、分级标准、确立权重);②构建社会韧性评价模型,综合评价工程地质灾害(问题)作用下的社会韧性,厘清社会韧性水平的时空演化;③结合典型工程地质灾害(问题)下的社会行为表现,校验并完善社会韧性评价体系。

4. 工程地质社会学框架下社会减灾模式

主要研究内容包括:①反思低韧性社会特征与社会灾害成因,提出基于社会韧性营造的精细化减灾模式;②将社会韧性嵌入灾害治理,探索工程地质灾害引发社会问题的协同防控、系统应对(刚性抵御、弹性管控、韧性恢复)的理论原则、技术手段和方法。

(四)预期目标

工程地质社会学的目标是建设工程地质社会学理论体系,将"工程减灾"拓展至"社会减灾",实现工程地质与社会和谐、可持续发展,具体包括如下几个子目标。

(1)查明工程地质与社会机体相互作用的一般过程与特征规律,厘清工程地质灾害(问题)链生社会灾害的临界条件。

(2)查清社会临灾行为表现,揭示工程地质与人类社会的冲突灾变与协调演进机制。

(3)建立工程地质灾害社会韧性评价系统,构建工程地质与社会和谐的韧性社会模式。

围绕工程地质与人类社会互馈作用的三大核心科学问题,重点研究链生社会灾害的演化规律与临界条件,揭示地质灾害触发社会系统宏微观行为响应的动力学过程;深入探索工程地质活动与社会发展的冲突协调机制,量化灾害作用下社会韧性演化的阈值界限;同步构建融合风险防控理论与精细化减灾技术的评价体系,阐明基于韧性提升的减灾路径。最终通过解析工程地质-社会系统的互馈规律,构建工程地质社会学理论框架,发展协调可持续发展的韧性社会模式,实现灾害风险可控与社会系统稳定的协同目标(图4-36)。

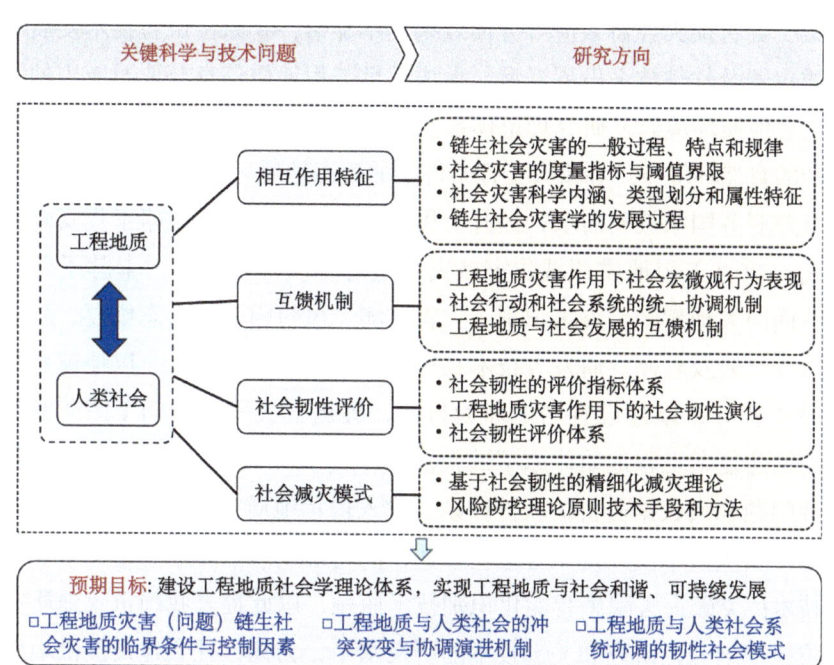

图4-36 工程地质社会学问题研究框架

第四节 技术引领

进入21世纪以来，全球环境污染、生态系统退化、自然灾害频发等地质和环境问题日益突出，严重威胁区域经济和社会可持续发展及人居安全，引起了各国政府和科技界广泛关注。近年，我国海洋强国、黄河流域生态保护和高质量发展、"双碳"目标的实施，对工程地质学科的基础理论研究、应用基础研究及工程技术研究提出了新挑战。

新技术、新方法的研究是保障地质数据获取，厘清地质现象发生机理，降低地质灾害风险，治理与恢复地质生态环境的必要手段。针对我国地质灾害规模大、隐蔽性强、诱发因素多、孕灾环境复杂等特点，当前工程地质领域防灾减灾尚存在如下突出技术问题：①传统监测手段无法全面、准确、及时感知地质体的变化，现有早期识别与监测预警技术面临"识不准、认不全、时效差、智能化低"等技术瓶颈；②当前地质灾害领域研究与承灾体易损性、灾害损失及社会风险联系不紧密，灾害防控技术研发多围绕灾害本身，在减少灾害损失经济效应等方面效果尚不显著；③原位试验技术发展缓慢、地质仪器及软件体系发展滞后，无法满足工程地质信息获取及应用的需求；④生态地质环境修复研究理论体系及相关技术研发较为缺乏，难以满足日益复杂的自然环境条件和重大工程条件下的生态地质环境修复需求。

为有效服务国家战略需求，提升工程地质学科解决国家战略工程安全问题的能力，攻克工程地质领域防灾减灾及生态地质环境修复"卡脖子"问题，本节面向大地感知、灾害识别、灾害监测、风险阻断、生态修复、防护技术、原型试验及软硬件研发等技术领域，立足国际科学前沿，以地球系统科学理论为指导，以建设宜居地球为目标，提出七大研究方向（图4-37）。研究旨在构建复杂工程地质体原型试验技术方法体系及适用于工程地质多场耦合复杂问题和大数据分析的软件体系，深入揭示地质灾害成因机理；高效高质获取多层次多维度关键工程地质参数，同时研发风险阻断、生态修复灾害防控技术；突破灾害隐患智能化识别技术瓶颈，以此提升我国重大地质灾害风险防控基础理论研究和关键技术的研发水平，为韧性社会建设提供地质安全保障。

第四章 未来10年的发展方向

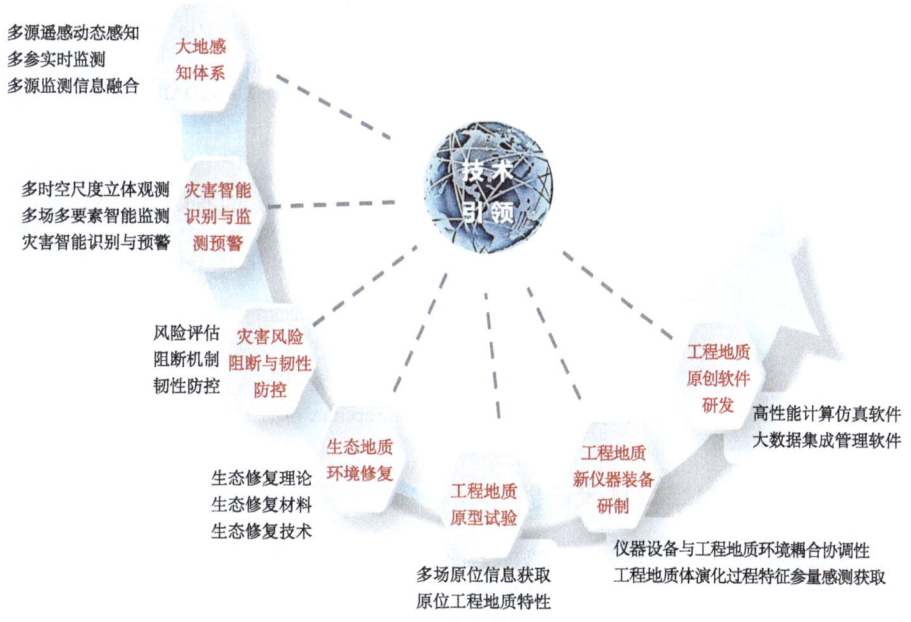

图 4-37　工程地质学科发展战略研究之技术引领主要研究方向

一、大地感知体系

（一）背景与意义

大地为人类生存和社会经济发展提供各类资源，同时是地质与岩土工程灾害的承灾体。为了有效地减轻和防治各类地质灾害，需要对地质体进行持续监测，摸清变形、应力、水分、温度等多场信息的时空变化规律，以便严格控制地质灾害风险、实现临灾预警预报（施斌，2017；施斌等，2023）。然而，由于地质灾害具有规模大、隐蔽性强、诱发因素多等特点，基于单一监测手段无法全面、准确、及时感知地质体的变化，而必须综合利用多种传感、遥感遥测和地球物理探测等技术方法，形成一个能够感知多场多参量信息、天-空-地-体全覆盖的大地感知体系（图 4-38），实现从宏观到微观、从点到面再到体、从静态到动态的精准监测，满足国家防灾减灾的重大需求（Soga et al.，2019；徐靓等，2021；许强等，2019；殷建华等，2004）。

-169-

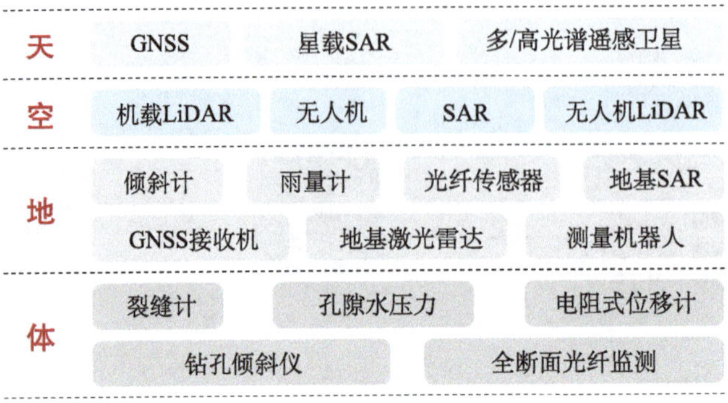

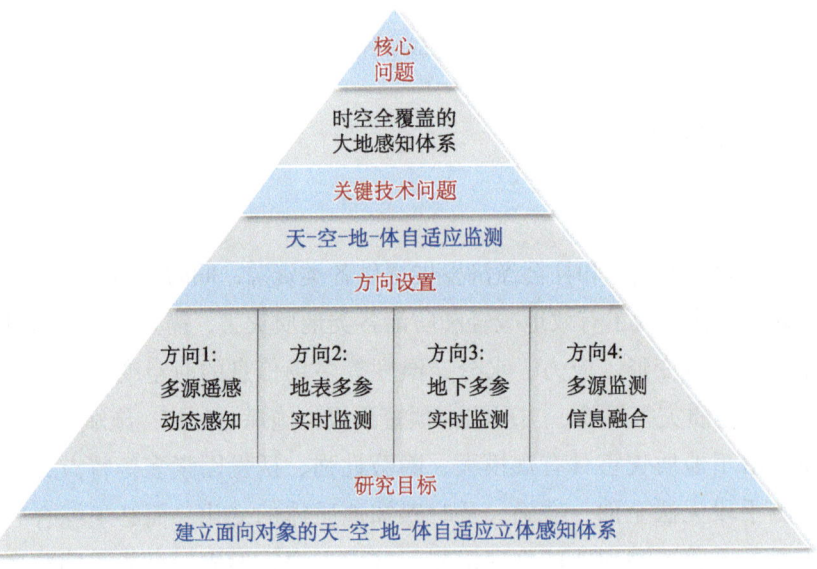

图 4-38 天-空-地-体协同的大地感知体系
SAR 为合成孔径雷达（synthetic aperture radar）

（二）关键科学与技术问题

大地感知体系的总体研究框架（图 4-39）主要包括以下三个关键技术问题。

图 4-39 天-空-地-体协同的大地感知体系总体研究框架

（1）构建天-空-地-体协同的大地感知体系，需要综合利用声、光、电等多源监测技术，而不同采集设备的通信协议和采集频率、传输速率不同，因此如何实现多源异构监测数据的一体化同步采集、远程无线传输是我们首要解决的关键技术问题。

（2）大地感知体系所获取的天-空-地-体多源监测数据在数据类型、存储方式、时空分辨率等方面存在差异，如何标准化这些多源异构数据，使其具有统一的处理和表达基准，是另一个亟待解决的关键技术问题。

（3）地质体演变是时空动态变化的过程，不同阶段呈现出不同的变化特征，如何根据环境条件自适应调整监测参数、频率、位置等信息，掌握关键阶段的关键参数，是需要解决的第三个关键技术问题。

（三）研究方向

1. 多源遥感动态感知

大型地质体具有体量大、复杂多变、破坏性强的明显特点，需要在区域尺度上对其形态和形变进行跟踪监测。通过卫星平台上安装的雷达装置观测卫星到地面的距离，获取具有毫米级精度的南北、东西和垂直三维方向的地表变形，感知大区域范围内地质体的变化（Dai et al., 2020）。在此基础上，融合其他遥感手段观测的地形起伏、地表覆盖、温度、水分等资料，构建具有多源遥感数据处理、信息融合、特征识别、信息共享等功能的信息服务平台，实现地质体区域尺度动态感知。

2. 地表多参实时监测

随着传感器与电子自动化技术的发展，GNSS、位移计、裂缝计等多参数地表实时监测装备的自动化与专业化程度迅速提升，形成了"数据自动采集-无线网络传输-云平台实时处理"的链条化体系（朱武等，2022）。面对复杂山区地质体监测参数多、通信实时性强和广泛布设监测装备的现实需求，研发普适性的北斗卫星导航系统/GNSS三维变形监测装备、便携式智能应急监测预警装备包和即插即用LoRa通信装备等，构建基于深度学习的高精度智能云监测平台，从而实现地表三维变形、雨量等多种观测参数的高精度实时获取和传输。

3. 地下多参实时监测

为实现大地感知，必须结合使用常规的电测技术和新型的分布式光纤传感、时域反射仪（time domain reflectometer, TDR）、微机电系统（microelectromechanical system, MEMS）等光电技术（Barzegar et al., 2022；

陈云敏等，2004；何满潮，2009；施斌等，2022；唐辉明等，2016；Yin et al.，2010）。鉴于各类技术的原理、方法和适用环境各不相同，需要解决不同传感器结构设计和封装工艺、现场安装工法、优化组网方式，以及数据采集、远程传输和实时处理方法等方面存在的技术问题，形成一个实时、长距离、自适应和分布式的地质体多场多参量传感网络。

4. 多源监测信息融合及大数据分析技术

多源监测信息具有异构性、分布式、自组织等特点，高效地进行信息融合已成为大地感知中的一个重要环节（施斌，2017；朱武等，2022）。同时，监测数据库中包含了社会、经济、人文、水文、地质、气象、环境、自然灾害等庞大而复杂的信息，需要充分利用数据融合、集成及管理技术，空间分析及空间查询技术，计算机模拟技术，以及单机版系统与网络版系统协同工作的方式，建立一个集数据采集、传输、处理、图形编绘、显示、应用为一体的监测系统。此外，对于获取的海量异构观测数据，需要开展大数据存储、清洗、挖掘、可视化和预测等研究，构建大数据分析模型。

（四）预期目标

（1）技术方法：建立面向大地多场信息的天-空-地-体自适应立体感知体系，实时获取多层次多维度关键监测参数。

（2）装备研发：研究北斗卫星导航系统定位、激光雷达、光纤传感及信息融合等技术，研制低成本、智能化、高精度的实时监测装备。

（3）工程服务：围绕工程设计、施工和运营阶段的地质体安全监测需求，服务川藏交通廊道工程、南水北调等国家重大工程。

二、灾害智能识别与监测预警新技术

（一）背景与意义

如何提前发现和有效识别出重大自然灾害潜在隐患并加以主动防控，是我国灾害防治领域关注的焦点和难点。近年来，光学遥感、雷达遥感、无人机、LiDAR、地面感知传感技术等在重大灾害风险识别和监测预警方面已展现出巨大潜力（许强等，2019；Tang et al.，2019），但在复杂孕灾环境和工程活动影响下，现有早期识别与监测预警技术仍然面临"识不准、认不全、时效差、智能化低"等技术瓶颈（彭建兵等，2020；崔鹏，2014；李振洪等，2019；Dai et al.，2020）。如何在复杂孕灾环境下，实现灾害隐患精准智能识别和监测预警，破解"隐患点在哪里？什么时间可能发生？"难题是灾害风险有效防控的关键（李振洪等，2022；许强等，2019；许强，2020）。灾害智能识别与监测预警新技术研究框架，如图4-40所示。

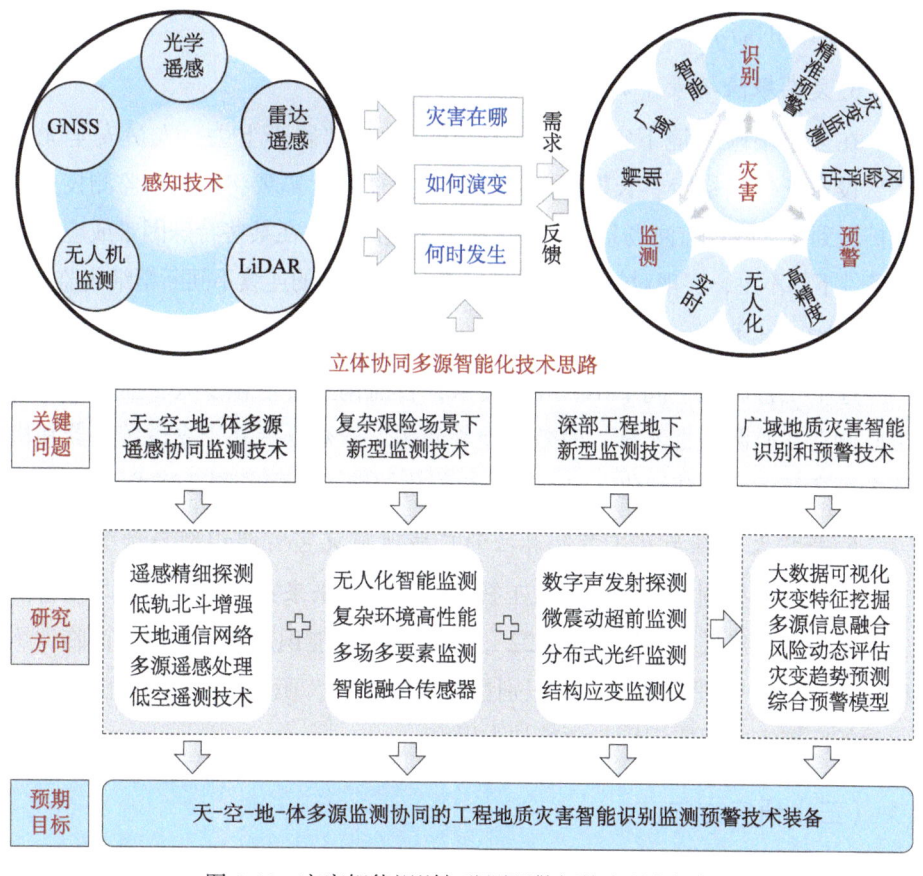

图4-40 灾害智能识别与监测预警新技术研究框架

（二）关键科学与技术问题

1. 天-空-地-体协同监测技术

我国灾害隐患早期识别与监测预警已初步实现了由单一观测技术手段向天-空-地-体立体综合监测技术的巨大转变，但在实际应用中仍然存在各类技术手段机械组合、针对性和适应性差、联动性不足等问题，亟须开展天-空-地-体多源监测技术有机组合与协同研究。

2. 天-空-地-体组网监测数据实时传输技术

天-空-地-体多源立体监测数据具有海量、高维、动态的特点，但是艰险山区监测设备常需布置于无通信网络覆盖区域，传统单一通信手段存在实时性、可靠性、抗毁性差等问题，无法满足灾害体立体监测数据时空连续稳定实时回传的需求，亟须开展多网融合传输技术研究。

3. 复杂艰险场景下新型监测技术

在复杂艰险环境下灾害监测仍存在"设备部署不上去、人员安全无保证、设备工作不稳定、长期供电难保证"等瓶颈，需要将已有的监测技术优化扩展到特殊困难监测场景，弥补现有灾害监测技术在某些特殊困难或应急监测条件下的不足，实现对复杂艰险地区和应急场景下的连续不间断精细化监测。

4. 深部工程灾害监测技术

地下工程施工空间窄小、环境复杂，目前仍主要依赖于人工监测。但人工监测存在监测数据不准、时效性差等问题。亟须开展基于先进传感器和机器人等高新技术的精细化、自动化、智能化的地下工程监测新技术研发。

5. 基于大数据与人工智能算法的广域地质灾害智能识别与预警技术

由经验模型判别到大数据人工智能的跨越是未来灾害隐患识别与预警的发展趋势（彭建兵和李振洪，2022），但现有的智能识别和预警理论面临训练样本不充分、机理释义缺乏、识别精度低的困境。亟须开展数据-机理协同驱动的广域灾害智能识别与预警技术研究。

（三）研究方向

1. 天-空-地-体协同的多时空尺度立体监测技术

包括多源遥感信息智能化处理技术，遥感全要素、高时空分辨率精细探测技术，综合遥感灾害隐患广域探测技术，低轨卫星导航增强的北斗高精度形变监测技术，艰险地区天-空-地-体一体化融合通信网络服务技术，多源成像数据实时校正与几何定位的在轨处理与服务，三维连续高精度灾害体形变监测的雷达差分干涉测量技术，自主规划、自主服役、自主运维功能的无人机低空遥测技术及北斗卫星导航系统/GNSS技术集成多源传感器融合处理的理论与方法等。

2. 地表接触式灾害多场多要素智能监测新技术

包括高海拔大高差崩滑流、冰崩、冰湖溃决等极端环境下小型化、高精度、无人化的智能地表接触式监测新技术，复杂恶劣环境下低功耗、高稳定和高精度监测设备，适用于复杂地质环境的多场（应力场、形变场、温度场、水动力场等）多要素（位移、倾角、加速度、振动、雨量等）集成监测装备，具备自动甄别灾变物理信号的智能传感器及多物理场多源传感组合监测、联动触发、有机融合的无线监测传感网络等。

3. 深部地下工程灾害监测预警新技术

包括地下工程微震智能化监测、分析反馈及岩爆预警技术，低成本普适化光纤传感监测技术，地下工程岩体破裂声发射监测技术，地下工程近景摄影测量技术及无人机航空-半航空-全航空探测技术等。

4. 基于大数据和人工智能算法的灾害智能识别与预警技术

包括灾害多源信息融合快速分析技术，基于人工智能的灾变阶段灾害关键特征因子挖掘技术，多尺度高精度风险动态智能评估技术，基于多源传感海量数据的快速存储、深度挖掘和动态监测技术，数据和机理协同驱动的灾害隐患智能识别技术及大数据云计算灾害监测预警平台和协同预警技术等。

（四）预期目标

针对国家实施自然灾害监测预警信息化工程中面临的全要素、高时空分辨率数据获取与信息协同难题，通过多学科交叉融合，发展天-空-地-体协同观测与信息技术，研发地下复杂地质结构精细化探测、灾害多场多要素监测新技术与新装备，以及多源信息融合的灾害智能监测预警大数据平台，破解灾害隐患识别不全、预测不准、智能化不高的技术瓶颈，为国家重大战略工程的顺利实施提供技术支撑。

三、灾害风险阻断与韧性防控技术

（一）背景与意义

我国地质灾害种类多、分布广、活动频繁、危害巨大，提高防灾减灾能力是减少地质灾害导致人员伤亡和社会经济损失的重要途径（彭建兵等，2020）。地质灾害防灾减灾研究属于工程地质核心研究课题（国家自然科学基金委员会，中国科学院，2012），也是国内外公认的世界难题（Lacasse and Nadim，2011；崔鹏等，2018）。围绕地质灾害孕灾机理、预测预报、监测预警及防控技术等，国内外学者开展了大量研究并取得了重要突破（卢全中等，2003；Lacasse and Nadim，2011）。然而，当前研究多与承灾体易损性、灾害损失及社会风险等联系不紧密，同时当前的灾害防控技术研发也多围绕灾害本身，导致现有的地质灾害防控技术经济性较差，在减少灾害损失等方面效果也并不显著。

建立韧性防灾减灾工程是灾害风险防范和综合减灾的国际科技前沿与重要发展趋势（Klein et al.，2003；Aven，2011；崔鹏等，2018；彭建兵等，2020；Gong et al.，2021）。亟须面向我国乃至国际防灾减灾重大需求开展灾害风险阻断与韧性防控技术研发：研究地质灾害孕灾机制与风险判识、构建灾害全过程综合风险评估理论、揭示灾害风险演进关键节点阻断机制、研发灾害韧性防控理论与技术。研究成果将有助于构建高效科学的地质灾害风险防控和智慧减灾体系，提高灾害风险抵御和韧性恢复能力，为韧性社会建设提供地质安全保障。地质灾害风险阻断与韧性防控技术研究框架，如图 4-41 所示。

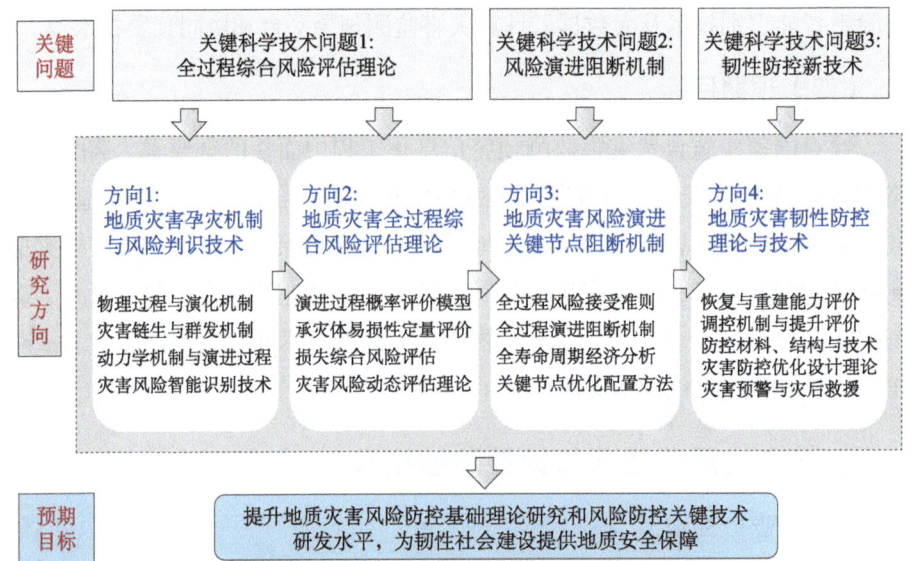

图 4-41　地质灾害风险阻断与韧性防控技术研究框架

（二）关键科学与技术问题

本研究领域需重点突破以下三个关键科学与技术问题。

1. 地质灾害全过程综合风险评估理论

定量风险评估是开展地质灾害防灾减灾工作的重要依据。地质灾害风险是地质灾害与人类活动互馈的产物，不仅涉及地质灾害孕育演化机制，也涉及地质灾害与承灾体互馈作用。地质灾害风险贯穿地质灾害整个生命周期，该过程中孕灾环境与承灾体特性不断变化，灾害后果呈现多类型损失动态变化等特点。因此，地质灾害全过程综合风险评估理论是本领域研究的关键科学问题。

2. 地质灾害风险演进阻断机制

通过阻断灾害过程、解除灾害与承灾体时空交集、降低承灾体易损性均可有效降低灾害损失。地质灾害风险防控技术的有效性与经济性受防控资源时空配置影响显著。防控资源配置对灾害风险演进过程的阻断机制研究具有重要意义，例如，在关键节点配置防控资源可实现对灾害风险演进过程的精准调控并取得最佳防灾减灾效果。因此，地质灾害风险演进阻断机制也是本领域研究的关键科学问题。

3. 地质灾害韧性防控新技术

韧性防控指通过防控措施使承灾体具有承受、适应和转化灾害影响，并及时有效地从灾害影响中恢复的能力。承灾体在灾害作用下的韧性恢复与重建能力量化评价是开展地质灾害韧性防控的基础，防控措施对承灾体韧性恢复的提升能力是防控措施优化的关键。灾害韧性防控既是韧性社会建设的必然要求，也是传统地质灾害防控理念的飞跃，然而当前的地质灾害韧性防控仍然停留在概念阶段。因此，地质灾害韧性防控新技术是本领域研究的关键技术问题。

（三）研究方向

围绕灾害风险阻断与韧性防控关键科学与技术问题，本研究领域主要开展地质灾害孕灾机制与风险判识技术、地质灾害全过程综合风险评估理论、地质灾害风险演进关键节点阻断机制、地质灾害韧性防控理论与技术四个方向的研究（图 4-42）。

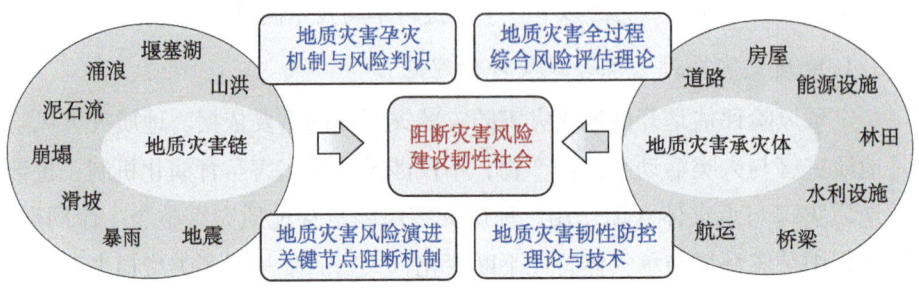

图 4-42　灾害风险阻断与韧性防控

1. 地质灾害孕灾机制与风险判识技术

研究重大地质灾害物理过程与孕育演化，揭示灾害形成内外动力条件与主控因素；研究地质灾害多场多尺度动力演化过程，揭示灾害动力启动机制；研究地质灾害链生与群发机制，建立不同主控因素作用下灾种转化临界条件与判定准则；研发地质灾害多维立体协同感知技术，建立基于演化机制的地质灾害识别指标体系及物理机制和数据协同驱动的地质灾害风险智能判识技术。

2. 地质灾害全过程综合风险评估理论

研究重大地质灾害动力演进过程内外动力条件与孕灾机制不确定性表征，建立灾害动力演进过程概率评价模型，提出基于多源数据融合的灾害影响区承灾体时空分布特征提取方法；研究灾害与承灾体相互作用机制，提出承灾体易损性定量评价方法，建立多灾种多类型损失的综合风险评估方法；研究基于观测数据的灾害动力过程与承灾体信息更新方法，建立灾害全过程风险动态评估理论。

3. 地质灾害风险演进关键节点阻断机制

研究不同地区经济社会发展水平与风险可接受程度，建立地质灾害最低合理可行的风险接受准则；研究灾害动力过程与承灾体易损性对岩土工程等灾害防控措施的响应规律与敏感性，揭示灾害防控措施与配置节点对全过程灾害风险演进的阻断机制；建立考虑灾害防控措施的重大地质灾害全过程风险评估理论与全寿命周期经济效益分析方法，提出地质灾害防控措施关键节点优化配置方法。

4. 地质灾害韧性防控理论与技术

研究承灾体在地质灾害作用下的可恢复性，提出承灾体韧性恢复与重建能力量化评价方法；研究工程与非工程措施对地质灾害的韧性调控机制，提出灾害防控措施对承灾体韧性能力提升的量化评价方法；研发具备灾害韧性防控功能的新材料、新结构和新工艺；综合考虑可靠性、鲁棒性、韧弹性及成本效益等开展地质灾害防控优化设计；研究基于灾变过程和关键节点的地质灾害预警技术，构建灾后抢险救援机制，提高地质灾害韧性恢复和重建能力。

（四）预期目标

立足国际科学前沿，面向国家防灾减灾与韧性社会建设重大需求，开展地质灾害风险阻断与韧性防控技术研究，研发地质灾害孕灾机制与风险判识技术、构建灾害全过程综合风险评估理论、揭示灾害风险演进关键节点阻断机制、研发地质灾害韧性防控理论与技术，研究成果有助于提升我国重大地质灾害风险防控基础理论研究和关键技术研发水平，为韧性社会建设提供地质安全保障。

四、生态地质环境修复技术

（一）背景与意义

生态地质环境条件是人类生存和发展的物质基础，同时受人类活动深刻影响（林景星等，1999；McGill and Miller，2022）。工业革命以来，人类活动方式的改变和强度的增加，导致地球环境系统发生不同程度的变化，地球表面气候增温趋势明显、干旱加剧，湿地退化及土地沙化、荒漠化和石漠化等生态地质环境问题日益突出（王思敬，1997），工程建设造成植被破坏、创面增加、水土流失加剧和生态系统退化。进入21世纪以来，我国制定了《生态文明体制改革总体方案》《生态保护补偿条例》《全国重要生态系统保护和修复重大工程总体规划（2021—2035年）》等生态保护修复政策，实施了大量的生态地质环境保护与修复工程，有效改善了我国生态环境。但受脆弱生态地质环境影响，我国青藏高原生态屏障区、黄河重点生态区、长江重点生态区、东北森林带、北方防沙带、南方丘陵山地带、海岸带（"三区四带"）等地质环境脆弱敏感区仍存在水源涵养失调、生态系统退化、生态系统服务功能降低、固碳能力减弱或丧失等一系列生态地质环境问题（陈梦熊，1999）。生态地质环境系统稳定性已成为制约人类社会可持续发展和实现"人类福祉"的重要因素。因此，统筹考虑生态地质环境系统，打通地质学、生态学、环境学科壁垒，实施脆弱区生态地质环境保护和修复，已成为当前工程地质学研究面临的新挑战（张森琦等，2007；兰恒星等，2021，2022），也是加快我国生态文明建设的重要任务和保障国家生态安全的重要基础。

岩石圈、土壤圈、气圈、水圈、生物圈等多圈层构成了全球生态地质环境系统，具有复杂的多圈层互馈作用特点，维持了生态地质环境的整体性、系统性、完整性，而人类活动加剧了多圈层物质、能量循环的不稳定性。目前，针对在地球浅表层多圈层互馈作用和人类活动综合驱动下，地质环境-生态环境-灾害环境之间的相互作用与协调平衡问题尚缺乏系统的研究体系（彭建兵和兰恒星，2022；彭建兵等，2020）。生态地质环境修复缺乏综合性和系统性理论指导，造成当前生态地质环境保护与修复目标、方法和模式单一，修复水平较低、成效不显著，成为全球生命共同体和宜居地球目标实现的主要制约因素。

我国地处环太平洋地震带与欧亚地震带这全球两大地震带之间，地质构造环境复杂、地貌类型多样、气候条件多变、生态环境脆弱，是世界上地质环境最为复杂和生态环境最为脆弱的国家之一。同时，我国面临着生态地质环境理论研究尚待深入，生态修复材料、关键技术和重大装备引领缺乏，难以满足日益复杂的自然环境条件和重大工程条件下生态地质环境保护与修复国家需求，这已成为我国社会经济发展和生态文明建设的主要瓶颈之一。国家统筹山水林田湖草沙系统要求，如图4-43所示。

实施好生态保护修复工程，加大生态系统保护力度，亟须健全我国生态地质学科体系，建立健全满足"三化一扰"（图4-44）、"三区四带"等不同类型脆弱敏感区生态地质环境保护修复材料、技术、工艺、装备体系，为国家重大战略高质量实施提供重要理论支撑与技术保障，满足生态文明建设"碳达峰"与"碳中和"的重大需求。

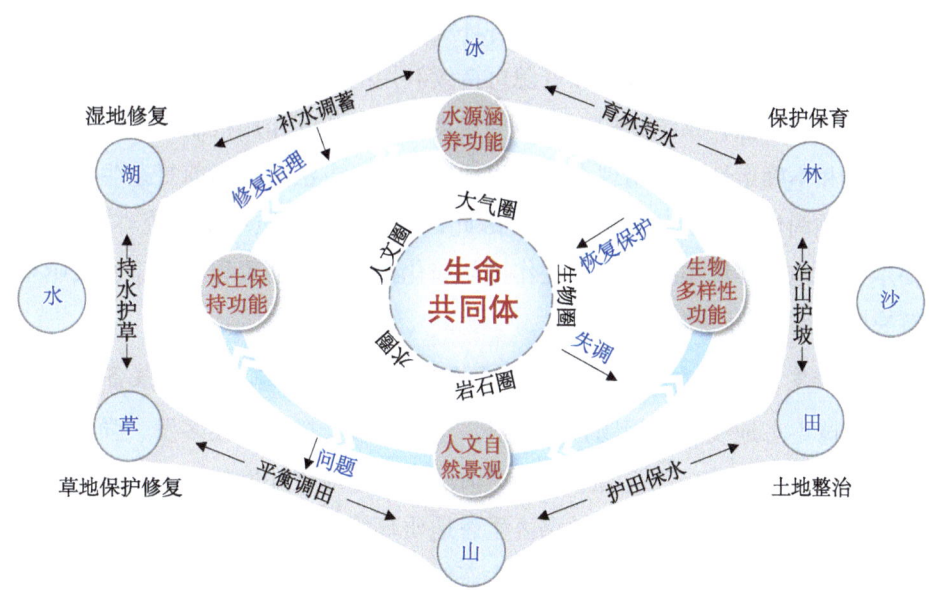

图 4-43 生态地质环境修复的"山水林田湖草沙"系统要求图

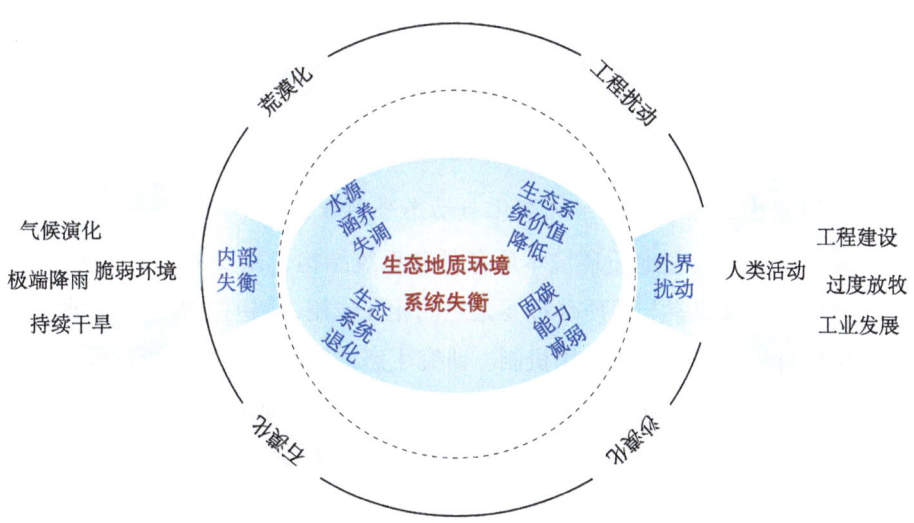

图 4-44 "三化一扰"生态地质环境问题

（二）关键科学与技术问题

1. 建立多圈层相互作用下生态地质环境系统理论

生态地质环境系统是一个集生态问题、水土问题和地质问题于一体的复杂系统，理解生态地质环境系统中各环境要素条件、演变过程及其相互作用是实现地球关键带过程调控和资源可持续利用的必要前提。由于生态地质环境系统的复杂性，系统结构、环境要素类型及其相互作用机制仍存在较大的模糊性和不确定性，利用现有的工程地质学理论方法解决当前复杂生态地质环境问题尚缺乏兼容性和普适性。因此，厘清生态地质环境系统本底状态，揭示生态地质环境系统要素相互作用与演化机制是目前工程地质学发展亟须解决的关键科学问题。

2. 研发复杂地质环境多适应性生态修复材料、施工工艺及装备

全球生态地质环境问题日趋明显，全球变暖、极端气候多发、强震与次生灾害频发；同时，日益增强的人类活动对生态地质环境的切割、隔离、阻碍或扰动作用，加剧了脆弱敏感区生态地质环境系统功能和承载力的急剧下降。现有研究主要存在脆弱敏感区生态修复材料缺乏、施工工艺落后、装备智能化弱等问题，因此亟须研发适用于不同地质环境的材料制备、施工工艺及装备，克服极端环境条件下修复材料配置难度大、质量差、效率低的技术瓶颈。

（三）研究方向

1. 研究生态地质环境系统演化与动态平衡理论

研究脆弱区生态地质环境本底条件和系统结构，以及关键带岩土、水、植被等生态环境要素与地质环境要素之间相互作用，阐明生态过程、水文过程、地质过程之间的互馈作用机制。研究生态地质环境系统失衡过程，探讨气候变化和人类活动双重驱动下生态地质环境系统动态再平衡机制，探索大气降水-地表水-地下水-生态水互馈作用下植被恢复机理，揭示全球气候变化和人类活动相互作用对生态地质环境系统的影响机制（图4-45）。

2. 研发地质环境脆弱敏感区生态修复材料

聚焦全球气候变化和内外动力耦合作用，突破极端干旱缺水环境生态修复材料及技术瓶颈，研发基于植生层重构的大气集水生态修复材料和冻融循环增强型生态修复材料，避免化学交联剂环境风险；研发基于物种多样性适宜性多孔生态结构的生物相容型生态修复材料，进一步结合"矿物-有机-微

第四章 未来10年的发展方向

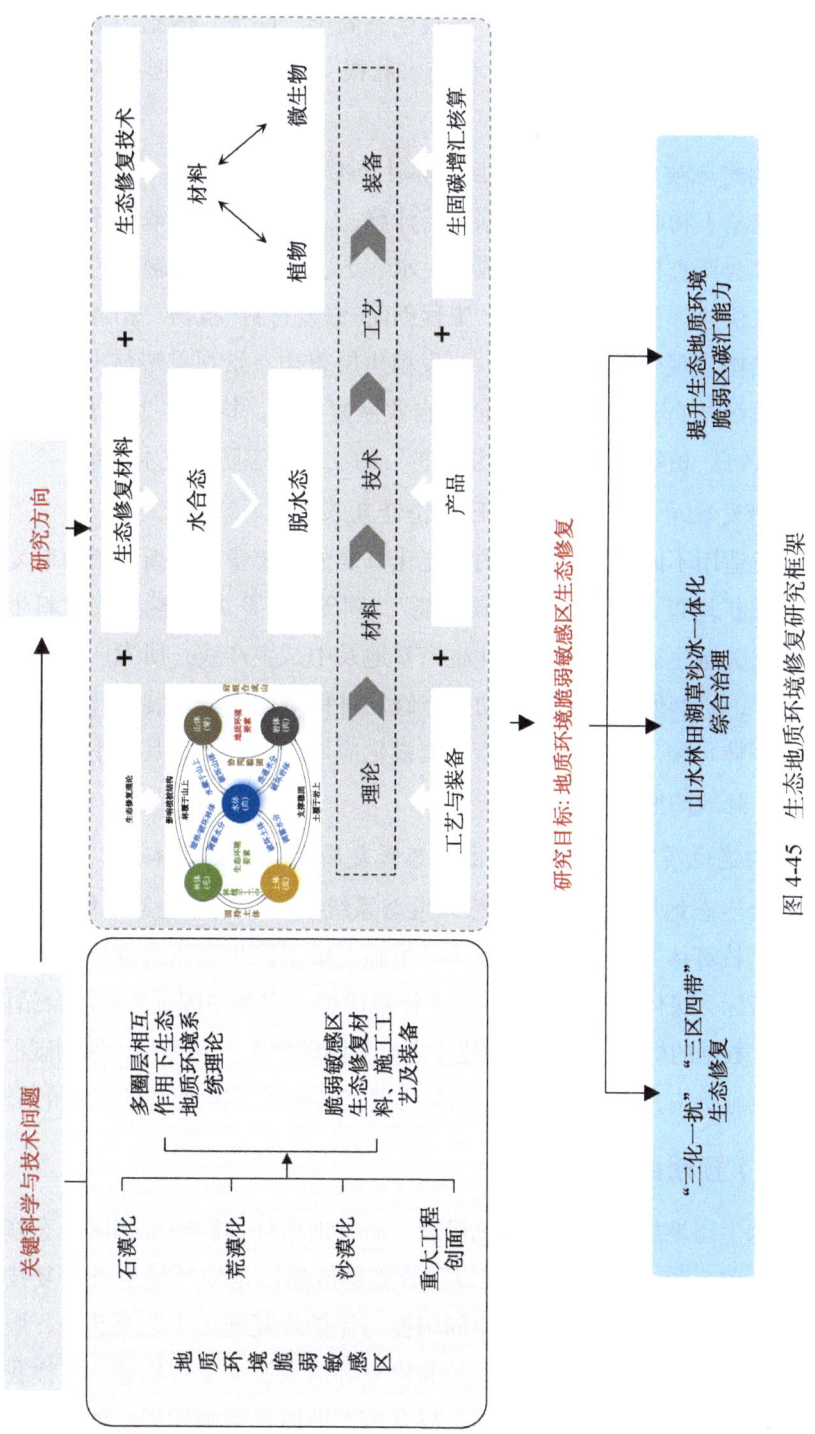

图 4-45 生态地质环境修复研究框架

生物"缓释功能肥研发与应用,实现生态固土、保水、增肥、土壤结皮、熟化、生境生成,以及 pH 调节、促苗、壮根、抑病功能,形成基于自然的解决方案。

3. 构建地质环境脆弱敏感区立体生态修复技术

研究基于物联传感、大数据、云计算、人工智能等的地质环境脆弱区生态地质综合调查技术方法,形成气、水、土、生多源数据融合的地质环境脆弱敏感区快速评价技术,研发"工程创面-修复材料-植物"相融的生态修复与工程结构景观生态消解技术,研发植生层重构、景观重塑与再造技术;基于生态系统的自我修复与工程创面自我恢复能力,构建"生境营造-工程防护-基质改良-植物群落调控-智慧管护"的立体生态防护技术体系。

4. 研发地质环境脆弱敏感区生态修复装备

研发适用不同脆弱敏感区的智能化修复成套装备,创新可增殖修复材料原位快速扩增设备,研制"低碳节能""固碳增汇"功能性生态材料生产装备,建立关键生态修复材料量化生产基地及中试生产线,研发产品的快速批量化生产;研制便捷式、可移动生态修复材料量化前处理装置及现场应用高压喷播一体化施工装备,提升产品规模化应用能力,实现其在不同工程环境下快速、高效的使用。

5. 构建地质环境脆弱敏感区生态修复固碳增汇核算体系

健全生态地质环境脆弱敏感区生态系统碳汇价值、生态系统服务功能、固碳增汇核算体系,建立生态地质环境脆弱敏感区生态系统碳汇综合观测系统、碳指标分级体系和生态系统碳汇计算模型,完善中国碳汇监测台站体系,实现碳汇数据的标准化产出,构建生态修复固碳增汇核算体系,编制碳汇核算规范与实施指南,探索基于生态修复的碳交易途径,实现生态产品价值转化。

(四)预期目标

揭示生态地质环境系统演化机理,研发地质环境脆弱敏感区生态修复材料,建立"三化一扰""三区四带"等脆弱敏感区地质环境生态修复技术体系,创新生态地质环境多要素协同调控与保护修复施工工艺及装备,服务青藏高原及其周缘地区生态系统保护和修复等国家重大工程实施,支撑我国山水林田湖草沙冰一体化综合治理,提升生态地质环境脆弱碳汇能力,助力美丽中国建设。

五、工程地质原型试验技术

（一）背景与意义

工程地质试验包括室内物理力学试验、数值试验、模型试验和原型试验等，是工程地质问题研究的重要手段之一。不同于工程结构材料，工程地质体经历了长期地质过程，其组成结构和赋存环境都极具复杂性，工程地质体的工程地质条件研究也更具挑战。传统物理力学测试难以突破工程地质体的尺寸效应问题，试验结果与实际工程应用间存在沟壑。数值试验与模型试验在分析工程地质问题机理方面发挥了重要作用，但试验往往简化了地质模型与边界条件，模型难以还原真实地质结构与复杂环境，试验结果常具有一定局限性。

工程地质原型试验以实际工程地质体及工程结构为主要对象，开展各种因素作用下的工程地质体及工程结构响应（应力、变形、渗流等）相关试验。原型试验可消除一般试验中存在的尺寸效应问题，尤其是针对复杂工程地质体，可保留其结构与环境特征，相对于其他工程地质试验，其具有不可替代性。目前，在工程地质结构原型试验方面研究成果丰硕，如衬砌、沉管管道、桩基、锚索、加筋土挡墙等（Gonilha et al., 2014；Zhang et al., 2019）。然而，针对复杂工程地质体原型试验的国内外研究相对较少。在地质灾害领域，国内建成了多个野外原型试验场。例如，中国地质大学（武汉）在三峡库区建立的大型水库滑坡原型试验场和滑坡抗滑桩原型试验场（Hu et al., 2017；Tang et al., 2019；Juang et al., 2021），兰州大学在黄土高原地区建立的黄土滑坡原型试验场（Zhang and Wang, 2018），中国科学院、水利部成都山地灾害与环境研究所在西部山区建立的东川泥石流原型试验场（崔鹏等，2005）等。依托试验场，各单位针对复杂地质灾害体开展了系列原创性原型试验研究（图4-46）。

随着我国一大批水电、铁路等重大工程在地质条件复杂地区实施，复杂地质体工程地质条件研究更为迫切，室内物理力学试验、数值试验、模型试验等传统试验方法存在尺寸效应、结构简化、环境难以复原等突出问题，工程地质原型试验是解决该问题的有效途径，亟待大力发展工程地质原型试验技术。工程地质原型试验技术体系如图4-47所示。

图 4-46 工程地质原型试验技术体系
（唐辉明，2022）

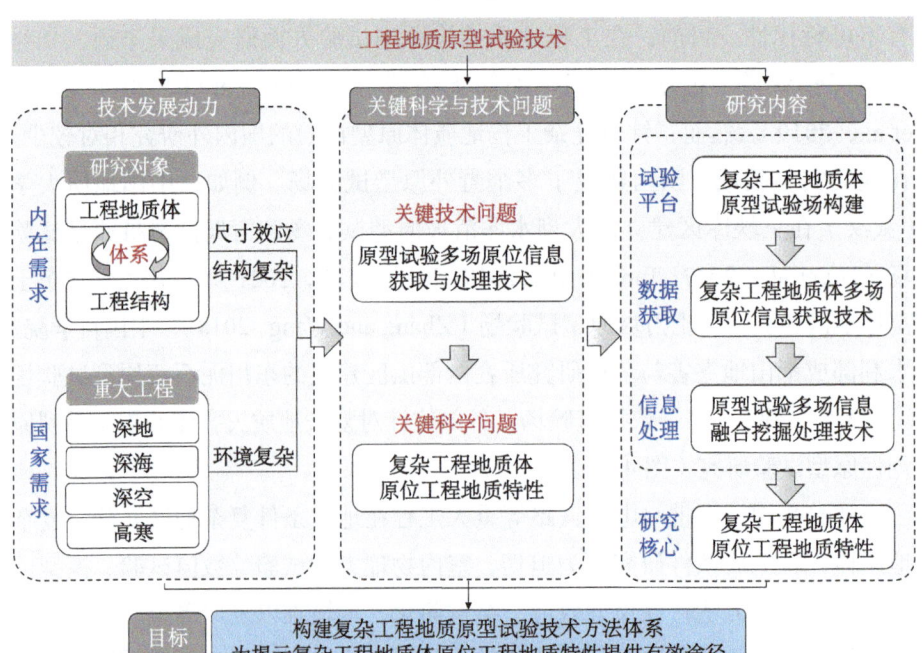

图 4-47 工程地质原型试验技术研究框架

（二）关键科学与技术问题

1. 复杂工程地质体原位工程地质特性

准确获取工程地质体原位工程地质条件是解决诸多复杂工程地质问题的基础。尽管目前在工程地质体复杂力学特性、演化机制等方面的研究取得了丰硕研究成果，但针对复杂工程地质体，基于现有常规试验手段取得的结果仍存在尺寸效应、试验边界条件与环境因素被简化、工程地质体原位特性研究成果欠缺等突出问题。因而，复杂工程地质体原位工程地质特性研究是解决复杂工程地质问题的关键科学问题之一。

2. 原型试验多场原位信息获取与处理技术

由于工程地质原型试验所面对的地质体一般规模较大、结构复杂、环境因素多变，原型试验过程中地质体可观测变量多、试验周期长、信息获取量大、传感器稳定性要求高，研发可靠的原型试验多场原位信息获取与处理技术是原型试验顺利实施的基础保障。因此，原位信息获取与处理技术研究是原型试验关键技术问题之一。

（三）研究方向

本领域的主要研究方向包括构建复杂工程地质体原型试验场、获取复杂工程地质体多场原位信息、融合挖掘原型试验多场监测数据、揭示复杂工程地质体原位工程地质特性，具体研究内容如下。

1. 复杂工程地质体原型试验场构建

聚焦我国重大工程建设中深地、海洋、极地、交通等领域亟待突破和解决的重大工程地质问题，以"产学研用"一体化思路为指导，吸取国内外优秀原型试验场建设经验，在充分论证工程地质问题场地代表性的基础上，布局设计工程地质原型试验场，高标准建设一批复杂工程地质体原型试验场，搭建原型试验研究公共平台，为原位揭示复杂工程地质体工程地质特性奠定基础。

2. 复杂工程地质体多场原位信息获取技术

针对复杂工程地质体原位试验环境与研究需求特点，研发能够满足在复杂环境下可连续开展复杂工程地质体多场信息立体实时监测的技术与装备，为获取高质量原位试验数据提供技术支撑；基于工程地质体与工程结构演化特征，提出基于多传感器的多场特征变量监测方法；基于多场特征变量监测方法，获取复杂工程地质体与工程结构演化进程中的地表位移场、深部位移场、应力场、结构场、渗流场、温度场和电磁场等多场信息实时特征变量，为多场信息融合挖掘提供数据基础。

3. 工程地质原型试验多场信息融合挖掘处理技术

分析工程地质原型试验多场监测数据基本形式与特征，提出多场监测数据规范处理方法，进行数据预处理，产生时空、采集间隔相匹配的多场初始数据；提出基于工程地质体特性与数据混合驱动的工程地质体多场监测数据融合方法，构建原型试验多场信息同步数据集；开发高效的多场变量关联分析算法，挖掘多场试验数据之间、多场数据与外界条件之间的内在关联规律，为揭示工程地质体原位工程地质特性提供科学依据。

4. 工程地质岩土体工程地质特性原位试验新技术

借助新型传感等技术方法，朝多参量一站式获取方向发展传统工程地质岩土体原位试验技术，提高关键岩土体参数获取精度与效率。探索新型地球物理探测方法，发展大尺度工程地质岩土体原位特性获取技术。为满足工程地质"深海-深地-深空"发展的需求，研发适应新工程地质环境条件下的工程地质岩土体原位试验技术。

5. 基于原型试验的复杂工程地质体原位工程地质特性

基于工程地质原型试验，针对特殊岩土体灾变特性与加固、重大地质灾害演化机理与防控等重大工程地质问题，研究复杂地质条件及工程运行条件下工程地质体应力场、变形场、渗流场等多场演化特征，揭示复杂因素作用下工程地质体物理力学行为，阐明工程地质体原位工程地质特性，服务国家重大战略实施需求。

（四）预期目标

1. 建成满足不同重大工程地质问题需求的原型试验场

围绕我国"三深一土""一带一路"等规划倡议和川藏交通廊道工程等重大工程实施中的重要工程地质问题，选择典型区建设原型试验场，为全国工程地质乃至全世界工程地质学者开展复杂工程地质问题研究搭建世界领先公共研究平台。

2. 研发复杂工程地质体原型试验多场信息立体监测及数据处理技术方法

研发复杂工程地质体原型试验多场信息立体监测的技术，提出原型试验多场监测数据融合方法，发展工程地质岩土体测试新技术，构建复杂工程地质体原型试验技术方法体系，为揭示复杂工程地质体原位工程地质特性提供有效途径。

3. 揭示重大工程地质体原位工程地质特性

通过建设一批复杂工程地质体原位试验场，开展一系列原型试验，阐明复杂地质条件及工程运行条件下工程地质体演化物理力学行为，揭示重大工程地质体原位工程地质特性，服务我国重大工程建设需求。

六、工程地质新仪器装备研制

围绕工程地质活动中地质体信息有效获取与反馈利用需求，着力于解决地质体演化过程特征参量感测、仪器设备-工程地质环境协调耦合等关键技术问题，面向前期勘察、中期观测、后期处置等应用场景研制工程地质新仪器装备，针对细分专业方向构建"勘察监测—集成处理—反馈处置"全信息链闭环子系统。

（一）背景与意义

重大工程活动面对的地质体复杂且具有时变演化特性，工程活动高度依赖各种勘察、监测、处置仪器装备，工程地质仪器装备伴随着地质工程活动的应用需求得到了长足发展，也必将在未来地质工程发展中不断吸引现代工科技术与时俱进、推陈出新。多场联动变化特征是地质体演化状态与阶段判识的有效指标（Cui et al., 2021；彭建兵等，2020；唐辉明和章广成，2015），多场特征参量关联信息是重大地质灾害防控、重大基础工程建设、矿产安全开采、海洋地质勘察等重要工程活动的最有效驱动数据源（许强，2020），属于地质工程新仪器装备研发必须考虑的关键应用场景要素。然而，工程地质信息感测获取和现场处置都高度依赖声光电磁等跨专业领域技术手段（Yin et al.，2022），施引技术与应用对象存在系统性隔离，工程地质仪器装备研发需要经历技术引入、原理融合、制样验证等系列过程，导致地质仪器装备发展具有一定滞后性（许强等，2019）。因此，亟须不同学科背景的研究人员联合攻关，实现工程地质仪器装备的持续技术迭代更新和关键新技术新方法的突破（唐辉明，2022），针对细分专业方向，构建融合多场关联信息的观测与处置仪器装备体系。工程地质新仪器装备研制发展框架见图4-48。

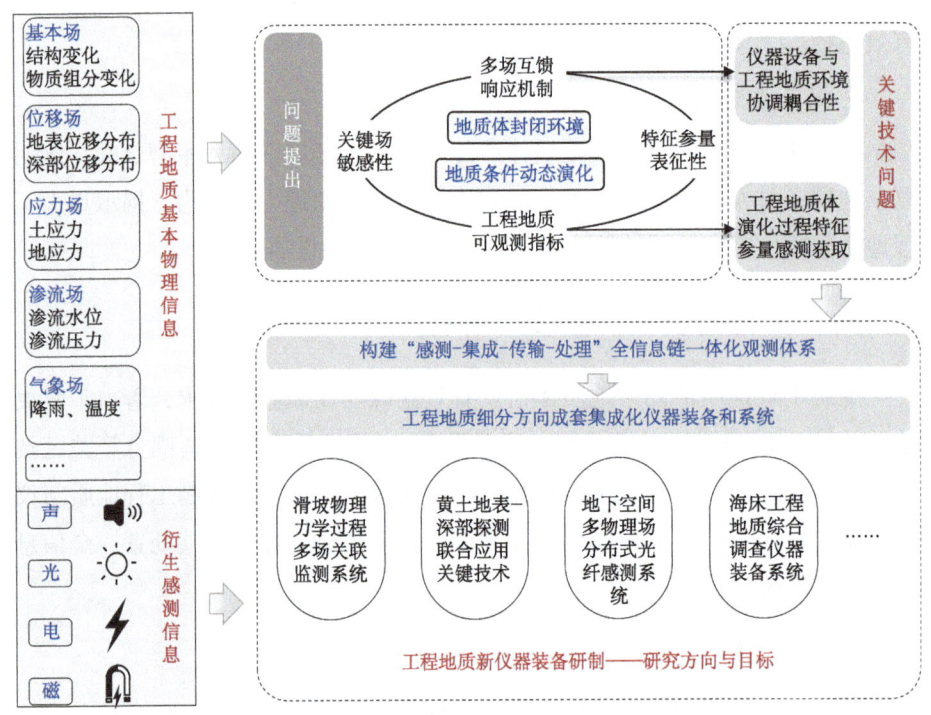

图4-48 工程地质新仪器装备研制发展框架

（二）关键技术问题

1. 工程地质体演化过程特征参量感测技术

信息感测是工程地质新仪器装备研发的首要任务。工程地质体演化过程的典型特征参量源发环境大部分处于封闭状态，需要深入地质体内部进行感测，其感测原理具有重大技术挑战性，需要依据不同地质条件和演化阶段匹配相应的参量组合和信息捕获节点，其感测方案是特征参量感测获取的一大技术难题。

2. 仪器装备与工程地质环境协调耦合技术

仪器装备与地质环境协调耦合依赖多技术的有机融合。受限于工程地质体感测环境，部分参量具有隐蔽性，需要探寻参量传递链路与规律，索引链路上的显性参量进行观测，要求仪器装备准确匹配环境的显性参量点，解决设备在被动观测点环境下的变形承受性能、耐酸碱腐蚀、耦合特征参量时变一致性等技术难题。

（三）研究方向

1. 滑坡物理力学过程多场关联监测关键技术

研发高效服务预测预报的重大滑坡立体综合监测体系和配套仪器装备，实现预测预报地质判据和启滑判据关键参数实时有效获取（Tang et al., 2019）。研究不同物理力学机制下滑坡多场响应敏感特征及其感测原理，研制滑坡现场可观测指标精细感测核心传感器件。研制多点分布式"一孔多测"柔性结构滑坡深部监测仪器装备，实现滑坡多场关联监测和深部大变形长周期实时监测。研究联合滑坡地表与深部立体监测网络优化配置，实现关联监测、天地空监测和群测群防监测的有机融合，构建滑坡预测预报立体综合多场时空关联监测技术体系。

2. 黄土地表-深部探测联合应用系统

研制黄土地表和深部探测联合应用关键技术和系统，实现黄土斜坡复杂地质结构空间分布与时间演化的精细探测目标（彭建兵等，2020）。通过地球物理技术进行"面"上控制，同时从"点"上进行深部地质结构原位探测，消除地质结构反演的多解性。研发孔内信息采集、图像处理和定位控制单元，提供孔内结构面、结构体等关键信息（如软弱结构面的位置和方向）反馈，自适应调整孔内强度等关键参数原位测试方案，实现斜坡关键参数智能化、周期性和长期性自适应测试。研制自动化控制元件和软件控制系统，完成孔内多类型参数协同测试。

3. 地下空间多物理场分布式光纤感测系统

研制地下空间多物理场分布式光纤感测设备，实现地质体温度、压力、应变、位移、湿度、渗流等多种参量的分布式、自动化连续监测（Zhu et al., 2015；施斌等，2018）。针对地质体多场多参量的监测特点，综合运用分布式温度传感、应变传感、压力传感和声波传感等多种感测原理，集成开发可同时检测布里渊散射、拉曼散射、瑞利散射、阻抗和电阻等信号的光电解调设备。研究满足多参量分布数据的同步测量方法，对各种参量数据进行自动补偿和校准，实现对各类地质过程和地质灾害中的热-水-力耦合作用和灾变机理的精细监测和精准预警。

4. 海床工程地质综合调查仪器装备系统

研发集成海床工程地质综合调查仪器装备，实现同一时间同一地点对海床不同工程地质性质开展同步调查（刘晓磊等，2020）。研发自由下落式触探技术和小型多功能静力触探调查平台，满足面向深海油气资源、锰结核的金属资源等开采需求。推进深海多探杆循环布放回收技术、观测数据多点实时通信传输技术、海底原位长周期多点观测技术、孔隙压力超高分辨率解调技术等研究，建设海底沉积物孔隙压力监测网。研发海床电性特征监测装备的抗腐蚀、耐摩擦、高导新材料，优化电极稳定性、电极间距、电极排列及探测方式，形成探测距离更远、范围更广、稳定性更好的海床电性监测技术方案。

（四）预期目标

面向工程地质活动中地质体信息有效获取与反馈利用重大需求，系统开展特征信息感测、仪器应用环境耦合等研究，构建细分专业领域闭环子系统，实现以下具体目标。

（1）厘清工程地质体多场参量表征特性，确定特征参量传递链路与捕获节点，揭示特征参量可感测指标及感测原理，研制工程地质体关键参量天、空、地、体感测方法和传感器件，构建工程地质体任意参量信息感测获取的技术储备库。

（2）揭示仪器设备-工程地质环境协调耦合机制，结合环境因素融合集成自主研发和常规传感器件，面向前期勘察、中期观测、后期处置等应用场景研制工程地质新仪器装备，提升成套仪器装备与应用环境的匹配性。

（3）分析地质灾害、地下空间、海床工程等工程地质细分专业方向仪器装备的空缺或短板技术，针对各专业方向薄弱技术环节进行仪器装备研制与补强，构建细分领域"勘察监测—集成处理—反馈处置"全信息链闭环子系统。

七、工程地质原创软件研发

（一）背景与意义

近年来，伴随着"一带一路"、川藏交通廊道工程建设等的推进，相关工程地质项目和研究不再局限于某一区域和单一过程，而是呈现延展性、宽泛性、复杂性。工程地质领域面临的问题更加复杂和综合，并带动了数值模拟新理论、计算新技术的快速发展，如工程地质过程多场耦合理论、大数据人工智能分析技术等（Le et al., 2022；Kirchdoerfer and Ortiz, 2016；夏英杰等，2022）。国产自主工程地质分析计算软件的研制可为分析解决日益复杂的工程地质问题提供有效手段。

在工程地质领域，ABAQUS、MIDAS、FLAC、Geostudio、PFC 等国外商业软件占据了国内大部分计算和仿真的市场。随着我国工程地质行业的深入发展，工程地质问题的不断复杂化、计算机技术的不断迭代更新及当前国际形势充满的竞争性与不确定性，工程地质原创软件的研发已成为实现我国工程地质学科发展战略的重要环节（Ouyang et al., 2019；刘春等，2020；Zhou et al., 2021）。同时，国际关系的错综复杂为工程地质原创软件的研发带来了外部推力。随着我国工程地质学科的发展，我国工程地质行业势必将走向国外，抢占一部分西方国家市场。在此背景下，面临着外部势力的干扰、恶意竞争、封锁的不确定性，只有早日实现工程软件技术自治、自我创新，将关键技术掌握在自己手中，才能实现行业的长远发展。

因此，工程地质原创软件的研发，既有内部需求也有外部推力，是凝结科研人员和工程师知识经验的重要途径，也是推动相关理论创新走向工程应用的重要桥梁，在新时代工程地质学科发展战略中具有不可或缺的作用。本发展方向以工程地质学原理为基础，深入开展软件系统研发，打造适用于解答复杂工程地质问题和大数据分析的软件系统。工程地质原创软件研发框架见图 4-49。

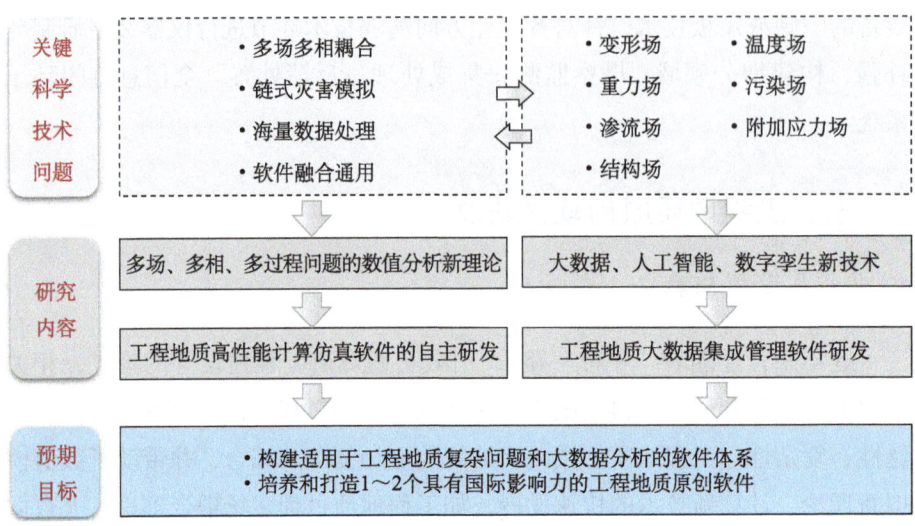

图 4-49　工程地质原创软件研发框架

（二）关键科学与技术问题

1. 工程地质中复杂多场、多相、多过程问题的数值分析新理论

大量的现代工程地质问题的解决依赖于渗流场-应力场-温度场等多场、固-液-气等多相耦合作用，以及多过程、多尺度的有效衔接，如滑坡-涌浪-堵江灾害链等。当前国外软件在单一细分领域或者通用大型软件方面已经取得较强的技术壁垒，然而在解决复杂工程地质问题方面依然存在很多不足。同时，近年来中国主导了一系列重大工程和超级项目的建设，在地质工程和岩土工程领域的多场理论和模型方面已取得了长足发展。进一步研发能考虑复杂多场、多相、多过程问题的理论和数值方法是我国工程地质软件发展和取得突破的一个重要方向（Chen and Song，2020）。

2. 自主工程地质高性能计算仿真软件的研发、融合和通用化

仿真软件本质上是科研人员和工程师知识和经验的凝结，需要在长期的应用和试错中，不断提高软件的可靠性和适用性。目前，国内原创的工程地质仿真软件仍主要用于科研和机理分析，与国外成熟的商业软件相比，存在着功能性和通用性相对较弱，以及缺乏行业技术标准和应用推广困难等问题，亟须在仿真理论创新的基础上，综合多学科交叉知识，优化软件架构和

提高可扩展性，同时需解决工程地质仿真软件研发和应用的高端人才不足等问题。

3. 大数据、人工智能、数字孪生等新技术的耦合应用

在各类复杂工程地质问题的三维大尺度数值分析中，面临着提升分析规模、提高计算精度、融合背景知识的迫切需求。目前，数学物理知识驱动的传统数值计算方法不足以完全解决上述问题。近年来，以物联网、大数据、人工智能、数字孪生为代表的新技术在各种工程领域迅速发展。有效耦合这些新技术新方法，以提升工程地质计算的规模与精度、挖掘地学数据、抽取与融合复杂地学知识，是分析解决各类大规模复杂工程地质问题的一个重要突破口（Oishi and Yagawa，2017）。

4. 面向工程地质学科问题的大数据集成管理国产软件研发

现在和未来的工程建设过程中会涉及或者产生大量的数据，如地层、构造、岩性、岩土体力学参数等地质大数据，地形地貌等地理信息数据，BIM建模数据，工程设计、施工、维护数据，空天地长期监测数据等。实现在统一的框架下融合、管理和利用这些大数据将面临巨大的挑战，自主开发针对上述大数据的集成管理软件是一个亟须解决的关键问题。

（三）研究方向

该领域包括以下重要研究方向。

（1）地质灾害渗流场-应力场-温度场等多场耦合模拟方法和技术；宏观和孔隙尺度流固耦合方法和技术；基于连续和非连续耦合的综合模拟方法和技术；基于灾害形成-启动-运动-成灾全过程模拟方法和技术；基于滑坡/泥石流-堵江-溃决-洪水演进链式灾害物理机制和模拟技术。

（2）综合常规和新型数值计算方法，面向工程尺度分析的高性能计算软件研发；工程地质软件系统架构设计优化和可扩展性研发；工程地质软件间的耦合和协同计算；自主工程地质软件研发和应用高端人才的培养规划。

（3）融合大数据、物联网、云计算等新技术的地质灾害多源多场数据监测；多源多尺度地质信息数据与数据挖掘研究；人工智能技术在岩土体精细建模中的应用；数字孪生技术与工程地质计算的综合应用；耦合虚拟

现实、增强现实等技术,形成集建模、分析及应用于一体的工程地质计算方案。

(4)自主研发一体式大数据集成管理系统软件,实现将地质大数据、地理信息数据、BIM建模数据,工程设计、施工、维护数据,基于物联网的长期监测数据等进行融合和管理,提高与工程地质问题相关的数据的利用效率与简便性。

(四)预期目标

促进国内工程地质原创软件的协同发展,构建适用于工程地质多场耦合复杂问题和大数据分析的软件体系,满足监测预警、预测评价、模拟仿真等工程地质需求。制定工程地质原创软件技术标准,在行业中推广应用软件,培养和打造1~2个具有国际影响力和竞争优势的工程地质原创软件。工程地质原创软件概念图见图4-50。

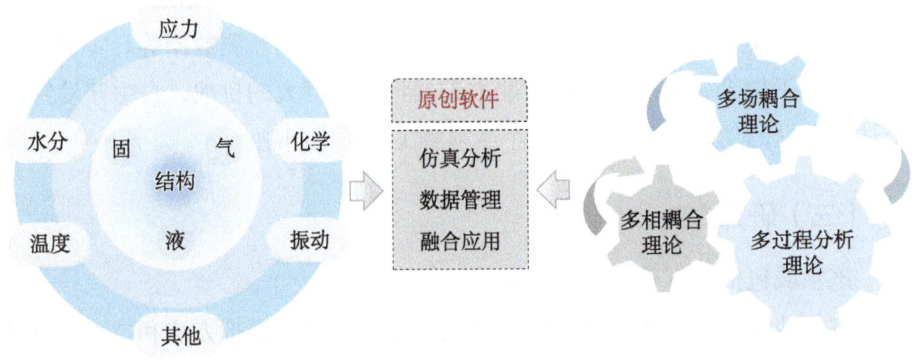

图4-50 工程地质原创软件概念图

本章主要参考文献

蔡仲业,傅家豪.1986.阵地工程地质学.南京:工程兵工程学院.

陈梦熊.1999.论生态地质环境系统与综合性生态环境地质调查.水文地质工程地质,26(3):3-6,12.

陈萍,陈晓玲.2010.全球环境变化下人-环境耦合系统的脆弱性研究综述.地理科学进展,29(4):454-462.

陈薪硕，李守定，张晓静，等. 2021. 行星地质工程原位测试方法. 工程地质学报，29（5）：1525-1544.

陈云敏，陈赟，陈仁朋，等. 2004. 滑坡监测 TDR 技术的试验研究. 岩石力学与工程学报，23（16）：2748-2755.

崔鹏. 2014. 中国山地灾害研究进展与未来应关注的科学问题. 地理科学进展，33（2）：145-152.

崔鹏，王道杰，韦方强. 2005. 干热河谷生态修复模式及其效应：以中国科学院东川泥石流观测研究站为例. 中国水土保持科学，3（3）：60-64.

崔鹏，邹强，陈曦，等. 2018. "一带一路"自然灾害风险与综合减灾. 中国科学院院刊，33（Z2）：38-43.

崔鹏，郭晓军，姜天海，等. 2019. "亚洲水塔"变化的灾害效应与减灾对策. 中国科学院院刊，34（11）：1313-1321.

丁一汇，杜祥琬. 2016. 气候变化对我国重大工程的影响与对策研究:《第三次气候变化国家评估报告》特别报告. 北京：科学出版社.

董少春，齐浩，胡欢. 2019. 地球科学大数据的现状与发展. 科学技术与工程，19（20）：1-11.

傅家豪. 1993. 军事工程地质学. 南京：工程兵工程学院.

郭华东. 2018. 地球大数据科学工程. 中国科学院院刊，33（8）：818-824.

郭剑平. 2009. 从汶川地震看我国自然灾害救助体系的健全. 河海大学学报（哲学社会科学版），11（1）：29-31，91.

国家航天局. 2021. 国际月球科研站合作伙伴指南. http://www.cnsa.gov.cn/n6758823/n6758838/c6812147/content.html[2025-06-20].

国家航天局. 2023. 我国载人登月任务全面启动. https://www.cnsa.gov.cn/n6758823/n6758838/c10355400/content.html[2025-06-20].

国家航天局. 2024. 多项重点任务披露！中国有望成为首个→. https://www.cnsa.gov.cn/n6758823/n6758838/c10517120/content.html[2025-06-20].

国家自然科学基金委员会，中国科学院. 2012. 未来 10 年中国学科发展战略：资源与环境科学. 北京：科学出版社.

韩自强，陶鹏. 2016. 美国灾害社会学：学术共同体演进及趋势. 风险灾害危机研究，（1）：64-76.

何满潮. 2009. 滑坡地质灾害远程监测预报系统及其工程应用. 岩石力学与工程学报，28（6）：1081-1090.

何满潮. 2016. 基于界面牛顿力测量的双体灾变力学模型研究. 岩石力学与工程学报，35（11）：2161-2173.

黄曼，洪陈杰，杜时贵，等. 2020. 岩石结构面形貌分级方法及两级粗糙特性研究. 岩石力学与工程学报，39（6）：12.

黄润秋. 2001. 生态环境地质的基本特点与技术支撑. 中国地质, 28（11）: 20-24.

黄润秋, 陈国庆, 唐鹏. 2017. 基于动态演化特征的锁固段型岩质滑坡前兆信息研究. 岩石力学与工程学报, 36（3）: 521-533.

黄育馥. 1996. 社会学与灾害研究. 国外社会科学,（6）: 19-24.

科万科, 卢斯秋克, 科米萨尔丘克. 2013. 月壤特性与开发技术. 曹喜滨, 王立杰译. 北京: 国防工业出版社.

兰恒星, 彭建兵, 祝艳波, 等. 2022. 黄河流域地质地表过程与重大灾害效应研究与展望. 中国科学: 地球科学, 52（2）: 199-221.

兰恒星, 祝艳波, 李郎平, 等. 2021. 黄河流域地质-地貌-气候多过程相互作用及其孕灾机制研究. 中国科学基金, 35（4）: 510-519.

李守定, 陈薪硕, 李娟, 等. 2024. 行星工程地质问题与关键技术. 工程地质学报, 32（6）: 2298-2322.

李守定, 吴思源, 魏勇, 等. 2019. 行星地质资源与工程学导论. 工程地质学报, 27（6）: 1424-1439.

李亚, 翟国方. 2017. 我国城市灾害韧性评估及其提升策略研究. 规划师, 33（8）: 5-11.

李振洪, 宋闯, 余琛, 等. 2019. 卫星雷达遥感在滑坡灾害探测和监测中的应用: 挑战与对策. 武汉大学学报·信息科学版, 44（7）: 967-979.

李振洪, 张成龙, 陈博, 等. 2022. 一种基于多源遥感的滑坡防灾技术框架及其工程应用. 地球科学, 47（6）: 1901-1916.

林景星, 王绍芳, 翟红, 等. 1999. 生态环境地质学概述. 环境保护, 9: 37-39.

刘传正. 2024. 云南镇雄县凉水村崩塌灾难及预防应对思考. 中国减灾,（3）: 12-13.

刘传正, 陈春利. 2020. 中国地质灾害防治成效与问题对策. 工程地质学报, 28（2）: 375-383.

刘春, 乐天呈, 施斌, 等. 2020. 颗粒离散元法工程应用的三大问题探讨. 岩石力学与工程学报, 39（6）: 1142-1152.

刘汉生, 王江, 赵健楠, 等. 2020. 典型模拟火星土壤研究进展. 载人航天, 26: 389-402.

刘红旭. 2018. 灾害社会学的研究脉络与主要议题. 重庆大学学报（社会科学版）, 24（4）: 28-38.

刘晓煌, 孙兴丽, 毛景文, 等. 2017. 军事地质及其在现代战争中的作用. 地质通报, 36（9）: 1656-1664.

刘晓磊, 陆杨, 王胤, 等. 2020. 海洋资源开发与海洋工程地质: 第二届国际海洋工程地质学术研讨会（ISMEG 2019）总结. 工程地质学报, 28（1）: 169-177.

刘晓磊, 朱超祁, 王栋, 等. 2017. 海洋工程地质进展: 国际海洋工程地质学术研讨会（ISMEG2016）总结. 工程地质学报, 25（3）: 886-891.

刘助仁. 1989. 研究灾害社会学. 社会科学,（5）: 67-71.

卢全中，彭建兵，赵法锁. 2003. 地质灾害风险评估（价）研究综述. 灾害学，18（4）：59-63.

卢阳旭. 2013. 国外灾害社会学中的城市社区应灾能力研究：基于社会脆弱性视角. 城市发展研究，20（9）：83-87，118.

罗国煜，王培清，陈华生，等. 1992. 岩坡优势面分析理论与方法. 北京：地质出版社.

马成立. 1992. 开展灾害社会学研究的构想. 社会学研究，（1）：65-69.

欧阳自远. 2005. 月球探测进展与我国的探月行动（上）. 自然杂志，（4）：187-190，198.

彭建兵，崔鹏，庄建琦. 2020. 川藏铁路对工程地质提出的挑战. 岩石力学与工程学报，39（12）：2377-2389.

彭建兵，兰恒星. 2022. 略论生态地质学与生态地质环境系统. 地球科学与环境学报，44（6）：877-893.

彭建兵，李振洪. 2022. 地学大数据可否助力地质灾害预报？地球科学，47（10）：3900-3901.

彭建兵，王启耀，门玉明，等. 2019a. 黄土高原滑坡灾害. 北京：科学出版社.

彭建兵，王启耀，庄建琦，等. 2020. 黄土高原滑坡灾害形成动力学机制. 地质力学学报，26（5）：714-730.

彭建兵，黄伟亮，王飞永，等. 2019b. 中国城市地下空间地质结构分类与地质调查方法. 地学前缘，26（3）：9-21.

彭建兵，林鸿州，王启耀，等. 2014. 黄土地质灾害研究中的关键问题与创新思路. 工程地质学报，22（4）：684-691.

彭建兵，兰恒星，钱会，等. 2020. 宜居黄河科学构想. 工程地质学报，28（2）：189-201.

彭建兵，马润勇，卢全中，等. 2004. 青藏高原隆升的地质灾害效应. 地球科学进展，（3）：457-466.

彭建兵，张永双，黄达，等. 2023. 青藏高原构造变形圈-岩体松动圈-地表冻融圈-工程扰动圈互馈灾害效应. 地球科学，48（8）：3099-3114.

秦大河. 2015. 中国极端天气气候事件和灾害风险管理与适应国家评估报告. 北京：科学出版社.

秦四清. 2005. 斜坡失稳过程的非线性演化机制与物理预报. 岩土工程学报，（11）：1141-1148.

商彦蕊. 2013. 灾害脆弱性概念模型综述. 灾害学，28（1）：112-116.

施斌. 2017. 论大地感知系统与大地感知工程. 工程地质学报，25（3）：582-591.

施斌，顾凯，魏广庆，等. 2018. 地面沉降钻孔全断面分布式光纤监测技术. 工程地质学报，26（2）：356-364.

施斌，朱鸿鹄，张诚成. 2023. 岩土体灾变感知与应用. 中国科学：技术科学，53（10）：1639-1651.

施斌, 朱鸿鹄, 张丹, 等. 2022. 从岩土体原位检测、探测、监测到感知. 工程地质学报, 30（6）：1811-1818.

唐朝生. 2020. 极端气候工程地质：干旱灾害及对策研究进展. 科学通报, 65（27）：3008-3027.

唐辉明. 2008. 工程地质学基础. 北京：化学工业出版社.

唐辉明. 2015. 斜坡地质灾害预测与防治的工程地质研究. 北京：科学出版社.

唐辉明. 2022. 重大滑坡预测预报研究进展与展望. 地质科技通报, 41（6）：1-13.

唐辉明, 蔡毅, 张永权, 等. 2016. 测斜仪在滑坡深部位移监测中的应用现状及展望// 中国地质学会工程地质专业委员会 2016 年全国工程地质学术年会论文集：702-709.

唐辉明, 章广成. 2015. 有效控制重大工程灾变滑坡：973 计划项目"重大工程灾变滑坡演化与控制的基础研究"取得重要进展. 科技成果管理与研究, 11：85-87.

唐辉明, 李长冬, 龚文平, 等. 2022. 滑坡演化的基本属性与研究途径. 地球科学, 47（12）：4596-4608.

唐金荣, 杨宗喜, 郑人瑞, 等. 2016. 国外军事地质工作现状与发展趋势. 地质通报, 35（11）：1926-1935.

童小溪, 战洋. 2020. 灾害预警会引起群体恐慌吗？——基于四个案例的社会学研究. 中国农业大学学报（社会科学版）, 37（3）：120-129.

王仁权. 1954. 军事工程地质学. 南京：解放军军事工程学院.

王思敬. 1997. 论人类工程活动与地质环境的相互作用及其环境效应. 地质灾害与环境保护, 8（1）：19-26.

王思敬, 黄鼎成. 2004. 中国工程地质世纪成就. 北京：地质出版社.

王思敬, 王效宁. 1989. 大型高速滑坡的能量分析及其灾害预测//《滑坡论文选集》编辑委员会, 中国科学院成都山地灾害与环境研究所. 一九八七年全国滑坡学术讨论会滑坡论文选集. 成都：四川科学技术出版社：117-124.

韦克难, 黄玉浓, 张琼文. 2013. 汶川地震灾后社会工作介入模式探讨. 社会工作, （1）：56-64, 152-153.

吴冲龙, 刘刚, 张夏林, 等. 2016. 地质科学大数据及其利用的若干问题探讨. 科学通报, 61（16）：1797-1807.

吴益平, 唐辉明. 2001. 滑坡灾害空间预测研究. 地质科技情报, （2）：87-90.

夏英杰, 赵丹晨, 唐春安, 等. 2022. 新冠疫情下高校数值计算云平台创新教学方法探索. 高等建筑教育, 31（3）：188-197.

谢和平, 高峰, 鞠杨, 等. 2015. 深部开采的定量界定与分析. 煤炭学报, 40（1）：1-10.

徐靓, 程刚, 朱鸿鹄. 2021. 基于空天地内一体化的滑坡监测技术研究. 激光与光电子学进展, 58（9）：1-14.

许强. 2020. 对滑坡监测预警相关问题的认识与思考. 工程地质学报, 28（2）：360-374.

许强, 董秀军, 李为乐. 2019. 基于天-空-地一体化的重大地质灾害隐患早期识别与监测预警. 武汉大学学报·信息科学版, 44（7）: 957-966.

许强, 汤明高, 徐开祥, 等. 2008. 滑坡时空演化规律及预警预报研究. 岩石力学与工程学报, 27（6）: 1104-1112.

晏同珍. 1985. 滑坡预测预报的基础及我国主要滑坡岩组特征的确定. 地球科学, 19（1）: 9-19.

杨君, 何茜. 2020. 中国灾害社会工作研究述评: 理论、方法、议题与启示. 云南大学学报（社会科学版）, 19（4）: 98-107.

姚檀栋. 2019. 青藏高原水-生态-人类活动考察研究揭示"亚洲水塔"的失衡及其各种潜在风险. 科学通报, 64（27）: 2761-2762.

殷建华, 丁晓利, 杨育文, 等. 2004. 常规仪器与全球定位仪相结合的全自动化遥控边坡监测系统. 岩石力学与工程学报, 23（3）: 357-364.

翟明国, 杨树锋, 陈宁华, 等. 2018. 大数据时代: 地质学的挑战与机遇. 中国科学院院刊, 33（8）: 825-831.

张旗, 周永章. 2017. 大数据正在引发地球科学领域一场深刻的革命:《地质科学》2017年大数据专题代序. 地质科学, 52（3）: 637-648.

张森琦, 王永贵, 朱桦, 等. 2007. 关于生态环境地质学几个理论问题的探讨. 青海环境, 17（2）: 65-70.

张信宝, 刘彧, 王世杰, 等. 2018. 黄河、长江的形成演化及贯通时间. 山地学报, 36（5）: 661-668.

张业成, 张春山, 张立海. 2003. 自然变异与灾害过程的社会学研究. 地学前缘, 10: 265-271.

张云霞, 范春波, 刘哲. 2013. 国家自然灾害灾情管理系统建设实践与思考. 中国减灾, （17）: 36-39.

周利敏. 2012. 从经典灾害社会学、社会脆弱性到社会建构主义: 西方灾害社会学研究的最新进展及比较启示. 广州大学学报（社会科学版）, 11（6）: 29-35.

周利敏. 2012. 从自然脆弱性到社会脆弱性: 灾害研究的范式转型. 思想战线, 38（2）: 11-15.

周利敏. 2012. 社会脆弱性: 灾害社会学研究的新范式. 南京师大学报（社会科学版）, （4）: 20-28.

周利敏. 2015. 社会建构主义与灾害治理: 一项自然灾害的社会学研究. 武汉大学学报（哲学社会科学版）, 68（22）: 24-37.

周利敏, 谭妙萍. 2021. 基于中国问题的灾害社会工作研究. 云南社会科学, （1）: 100-108, 187-188.

周永章, 陈烁, 张旗, 等. 2018. 大数据与数学地球科学研究进展: 大数据与数学地球科学专题代序. 岩石学报, 34（2）: 3-11.

朱鸿鹄. 2023. 工程地质界面：从多元表征到演化机理. 地质科技通报, 42（1）: 1-19.

朱武, 张勤, 朱建军, 等. 2022. 特大滑坡实时监测预警与技术装备研发. 岩土工程学报, 44（7）: 1341-1350.

Aven T. 2011. On some recent definitions and analysis frameworks for risk, vulnerability, and resilience. Risk Analysis: An International Journal, 31(4): 515-522.

Barzegar M, Blanks S, Sainsbury B, et al. 2022. Mems technology and applications in geotechnical monitoring: A review. Measurement Science and Technology, 33: 052001.

Bhattacharya A, Bolch T, Mukherjee K, et al. 2021. High Mountain Asian glacier response to climate revealed by multi-temporal satellite observations since the 1960s. Nature Communications, 12(1): 4133.

Buytaert W, Zulkafli Z, Grainger S, et al. 2014. Citizen science in hydrology and water resources: Opportunities for knowledge generation, ecosystem service management, and sustainable development. Frontiers in Earth Science, 2: 26.

Caldwell D, Ehlen J, Harmon R. 2004. Studies in Military Geography and Geology. London: Kluwer Academic Publishers.

Chen X S, Zhang Z B, Li J, et al. 2024. Formation of Tianwen-1 landing crater and mechanical properties of Martian soil near the landing site. International Journal of Mining and Technology, 34(9):1293-1303.

Chen Z, Song D. 2020. Numerical investigation of the recent Chenhecun landslide (Gansu, China) using the discrete element method. Natural Hazards, 105: 717-733.

Crosta G B, Blasio F V D, Frattini P. 2018a. Global scale analysis of martian landslide mobility and paleoenvironmental clues. Journal of Geophysical Research: Planets, 123(4): 872-891.

Crosta G B, Frattini P, Valbuzzi E, et al. 2018b. Introducing a new inventory of large Martian landslides. Earth and Space Science, 5: 89-119.

Cui P, Ge Y G, Li S J, et al. 2022. Scientific challenges in disaster risk reduction for the Sichuan-Tibet Railway. Engineering Geology, 309: 1-20.

Cui P, Peng J B, Shi P J, et al. 2021. Scientific challenges of research on natural hazards and disaster risk. Geography and Sustainability, 2(3): 216-223.

Dai K R, Li Z H, Xu Q, et al. 2020. Entering the era of earth observation-based landslide warning systems: A novel and exciting framework. IEEE Geoscience and Remote Sensing Magazine, 8(1): 136-153.

de Blasio F V, Crosta G B. 2017. Modelling Martian landslides: Dynamics, velocity, and paleoenvironmental implications. The European Physical Journal Plus, 132: 468.

Deming D. 2008. Quest for a habitable world. Nature, 456: 714-715.

Desai C S, Zaman M M, Lightner J G, et al. 1984. Thin-layer element for interfaces and joints. International Journal for Numerical and Analytical Methods in Geomechanics, 8(1): 19-43.

Ding L, Zhou R, Yu T, et al. 2022. Surface characteristics of the Zhurong mars rover traverse at utopia Planitia. Nature Geosciences, 15(3): 171-176.

Maggi F, Pallud C. 2012. The rise of hydrological science off Earth. Journal of Hydrology, 416-417: 12-18.

Gong W, Juang C H, Wasowski J. 2021. Geohazards and human settlements: Lessons learned from multiple relocation events in Badong, China-Engineering geologist's perspective. Engineering Geology, 285: 1-11.

Gonilha J A, Correia J R, Branco F A. 2014. Structural behaviour of a GFRP-concrete hybrid footbridge prototype: Experimental tests and numerical and analytical simulations. Engineering Structures, 60: 11-22.

Goodman R E, Taylor R L, Brekke T L A, et al. 1968. A model for the mechanics of jointed rock. Journal of the Soil Mechanics and Foundations Division, 94(3): 637-659.

Grotzinger J. 2009. Beyond water on Mars. Nature Geoscience, 2: 231-233.

Hand E. 2009. Water on the Moon? Nature. https://www.nature.com/articles/news. 2009. 931. https://doi.org/10.1038/news.2009.931.

Hausler H. 2015. Military geology and comprehensive security geology-applied geologic contributions to new Austrian security strategy. Austrian Journal of Earth Sciences, 108(2): 302-316.

Hu X L, Tan F L, Tang H M, et al. 2017. *In-situ* monitoring platform and preliminary analysis of monitoring data of Majiagou landslide with stabilizing piles. Engineering Geology, 228: 323-336.

Huang Y, Han X, Zhao L. 2021. Recurrent neural networks for complicated seismic dynamic response prediction of a slope system. Engineering Geology, 289: 106198.

Jakhu R S, Pelton J N, Nyampong Y O M. 2017. Space Mining and Its Regulation. Cham: Springer International Publishing.

Jardine R J. 2020. Geotechnics, energy and climate change: The 56th Rankine Lecture. Géotechnique, 70: 3-59.

Juang C H. 2021. BFTS-Engineering geologists' field station to study reservoir landslides. Engineering Geology, 284: 1-7.

Karpatne A, Ebert-Uphoff I, Ravela S, et al. 2018. Machine learning for the geosciences: Challenges and opportunities. IEEE Transactions on Knowledge and Data Engineering, 31(8): 1544-1554.

Kirchdoerfer T, Ortiz M. 2016. Data-driven computational mechanics. Computer Methods in Applied Mechanics and Engineering, 304: 81-101.

Klein R J, Nicholls R J, Thomalla F. 2003. Resilience to natural hazards: How useful is this concept? Global Environmental Change Part B: Environmental Hazards, 5(1/2): 35-45.

Lacasse S, Nadim F. 2011. Learning to live with geohazards: From research to practice//Juang C, Phoon K, Puppala A. GeoRisk 2011: Risk Assessment and Management. Atlanta: American Society of Civil Engineers: 64-116.

Le T, Liu C, Tang C, et al. 2022. Numerical simulation of desiccation cracking in clayey soil using a multifield coupling discrete-element model. Journal of Geotechnical and Geoenvironmental Engineering, 148 (2): 168-169.

Leith W. 2002. Military geology in changing world. Geotimes, 47(2): 24-96.

Lewis S L, Maslin M A. 2015. Defining the anthropocene. Nature, 519: 171-180.

Lu N, Godt J W. 2013. Hillslope Hydrology and Stability. Cambridge: Cambridge University Press.

Lucchitta B K. 1979. Landslides in valles marineris, Mars. Journal of Geophysical Research: Solid Earth, 84: 8097-8113.

Masson-Delmotte V, Zhai P, Pirani A, et al. 2021. Contribution of working group I to the sixth assessment report of the intergovernmental panel on climate change IPCC. Climate Change 2021: The Physical Science Basis.

McGill B J, Miller S N. 2022. New catalogue of Earth's ecosystems. Nature, 610: 457-458.

Merghadi A, Yunus A P, Dou J, et al. 2020. Machine learning methods for landslide susceptibility studies: A comparative overview of algorithm performance. Earth-Science Reviews, 207: 103225.

Morgan W J. 1968. Rises, trenches, great faults, and crustal blocks. Journal of Geophysical, 73(6): 1959-1982.

Oishi A, Yagawa G. 2017. Computational mechanics enhanced by deep learning. Computer Methods in Applied Mechanics and Engineering, 327: 327-351.

Orosei R, Lauro S E, Pettinelli E, et al. 2018. Radar evidence of subglacial liquid water on Mars. Science, 361(1401): 1-8.

Ouyang C J, An H C, Zhou S, et al. 2019. Insights from the failure and dynamic characteristics of two sequential landslides at Baige village along the Jinsha River, China. Landslides, 16 (7): 1397-1414.

Picou J S. 1995. Response to disaster: Fact versus fiction & its perpetuation: The sociology of disaster. Journal of Applied Sociology, 12(2): 85-93.

Reichstein M, Camps-Valls G, Stevens B, et al. 2019. Deep learning and process understanding for data-driven earth system science. Nature, 566: 195-204.

Reid W V, Chen D, Goldfarb L, et al. 2010. Earth system science for global sustainability: Grand challenges. Science, 330: 916-917.

Rossi A P, van Gasselt S. 2018. Planetary Geology. Cham: Springer Interational Publishing.

Saito M. 1965. Forecasting the Time of occurrence of a slope failure//Proceedings of 6th International Conference: 537-541.

Scaringi G, Hu W, Xu Q, et al. 2018. Shear-rate-dependent behavior of clayey bimaterial interfaces at landslide stress levels. Geophysical Research Letters, 45: 766-777.

Smail E A, DiGiacomo P M, Seeyave S, et al. 2019. An introduction to the 'Oceans and Society: Blue Planet' initiative. Journal of Operational Oceanography, 12: S1-S11.

Soga K, Ewais A, Fern J, et al. 2019. Advances in geotechnical sensors and monitoring//Lu N, Mitchell J. Geotechnical Fundamentals for Addressing New World Challenges. Cham: Springer Nature Switzerland AG: 29-65.

Starr S O, Muscatello A C. 2020. Mars *in situ* resource utilization: A review. Planetary and Space Science, 182: 104824.

Svedhem H, Titov D V, Taylor F W, et al. 2007. Venus as a more Earth-like planet. Nature, 450: 629-632.

Tang H M, Wasowski J, Juang C H. 2019. Geohazards in the three Gorges Reservoir Area, China Lessons learned from decades of research. Engineering Geology, 261: 105267.

Trisos C H, Merow C, Pigot A L. 2020. The projected timing of abrupt ecological disruption from climate change. Nature, 580: 496-501.

Vardoulakis I. 2000. Catastrophic landslides due to frictional heating of the failure plane. Mechanics of Cohesive Frictional Materials, 5(6): 443-467.

Verburg P H, Crossman N, Ellis E C, et al. 2015. Land system science and sustainable development of the earth system: A global land project perspective. Anthropocene, 12: 29-41.

Watkins J A, Ehlmann B L, Yin A. 2016. Long-runout landslides and the long-lasting effects of early water activity on Mars: REPLY. Geology, 44: e387.

Waters C N, Turner S D. 2022. Defining the onset of the Anthropocene. Science, 378(6621): 706-708.

Watters T, Robinson M, Banks M, et al. 2012. Recent extensional tectonics on the moon revealed by the lunar reconnaissance orbiter camera. Nature Geoscience, 5: 181-185.

Williams J P, Paige D A, Greenhagen B T, et al. 2017. The global surface temperatures of the moon as measured by the diviner lunar radiometer experiment. Icarus, 283: 300-325.

Xiong M, Huang Y. 2019. Novel perspective of seismic performance-based evaluation and design for resilient and sustainable slope engineering. Engineering Geology, 262: 105356.

Ye X, Zhu H H, Wang J, et al. 2022. Subsurface multi-physical monitoring of a reservoir landslide with the fiber-optic nerve system. Geophysical Research Letters, 49: 1-12.

Yin Y P, Liu X J, Zhao C Y, et al. 2022. Multi-dimensional and long-term time series monitoring and early warning of landslide hazard with improved cross-platform SAR offset tracking method. Science China-Technological Sciences, 65 (8): 1891-1912.

Yin Y, Wang H, Gao Y, et al. 2010. Real-time monitoring and early warning of landslides at relocated Wushan Town, the Three Gorges Reservoir, China. Landslides, 7(3): 339-349.

Zhang F Y, Wang G H. 2018. Effect of irrigation-induced densification on the post-failure behavior of loess flowslides occurring on the Heifangtai area, Gansu, China. Engineering Geology, 236: 111-118.

Zhang L, Feng K, Gou C, et al. 2019. Failure tests and bearing performance of prototype segmental linings of shield tunnel under high water pressure. Tunnelling and Underground Space Technology, 92: 1-15.

Zhou Q, Xu W J, Lubbe R. 2021. Multi-scale mechanics of sand based on FEM-DEM coupling method. Powder Technology, 380: 394-407.

Zhu H H, Shi B, Yan J F, et al. 2015. Investigation of the evolutionary process of a reinforced model slope using a fiber-optic monitoring network. Engineering Geology, 186: 34-43.

第五章 举措与建议

经过近 100 年的发展，工程地质学的深度、广度大幅延伸，学科交叉与融合的趋势前所未有，工程地质学的外延与内涵均发生了很大变化。目前，我国社会经济发展进入新的阶段，构建以国内大循环为主体、国内国际双循环相互促进的新发展格局成为最重要的特征，这个新发展格局是根据我国发展阶段、环境、条件变化提出来的，是我国国际合作和竞争新优势的战略抉择，必将给我国工程地质学发展提供前所未有的机遇和广阔的舞台。当前，要充分利用好我国工程地质发展的机遇期，加强顶层设计、优化学科布局、完善教育体系、壮大人才队伍，引领技术研发、建设学科平台，强化国际合作、促进学科发展，深入科普宣传、提升公众认知，推动我国工程地质学科再上新台阶，引领国际工程地质学发展潮流。

第一节 加强顶层设计，优化学科布局

一、部门协同、顶层设计

进一步发挥中国工程地质学术团体的协同组织及引领作用，加强顶层设计。回顾世纪之交，在中国地质学会工程地质专业委员会的组织下，张咸恭教授和王思敬院士分别牵头，带领全国工程地质界同行，老中青济济一堂，编成了两部鸿篇巨制《中国工程地质学》（张咸恭等，2000）和《中国工程

地质世纪成就》(王思敬和黄鼎成，2004)，系统梳理了新中国成立以来工程地质的成就。这两部鸿篇巨制从正式出版到现在业已超过20年。进入21世纪以来，为了促进中国学术界进一步融入世界，学术界普遍采用以科学引文索引（Science Citation Index，SCI）为指标的考核，中国工程地质学的面貌也随之焕然一新，一方面，中国工程地质学界发表在国际期刊上的学术论文占比从寥寥无几到半壁江山，中国成为名副其实的工程地质论文第一大国；但另一方面，中国工程地质学者的大部分论文发表在国外的期刊上，这直接的后果是国内的工程地质产业界与学术界逐渐分离，植根于实践的中国工程地质学传统受到不小的冲击，并且由于发表的论文大都采用西方的话语体系，很大程度上消解了传统的具有我国特色的工程地质话语体系。因此，为了深入贯彻习近平总书记2016年5月30日在全国科技创新大会、两院院士大会、中国科协第九次全国代表大会上提出的"科学研究既要追求知识和真理，也要服务于经济社会发展和广大人民群众。广大科技工作者要把论文写在祖国的大地上，把科技成果应用在实现现代化的伟大事业中"[①]的系列方针政策，广泛号召广大工程地质学者继承并发扬"聚焦国家需求、服务重大工程"的中国工程地质学光荣传统，在此基础上更加高效地落实工程地质学科"十四五"发展规划战略，建议由中国地质学会工程地质专业委员会及国际工程地质与环境学会中国委员会召集国内工程地质学科权威专家和杰出学者成立咨询委员会和学术委员会进行深入研讨，深入总结我国工程地质学科在进入21世纪以来的理论突破、技术创新及工程实践等方面取得的宝贵成果，开展多部门协同联合、跨级别协作联动的实质性交流与合作，在学科布局方面进一步优化顶层设计、理清逻辑思路、完善架构体系、深化理论认知、创新技术方法、加强应用实践，在此基础上科学地制定我国工程地质学科短中长期发展规划，对于中国工程地质学的健康发展颇为重要。

建议设立各行业各部门的有效联系渠道，加强部门协同。工程地质学是地球科学与工程科学的交叉学科，根植于广泛的工程实践，工程地质从业者广泛分布于水利、水电、交通、城建、资源、能源、海港、国防等各个行业，工程结构形式五花八门、工程地质条件多种多样、工程地质问题形形色

---

① 习近平：为建设世界科技强国而奋斗. https://www.most.gov.cn/ztzl/qgkjcxdhzkyzn/xctp/201705/t20170526_133095.html[2025-03-10].

色、工程地质分析方法不一。同时，随着人类认识自然、改造自然的能力不断提升，人类工程范围不断拓宽、尺度不断增大，人类工程活动从平原走向高原、从地表走向深部、从陆地走向海洋、从地球走向行星，工程地质学研究涉及的对象更加多样、面临的问题更加复杂。为了更加有效地建立工程地质学科与各行业各部门联系的枢纽，工程地质学科学术委员会应召集全国高校、科研院所及企业工程地质专业不同方向的权威专家、杰出学者和一线工作者，成立水利部、交通运输部、自然资源部、生态环境部、应急管理部等多部委的工程地质学科专家库，建立全时性对接机制，让其他行业部门了解工程地质学、利用工程地质学，从而助力并发展工程地质学，加强部门协同，就显得十分迫切和必要（图 5-1）。

图 5-1　部门协同机制

二、前沿引领、科学创新

进一步发挥国家自然科学基金委员会等资助机构在工程地质学科发展战略实施过程中的关键支撑作用。国家自然科学基金委员会是我国基础研究的最权威资助机构，在国家知识创新体系中的战略定位是"支持基础研究，坚持自由探索，发挥导向作用"。经过多年发展，国家自然科学基金委员会形成了面上项目、重点项目、重大项目、重大研究计划项目、联合基金项目及相关国际合作研究项目等多层次相互配合的资助项目系列，完善了以科学仪器基础研究、国际合作交流项目、科普项目等各专项补充衔接的资助项目体系。建议以地球科学领域"深地、深空、深海、地球系统科学"等发展战略为指导（2021—2030 地球科学发展战略研究组，2021；"中国学科及前沿领域发展战略研究（2021—2035）"项目组，2023；刘羽等，2021），以工程地质发展战略报告为指针，紧密结合国家战略需求，进一步研讨聚焦，向国家自然科学基金委员会倡议设立一批相应的重大项目、重点项目，用于支持工程地质学科关键领域重点探索，旨在攻克新时期新形势下特殊岩土体灾变、岩土体界面、滑坡成因与预报、多圈层互馈与地质安全、人类世与工程地质协调宜居等前沿问题。

建议进一步打破学科壁垒，加强学科交叉，拓宽研究领域，改变传统科学创新范式。工程地质学科具有鲜明的交叉学科特点，其他学科的进步势必会促进工程地质学科的发展。积极引进吸收相关学科的最新成果，促进工程地质学科与数学、物理、化学、工程、灾害、环境、生态、大气、海洋、材料、信息、人文社科等学科的广泛融合，加强工程地质学科与水文地质学、地层学、岩石学、第四纪地质学、构造地质学、遥感地质学、行星地质学等学科的深度交叉，突破内外动力耦合条件下跨圈层、多尺度、多介质、多过程、复杂作用的致灾过程机理，培育生态环境工程地质学、极端气候工程地质学、行星工程地质学、智慧工程地质学、工程地质社会学等新兴交叉方向，发展基于数据和物理双驱的科学创新范式。

三、需求导向、产研结合

进一步增进工程地质学科发展战略与科学技术部、水利部、交通运输部、自然资源部、生态环境部、应急管理部等部委及企业单位、学会团体等机构之间的联系，面向国家重大需求，加强产研精准结合。

（1）以国家重大战略规划布局、重大工程建设需求和重大灾害应急管理为导向，聚焦国家重大工程地质安全与防灾减灾面临的复杂工程地质问题。围绕青藏高原重大工程的地质风险、流域生态保护与高质量发展、超大城市群建设、深部工程、海洋与极地工程、交通工程、"双碳"目标工程、军事工程等重大需求，通过物理、化学、力学等跨学科探索，阐明岩石圈、水圈、大气圈等多圈层相互作用下地表动力学过程及其区域灾害效应，揭示不同时空尺度下重大地质工程活动与地质环境演变互馈机制，制定突发重大地质灾害事件应急处理预案。

（2）在经济建设、政治建设、文化建设、社会建设、生态文明建设"五位一体"总体布局框架内形成重大地质工程规划、设计、施工和重大地质灾害风险预测、预报、预警的专家经验和决策系统，为川藏交通廊道工程等国家重大交通、水利、电力、矿山工程建设提供科技支撑，统筹地质环境、生态环境、大气环境协调健康发展需求，在保障经济效益的同时兼顾社会效益和生态效益，为气候变化、人类活动及极端天气等叠加作用下的重大地质灾害防灾、减灾、救灾提供系统方案，最终构建"以国家重大地质工程绿色智慧建造的关键科技需求为导向——引领工程地质理论突破、技术创新——带动工程地质行业发展、产业升级"的产学研全链条体系。

第二节 完善教育体系，壮大人才队伍

为了更加科学地制定工程地质学科建设及人才培养方案，建议教育部高等学校地质学类专业教学指导委员会支持工程地质特色专业建设和培养模式的改革，与高校、科研院所、企业单位等共同协作，将工程地质学科建设与院校办学宗旨、企业运营理念、地区发展需求紧密结合，深入剖析我国工程地质行业发展现状和趋势，明确工程地质人才缺口，在地球系统科学框架下优化工程地质学科专业设置，提高专科生专业技能、改进本科生课程设置、创新研究生培养模式，夯实地质基础、加强工程应用，注重理论学习能力和生产实践能力并行提升；全方位继承、创新并发展中国工程地质学家创立的结构控制论、成因演化论、系统工程论等工程地质学科理论，深层次创新调查勘察、试验测试、检测监测、模拟仿真等传统手段，多维度融合大数据分析与数据挖掘、物联网、人工智能、云计算等高新技术方法，形成具有中国特色的工程地质学科理论技术方法体系。为我国工程地质行业培养具有理论

研究、技术研发、装备研制、应用实践等综合能力的生力军，打造学科专业互补、年龄结构合理的科学家和工程师队伍。

以国家重大需求和学科前沿问题为牵引，建设前瞻性、战略性、前沿性基础研究的学科创新中心。学科创新中心要建设成为具有国际"领跑者"地位的创新中心和人才摇篮，围绕重大前沿科学难题，从人地系统科学思维角度出发，大胆开展"非共识项目"和"无人区"问题的探索，实现前瞻性基础研究、引领性原创成果的重大突破，支撑工程地质学科率先建成世界一流学科；围绕多圈层演化、多动力耦合、城市与生态系统安全、地质资源开发、地质灾害防治、地质环境保护、人地系统协调、工程地质新技术与新装备等领域的前沿科技问题，组建多学科多领域交叉研究团队，深化地球科学、物理学、数学和社会学的学科融合，创新研究范式，以全球视野开展"深地、深空、深海"综合研究，建设工程地质领域科学智库；以高水平科技创新支撑高质量人才培养，探索跨学科的科教融合机制，推动创新链与人才培养链有机衔接。

以国家重大工程建设对人才的需求为前提，以重大工程建设中的前沿和难点问题为牵引，开展以重大需求为导向的前沿学科教育基地建设。以本学科国家重点实验室及创新研究基地为载体，联合国外一流创新研究机构，建立学科高水平创新研究团队及研究人员交流平台；有效利用本学科野外综合实验基地及创新研究基地先进的实验及科研条件，以培养应用型人才为导向，建立研究生培养基地，发挥基地的教育功能，以科研带动人才培养，以人才培养实现教育基地的创新发展；结合重大工程建设野外综合实验场及典型示范工程，建立本科生教学实习基地，以科技创新为先导，发挥学科优势，以工程应用为主搭建人才培养的平台，培养高水平应用型人才，不断提升和强化学科服务国家重大工程建设和经济社会发展的能力。

国家经济社会发展对人才的需求是学科建设的内在驱动力，学科科研和教育基地要能够为国家重点工程建设单位、国家一级管理单位及其他相关企事业单位提供咨询服务；同时能够为各相关单位工程建设人员、管理人员及其他相关人员提供高效的具有针对性的培训服务，整合学科资源，为学科建设及重大工程建设培养跨领域、跨学科的高水平攻关团队；另外，科研教育基地应该充分发挥本学科在国民经济建设中的特色和优势，形成科教融合体系，能够解决学科领域的重大现实问题、理论前沿问题、热点难点问题，同时能够为重大工程规划建设和重大灾害监测预警及防灾减灾提供支撑，为国家经济社会发展服务。

建议中国科学院和中国工程院加大工程地质领军人才的培养和推出力度。中国工程地质从业者人数众多，但是由于各种原因，以两院院士为代表的中国工程地质领军人才匮乏，出现了明显的人才断层。工程地质科技工作者在国家重大工程决策中难以发声，工程地质学科在工程建设过程中的作用被严重弱化，一方面严重阻碍了学科发展，另一方面也可能会给国家重大工程地质安全留下安全隐患。

建议国家自然科学基金委员会、科学技术部等部门进一步支持工程地质青年人才在关键领域的重点探索。在此基础上梯级选拔优秀、杰出、卓越且敢于在国家重大科技计划中揭榜挂帅的中青年人才，积蓄我国工程地质行业具有中流砥柱作用的科技人才力量。

第三节 引领技术研发，建设学科平台

一、创新技术，研发软件

加强智能、绿色、韧性的工程地质高新技术研发。工程地质学科应面向国家重大需求与关系国计民生的新技术领域，协同融合大数据分析与人工智能技术，大力开展新技术研发。面向高原地质工程、深部地质工程、能源地质工程、行星地质工程等国家重大需求与重点发展领域，加强突破性、关键性、引领性技术研发，形成一批能够解决工程地质实践问题的具有自主知识产权的硬核技术；研发针对高速交通基础设施建设、大型水利水电开发、矿山绿色开采、市政大型基础建设等关系国计民生与防灾减灾领域的智慧型、综合型、集成型技术，开发一批能够保障基础设施建设的节能、低碳、韧性绿色建造和快速修复技术。

加强工程地质原创软件研发。面向国家重大工程设计、灾害预警、防护措施等关键技术方法，突破国外大型商业化软件的技术壁垒，研发基于有限元、离散元、有限差分或流形元法等连续-非连续技术的具有自主知识产权

的大型商业化数值计算软件，提高工程地质领域高水平国产数值计算软件开发能力，提升大型数值计算软件工程模拟效率与便捷化操作水平，形成准商业化的大型数值模拟开发应用能力。

二、研制装备，建设平台

加强工程地质新仪器装备研制。面向学科前沿与国民经济发展中的关键科技问题，发展与完善工程地质学科实验、检测、监测一体化平台建设。进一步促进基于常规荷载、动力、温度、渗流等多场、多相、多尺度环境条件下岩土体实验系统研发与升级；进一步推动基于遥感观测、物联网、5G现代通信、人工智能等新一代地球观测协同技术的工程地质无损诊断与信息快速提取的检测系统开发与改造；进一步推动融合遥感观测、光纤传输、大数据分析与智能控制等综合技术的工程地质远程监控与智慧分析的监测系统升级与换代。

加强工程地质科学数据共享与应用示范基地建设。面向国家级非涉密研究项目与工程项目需求，联合管理部门、国企、科研院所、高校等产学研单位，进一步促进科学数据、示范基地的跨行业跨部门共享共建，建立国家层面的科学数据库与应用示范基地，实现社会范围内科学数据的可访问、可修订的维护能力，充分发挥科学数据的应用价值；开展数据集成，形成标准化数据集，建成持续、稳定、规范的数据资料共享机制，建设科技数据信息系统共享平台，大力促进示范基地的建设水平，支撑深时数字地球（deep-time digital earth）等国内外大数据建设共享计划实施，支撑数据驱动地学研究，赋能地学科研范式变革。

建立"天-空-地-海"立体协同的野外观测基地，开展工程地质原型试验技术研发。野外科学观测是通过长期野外监测，获取第一手科学数据、开展科学试验和研究的重要手段，是工程地质学科领域开展科学研究的重要基础。针对青藏高原、横断山区、三峡库区、黄河流域、海岸带等典型区域的重大地质灾害建立"天-空-地-海"立体协同的野外观测基地；针对内外动力耦合作用强烈、极端气候频发、人类工程扰动剧烈的脆弱地质环境建立多维耦合、智能互联的动态观测系统；针对森林、草地、沙漠、湖泊、海洋、冰川、极地等不同类型的特殊生态系统建立全天候连续观测基地。在此基础上，推动物联网、电子传感、遥感观测、现代通信、大数据、人工智能等新一代地球观测技术的发展和应用，形成多圈层、多要素的全时域动态观测与智能预警体系，推动国家级高水平野外观测基地建设，为地质灾害防控和重大工程地质科学问题的研究提供平台保障。

第四节　强化国际合作，促进学科发展

国际科技合作是国家科技外交的主要方式，也是国民经济发展和科学技术进步的重要支撑。当前我国的科学技术水平已经跨入可以影响世界的行列，但与欧美相比还存在较大差距。重视并加强国际科技合作与交流是现代科学技术发展的一个时代特征。通过广泛的国际学术交流，积极营造开放的环境，团结外国科学家、工程技术人员、工程管理人员及相关国际组织聚焦学科建设、创新研究、人才培养等，为工程地质学科快速发展作出重要贡献。

新时代国际学科战略布局是加强国际合作的最根本保证。高水准、跨学科、国际化的科学研究竞争激烈，建议在国家自然科学基金委员会、科学技术部等部门的大力支持下，与时俱进积极调整和开展一系列由我国牵头的国际合作研究计划和大科学计划，在坚定不移地走自主创新道路的同时，广泛、深入开展国际合作和交流，实现数据共享、思想共鸣、综合交叉、协同攻关，提升学科国际影响力。

高水平的"优进优出"是加强国际合作的重要前提。所谓"优进"，就是一切从我国重大战略需求出发，布局工程地质学科前沿问题，有选择地推荐和引进相关专著、论文及科技成果应用，利用互联网和线下研讨会等方式推广或联合出版社对部分专著翻译发行；与相关国际知名院校、咨询机构、国际出版商和高新技术企业签订长期的战略合作协议；邀请相关外国科学家来华短期学术交流或长期客座交流；协调和推广国际地球科学类学术团体在华相关学术和培训活动。所谓"优出"，就是不仅要严格把关，推荐我国工程地质学科高水平的科技成果应用、专著论文，以及高水平人才及研究团队踏上国际舞台，还要发挥我国产学研融合的优势，挑选出代表我国工程地质

行业综合实力的品牌工程对外交流。除了学术交流和学术专著外文版的发行，我国科学家和工程技术人员应积极参与我国在海外的重大工程项目并与外国科学家开展国际合作研究，申请国际研究计划；积极参选国际学术组织领导和执行机构重要职位、工作委员会、相关国际研究计划负责人、国际期刊主编等，申报国际学术组织颁发的科学技术个人和团队奖项；积极与外国科学家合作发表论文、专著、专刊，在国际学术会议中与外国科学家共同召集学术讨论，为国际工程地质学科发展作出贡献，创立中国学派。

顶尖国际学术组织是加强国际合作的重要纽带。IAEG是全球工程地质与环境科学领域权威性的学术组织机构，其秘书处自2011年起挂靠我国。IAEG成立于1964年，设立理事会和执行局，4年一届。理事会执行主席和各大洲副主席，下设30多个专业委员会。中国科学家于1979年加入IAEG，王思敬院士曾任IAEG主席。多位中国科学家曾任该协会秘书长和亚洲区主席，发起成立了7个专业委员会并任主席和秘书长。我国作为会员第一大国，地位举足轻重。但从我国工程地质学科发展现状、国际地位和主要成就来看，我国科学家在国际学术界（组织、会议和刊物等）的话语权和影响力仍有进一步提升的空间，需要通过不懈努力，在未来涌现更多具有国际影响力的中国科学家，结合国家"一带一路"倡议，发起并领导国际大型研究项目，为世界提供中国方案、贡献中国智慧。

第五节　深入科普宣传，提升公众认知

科学普及工作在国家经济和社会发展中具有独特的作用，是科技创新的前提和基础。习近平总书记指出，"科技创新、科学普及是实现创新发展的两翼，要把科学普及放在与科技创新同等重要的位置"[①]。积极开展工程地质学科的科普工作，广泛传播工程地质的科学知识、科学方法、科学思想、科学精神，使公众深入理解工程地质学科的科学意义和社会价值，是提高公民科学素质、推动社会和谐发展的重要动力之一。全方位宣传国土空间地质安

---

① 习近平：为建设世界科技强国而奋斗. https://www.most.gov.cn/ztal/qgkjadhzkyzn/xctp/201705/t20170526_133095.html[2025-03-10].

全、重大工程地质安全、城市建设地质安全、生态文明地质安全和资源开发地质安全等工程地质安全思想，多途径普及工程地质学科在保障国土空间安全、护航重大工程建设、提升城市发展质量、保护生态环境平衡、保证能源资源供应、维系社会可持续发展等方面的重要作用（彭建兵等，2022），从而显著提升公众的地质安全意识、应对地质灾害的防灾避险和自救互救能力，是工程地质科普工作的必由之路。

近年来，我国的科学普及工作已经取得了长足的发展，公众科学素质水平大幅提升，但与美国、加拿大、瑞典等发达国家相比仍有较大差距。此外，我国公民科学素质发展不均衡，国内东西部差距加大，城乡、男女不平衡等问题依然严峻。高水平的专业科普人才缺乏，高质量的原创性科普著作匮乏，科普基础设施不足等问题依旧存在。为了更加高效地开展工程地质学科的科学普及工作，建议从科普队伍建设、科普图书及多媒体融合发展等方面入手，形成合力，促进工程地质科普事业的蓬勃发展。

一、科普队伍建设

科普创作人才队伍始终是推动科普事业实现高质量发展的主力军和重要力量。当前，我国从事工程地质学科研究的科技工作者资源庞大，而专职科普创作人员数量稀少，且存在对工程地质学科前沿科学技术进展响应不及时，知识碎片化，创作内容同质化等问题。针对现状，建议树立"科普是科技工作者义不容辞的责任和义务"的科普队伍建设理念，做好顶层政策设计，鼓励优秀的工程地质科技工作者积极从事科普工作，激发蕴藏在广大科技工作者中的巨大科普创作潜能；建议构建更加科学合理的科普创作人才培养、考核、评价体系，对有较大科普创作潜质的工程地质科技工作者，引导他们完成角色转换，提升把握前沿进展的能力，丰富知识架构，提高创作能力和品位，着力打造一支能够充分满足新时代科普工作新需求的高水平创作队伍。

二、科普图书发展

以工程地质学科前沿问题和国家重大工程为牵引，创新工程地质学科的科普图书发展。科普图书是科普的重要形式和载体，有利于引导公众深度研读与独立思考,是推进科普工作的一个重要途径,发挥着举足轻重的作用。为了高质量推动工程地质学科系列科普图书的出版与普及,建议工程地质学科学术委员会构建激励科学家从事科普图书创作工作的机制,把包括科普图书编著和译著在内的科普工作纳入科研人员的成果考核体系;建议工程地质学科的科普图书在创作形式上要发挥学科特色,紧密结合国家"战略工程建设""重大灾害防控""生态环境保护""人地和谐安居"等领域的工程地质学科成就等(彭建兵等,2022),策划出版科普系列丛书;建议创作内容上要摆脱"教科书"式的照本宣科,参考《这里是中国》等新媒体创作的优秀科普图书,丰富作品内涵和表达方式,创作出内容深入浅出、紧贴社会发展的新时代优秀科普图书作品。

三、多媒体融合发展

随着 5G 通信技术在国内的迅速普及,互联网与新媒体快速发展,公众获取科学知识、学习科学方法的渠道日益多样化,科普工作的形式和途径也更加多元化。建议着力完善工程地质学科的科普传播与宣传途径,在发展既有的科普图书、报刊等传统科普媒介的同时,积极运用科普新媒体,聚焦微信公众号、视频号、哔哩哔哩视频平台、抖音等新媒体平台,以庞大的新媒体用户基数为保障,拓宽工程地质科普作品的产出形式,创新传统图文与新时代音频、短视频等多种形式结合的科普内容,覆盖不同年龄、职业、文化背景的大众群体;与此同时,建议成立由工程地质学科专家组成的科普小组,工程地质科普专家与科普传播新媒体共同发力,在新媒体平台发布权威的紧贴人民生产生活与时事热点的工程地质科普内容。多途径科普媒体共同融合发展,助推工程地质学科的科普宣传与公众认知。

本章主要参考文献

刘羽, 王军, 李慧, 等. 2021. 环境地球科学学科发展与展望. 科学通报, 66(2): 201-209.
彭建兵, 徐能雄, 张永双, 等. 2022. 论地质安全研究的框架体系. 工程地质学报, 30(6): 1798-1810.

王思敬，黄鼎成. 2004. 中国工程地质世纪成就. 北京：地质出版社.

张咸恭，王思敬，张倬元. 2000. 中国工程地质学. 北京：科学出版社.

"中国学科及前沿领域发展战略研究（2021—2035）"项目组. 2023. 中国地球科学2035发展战略. 北京：科学出版社.

2021—2030地球科学发展战略研究组. 2021. 2021—2030地球科学发展战略：宜居地球的过去、现在与未来. 北京：科学出版社.

关键词索引

C

超临界　139, 140

D

大数据　6, 8, 11, 19, 46, 69, 71, 76, 84, 85, 86, 87, 88, 89, 93, 113, 123, 126, 141, 146, 159, 160, 161, 162, 163, 168, 172, 174, 175, 184, 193, 195, 196, 197, 199, 200, 201, 211, 213, 214, 215

地球科学　7, 8, 9, 10, 11, 14, 16, 18, 19, 24, 37, 41, 47, 63, 67, 70, 71, 72, 76, 80, 84, 85, 87, 88, 89, 93, 94, 108, 148, 197, 198, 199, 200, 201, 208, 210, 212, 215, 218, 219

地球系统科学　1, 2, 5, 8, 14, 35, 71, 72, 78, 80, 81, 82, 84, 87, 88, 108, 113, 114, 120, 122, 125, 168, 210, 211

地质安全　3, 8, 13, 14, 16, 49, 54, 63, 82, 83, 85, 87, 91, 93, 94, 107, 108, 109, 110, 111, 125, 126, 138, 151, 159, 168, 176, 179, 210, 213, 217, 218

地质安全风险　13, 14, 107, 125, 126

地质保障　4, 53, 153

地质风险　18, 92, 115, 116, 117, 118, 210

地质工程　11, 15, 31, 35, 37, 38, 42, 43, 45, 53, 86, 87, 88, 92, 143, 146, 156, 161, 162, 163, 189, 194, 196, 197, 211, 213

地质构造　8, 32, 47, 118, 120, 127, 151, 158, 180

地质过程　7, 13, 36, 44, 68, 72, 73, 80, 81, 84, 104, 136, 138, 182, 185, 192, 193

地质环境效应　2, 4, 7, 47, 85, 108, 109

地质环境演化　4, 91, 93, 125, 128, 129, 130

地质体　3, 11, 14, 17, 31, 42, 47, 64, 68, 73, 74, 77, 78, 79, 83, 85, 92, 93,

94, 95, 99, 102, 103, 104, 125, 127, 128, 129, 130, 132, 133, 134, 137, 141, 142, 143, 144, 145, 146, 147, 148, 155, 157, 161, 162, 168, 169, 171, 172, 185, 187, 188, 189, 190, 191, 192

地质灾害防治　12, 14, 42, 45, 52, 59, 62, 69, 74, 94, 95, 114, 198, 212

地质灾害链　109, 110, 119, 125, 126, 134, 178

地质作用　3, 4, 8, 45, 71, 107, 108, 133, 144, 146, 147

动力耦合　1, 8, 108, 109, 110, 117, 118, 119, 133, 137, 138, 182, 210, 212, 214

动力学　2, 6, 14, 47, 52, 68, 88, 89, 102, 104, 106, 107, 108, 109, 110, 118, 119, 121, 122, 130, 133, 158, 167, 199, 211

多场耦合　11, 73, 77, 78, 79, 93, 102, 107, 125, 126, 127, 129, 130, 136, 137, 138, 139, 140, 141, 142, 168, 193, 195, 196

多场信息　104, 169, 172, 187, 188, 189

多尺度　13, 73, 77, 78, 79, 84, 85, 95, 96, 97, 98, 101, 102, 104, 105, 113, 125, 126, 127, 129, 130, 133, 141, 142, 146, 156, 178, 194, 195, 210, 214

多圈层　1, 5, 14, 66, 69, 71, 80, 81, 91, 94, 107, 108, 109, 110, 111, 112, 113, 146, 148, 161, 180, 181, 210, 211, 212, 215

多时空　161, 163, 174

多因素　49, 77, 78, 79, 126, 137

多源　52, 69, 85, 106, 125, 133, 139, 141, 142, 153, 161, 162, 163, 170, 171, 172, 174, 175, 178, 184, 195, 198

多源信息　139, 141, 142, 162, 175

多源遥感动态感知　171

F

防控体系　95, 98, 119, 123, 124, 125, 127

防灾减灾　4, 12, 13, 14, 16, 49, 68, 73, 93, 95, 98, 103, 106, 107, 122, 125, 127, 135, 138, 144, 145, 146, 147, 148, 168, 169, 175, 176, 177, 179, 210, 213

风险动态评估　178

风险防控　1, 3, 11, 13, 83, 93, 107, 108, 120, 123, 125, 126, 127, 134, 159, 167, 168, 176, 177, 179

风险管理　8, 12, 13, 17, 47, 82, 92, 143, 146, 147, 148, 166, 199

风险评估　4, 13, 81, 103, 110, 123, 130, 133, 134, 142, 153, 176, 177, 178, 179, 199

风险评价　17, 122, 135, 137

封存　129, 130, 138, 139, 140, 141, 142

G

感测系统　191

高原隆升　13, 14, 109, 118, 119, 199

工程地质环境　1, 4, 5, 6, 7, 17, 47, 55, 69, 85, 93, 123, 127, 128, 129, 130, 132, 133, 134, 142, 143, 144, 153, 163, 188, 189, 191, 192

工程地质技术　54, 69

工程地质条件　3, 5, 8, 31, 36, 38, 40, 41, 43, 44, 45, 50, 51, 58, 71, 92, 132, 142, 143, 144, 146, 147, 153, 155, 156, 157, 158, 185, 187, 208

工程地质问题　3, 4, 5, 6, 7, 9, 10, 14, 18, 27, 31, 32, 38, 44, 45, 48, 49, 51, 59, 67, 69, 70, 71, 73, 74, 75, 77, 78, 79, 81, 82, 83, 84, 85, 92, 115, 120, 121, 123, 124, 125, 127, 131, 132, 133, 134, 135, 136, 138, 139, 140, 142, 144, 150, 155, 157, 160, 185, 187, 188, 189, 193, 194, 195, 196, 198, 208, 210

工程地质信息　152, 153, 154, 168, 189

工程地质选址　156, 159

工程地质作用　3, 71, 107, 144, 146, 147

工程技术　14, 47, 70, 71, 79, 85, 86, 146, 152, 168, 215, 216

工程科学　67, 70, 71, 72, 73, 208

工程灾变效应　137

工程灾害　110, 118, 119, 130, 138, 147, 148, 169, 174, 175

构造活动　14, 118, 128, 135, 141, 144, 146

构筑物　125, 134, 151, 154, 157

观测　6, 47, 52, 71, 85, 90, 113, 118, 126, 133, 134, 146, 147, 148, 158, 160, 171, 172, 173, 175, 178, 184, 187, 189, 190, 191, 192, 197, 214, 215

H

互馈机理　4, 102, 108

滑坡　4, 11, 13, 14, 18, 19, 28, 32, 34, 35, 43, 44, 46, 51, 52, 54, 59, 61, 63, 68, 70, 71, 74, 77, 79, 88, 89, 90, 91, 94, 103, 104, 105, 106, 107, 109, 118, 119, 134, 147, 157, 185, 191, 194, 195, 197, 198, 199, 200, 201, 202, 210

环境地质灾害　133, 134

环境工程地质　3, 4, 8, 18, 19, 28, 35, 41, 43, 45, 46, 51, 60, 70, 71, 76, 92, 148, 149, 150, 210

J

机器学习　6, 159, 160, 161, 163

极端气候　8, 17, 36, 59, 78, 83, 92, 99, 101, 107, 135, 136, 137, 142, 143, 144, 145, 146, 147, 148, 182, 200, 210, 214

建设工程　41, 83, 115, 123, 124, 125, 162, 166, 212

交叉学科　6, 7, 8, 73, 142, 151, 155, 163, 208, 210

界面　66, 91, 94, 97, 98, 99, 100, 101, 102, 103, 133, 145, 146, 197, 202, 210

K

科学理论　1, 10, 66, 80, 81, 88, 113, 114, 116, 168

可持续发展　1, 2, 5, 8, 10, 11, 12, 13, 17, 18, 28, 35, 46, 49, 67, 69, 77, 80, 82, 87, 88, 91, 95, 103, 107, 108, 113, 114, 143, 144, 148, 149, 151, 164, 167, 168, 180, 217

L

力学机制　52, 77, 100, 103, 104, 106, 107, 108, 110, 118, 119, 133, 158, 191, 199

流域生态保护　13, 59, 67, 74, 86, 91, 92, 93, 115, 120, 121, 142, 168, 210

O

耦合　1, 5, 8, 11, 18, 46, 49, 68, 69, 73, 77, 78, 79, 81, 93, 95, 97, 100, 101, 102, 104, 105, 107, 108, 109, 110, 111, 112, 113, 114, 117, 118, 119, 120, 121, 122, 125, 126, 127, 129, 130, 133, 136, 137, 138, 139, 140, 141, 142, 146, 149, 158, 161, 162, 168, 182, 189, 191, 192, 193, 194, 195, 196, 210, 212, 214

Q

气候变化　8, 13, 14, 18, 91, 93, 108, 109, 110, 116, 118, 119, 138, 142, 143, 144, 146, 147, 148, 162, 182, 197, 211

青藏高原　11, 13, 14, 20, 47, 92, 109, 110, 115, 116, 117, 118, 119, 179, 184, 199, 201, 210, 214

区域灾害效应　14, 80, 107, 211

全过程　11, 44, 48, 52, 68, 79, 97, 103, 104, 106, 119, 130, 176, 177, 178, 179, 195

R

人地关系协调　87, 151

人地系统　17, 82, 109, 110, 212

人地协调　1, 7, 8, 10, 15, 16, 28, 66, 76, 77, 81, 82, 83, 87, 107, 110, 112, 113, 119, 121, 122, 123, 151

人工智能　5, 6, 8, 11, 69, 71, 84, 85, 113, 118, 130, 143, 146, 153, 159, 160, 161, 163, 174, 175, 184, 193, 195, 211, 213, 214, 215

人类活动　3, 4, 5, 6, 7, 17, 28, 46, 48, 69, 71, 80, 81, 95, 101, 108, 114, 132, 133, 143, 177, 179, 180, 182, 201, 211

人类世　84, 91, 94, 111, 112, 113, 114, 122, 148, 210

韧性　18, 93, 98, 113, 119, 122, 123, 124, 125, 126, 127, 135, 164, 165, 166, 167, 168, 175, 176, 177, 178, 179, 198, 213

融合　1, 5, 6, 8, 10, 11, 12, 14, 15, 37, 47, 50, 52, 67, 69, 70, 71, 72, 73, 75, 76, 77, 81, 83, 84, 85, 92, 106, 123, 125, 126, 134, 139, 141, 142, 152, 153, 161, 163, 167, 171, 172, 174, 175, 178, 184, 187, 188, 189, 190, 191, 192, 194, 195, 196, 207, 210,

211, 212, 213, 214, 215, 217, 218

S

深部探测　191

生态安全　8, 81, 82, 83, 95, 107, 120, 180

生态保护　13, 59, 67, 74, 86, 91, 92, 93, 115, 120, 121, 134, 142, 168, 179, 180, 210

生态地质安全　108, 151

生态地质环境　66, 69, 80, 81, 92, 93, 107, 108, 109, 110, 113, 114, 143, 148, 149, 150, 151, 168, 179, 180, 181, 182, 183, 184, 196, 199

生态损害　110, 149, 150, 151

生态文明建设　6, 18, 50, 54, 93, 95, 151, 180, 211

生态系统　81, 150, 168, 179, 180, 184, 212, 214

生态系统安全　150, 212

生态修复　93, 98, 125, 126, 127, 168, 180, 182, 184, 197

数字孪生　162, 163, 195

水文地质　31, 37, 38, 40, 41, 42, 43, 70, 84, 88, 137, 141, 151, 154, 196, 210

损伤　11, 105, 118, 119, 141, 154

T

探测　47, 49, 69, 71, 75, 84, 85, 123, 125, 126, 129, 133, 134, 152, 153, 154, 155, 156, 157, 158, 161, 169, 174, 175, 188, 191, 192, 198, 199, 200

碳汇　126, 184

碳中和　125, 126, 139, 180

天-空-地　6, 47, 52, 75, 79, 85, 123, 161, 162, 169, 170, 171, 172, 173, 174, 175, 201, 214

W

稳定性　3, 12, 14, 17, 19, 35, 36, 40, 41, 42, 43, 44, 46, 48, 50, 51, 52, 53, 59, 67, 71, 80, 89, 99, 100, 101, 109, 125, 128, 129, 130, 133, 134, 141, 144, 147, 150, 158, 159, 180, 187, 192

物理模型　147

X

协调发展　35, 83, 109, 110, 123, 164, 165

协同演化　150, 151

行星　8, 17, 47, 71, 76, 85, 92, 143, 154, 155, 156, 157, 158, 159, 197, 198, 209, 210, 213

学科交叉　10, 12, 15, 50, 67, 69, 70, 71, 75, 76, 77, 84, 92, 111, 114, 123, 142, 144, 146, 175, 194, 207, 210

Y

岩土工程　25, 27, 34, 45, 46, 63, 70, 71, 72, 74, 89, 99, 144, 169, 178, 194, 199, 202

岩土体　3, 4, 5, 7, 8, 14, 19, 27, 36, 43, 45, 46, 53, 59, 60, 61, 68, 69, 70, 71, 74, 77, 79, 81, 84, 85, 91, 94, 95,

96, 97, 98, 99, 100, 101, 102, 129, 130, 136, 137, 138, 144, 146, 147, 148, 152, 153, 154, 156, 157, 158, 188, 189, 195, 199, 200, 210, 214

演化过程　14, 17, 31, 52, 59, 81, 97, 101, 103, 104, 107, 109, 110, 113, 120, 122, 129, 133, 137, 144, 151, 178, 189, 190

演化机制　51, 104, 108, 109, 134, 150, 158, 177, 178, 182, 187, 199

预报　14, 19, 35, 36, 42, 44, 51, 63, 73, 79, 91, 94, 103, 104, 105, 106, 107, 118, 126, 127, 147, 148, 169, 176, 191, 197, 199, 200, 201, 210, 211

预测　3, 4, 7, 9, 10, 14, 15, 17, 19, 35, 36, 37, 44, 51, 52, 63, 70, 73, 74, 79, 85, 89, 94, 96, 98, 103, 104, 105, 106, 107, 113, 118, 119, 122, 123, 133, 134, 159, 162, 172, 175, 176, 191, 196, 200, 201, 211

预警　4, 11, 17, 49, 51, 52, 59, 63, 73, 74, 79, 85, 86, 90, 93, 96, 98, 118, 119, 123, 125, 128, 129, 130, 133, 134, 137, 138, 139, 140, 141, 142, 146, 147, 148, 162, 168, 169, 171, 172, 173, 174, 175, 176, 179, 192, 196, 200, 201, 202, 211, 213, 215

预期目标　94, 98, 102, 106, 110, 114, 115, 119, 123, 126, 130, 134, 138, 142, 147, 151, 154, 158, 163, 166, 172, 175, 179, 184, 188, 192, 196

云计算　5, 6, 8, 69, 71, 84, 85, 146, 153, 161, 162, 163, 175, 184, 195, 211

Z

灾变防控　95, 96, 98, 137

灾变机理　49, 96, 100, 101, 119, 128, 129, 130, 134, 138, 192

灾害防控　15, 52, 66, 93, 110, 130, 134, 138, 142, 144, 146, 164, 168, 176, 177, 178, 179, 189, 215, 218

灾害防治　6, 7, 9, 12, 13, 14, 16, 42, 45, 52, 59, 62, 69, 74, 94, 95, 103, 114, 172, 198, 212

灾害链　81, 101, 108, 109, 110, 118, 119, 121, 122, 125, 126, 134, 137, 138, 164, 178, 194

灾害预警　4, 52, 59, 79, 123, 128, 129, 130, 133, 179, 200, 213

早期识别　52, 119, 134, 146, 168, 173, 201

长时序　77, 78, 79, 81, 110

智能感知　92, 118, 143, 152, 153, 161, 163

智能识别　93, 162, 172, 173, 174, 175

自适应　113, 171, 172, 191